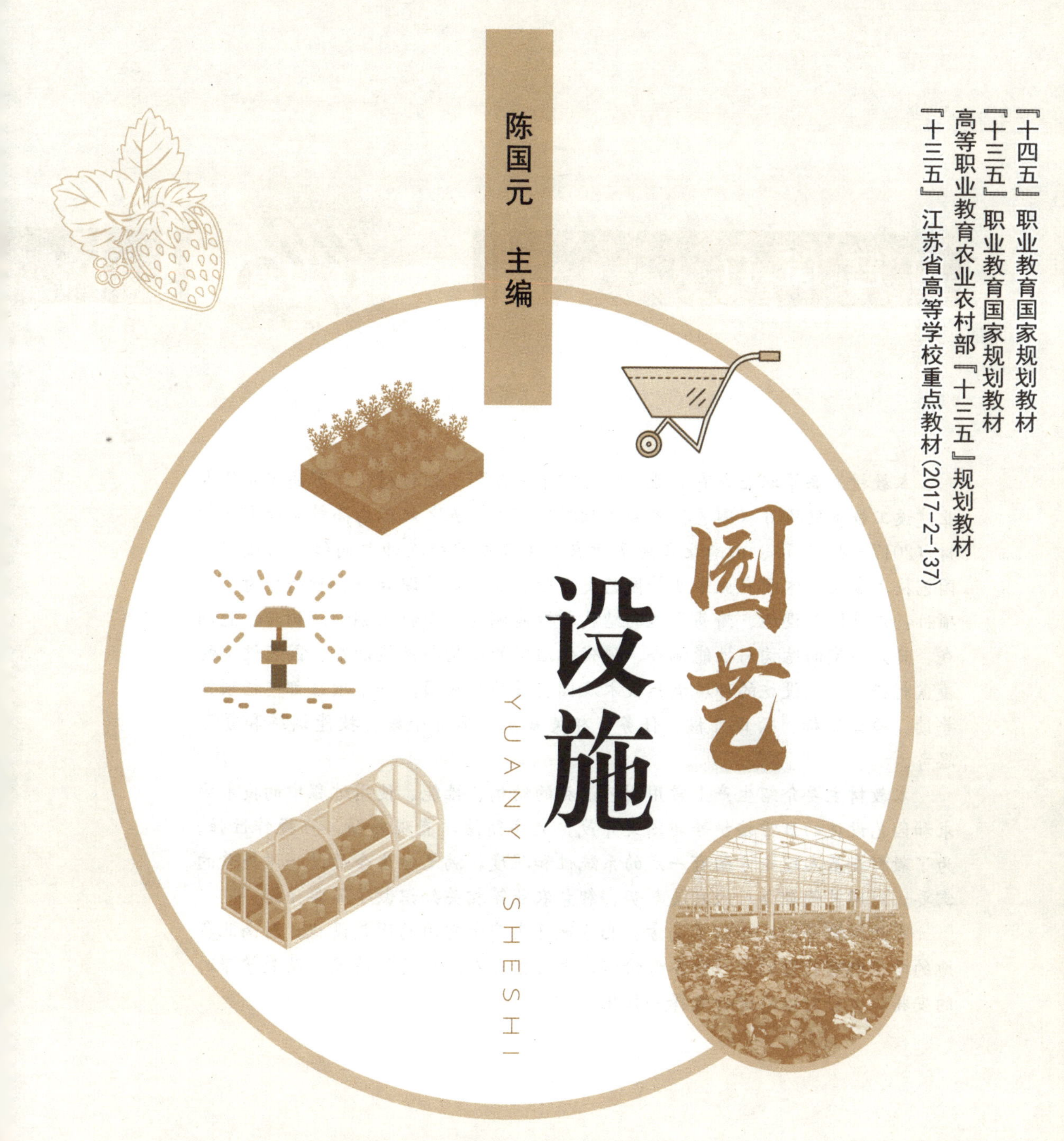

"十四五"职业教育国家规划教材
"十三五"职业教育国家规划教材
高等职业教育农业农村部"十三五"规划教材
"十三五"江苏省高等学校重点教材(2017-2-137)

中国农业出版社
北 京

内容简介

本教材为高等职业教育农业农村部“十三五”规划教材、江苏高校品牌专业建设工程资助项目（园艺技术专业教材）、“十三五”江苏省高等学校重点教材（2017－2－137）、由南北各地7所农业类高职院校教师共同编写而成，是园艺技术专业、休闲农业专业等园艺类专业的专业基础课教材。教材分为8个项目：走进园艺设施、简易设施的结构与性能调查、塑料拱棚的结构与性能调查、日光温室的结构与性能调查、现代化温室的结构与性能调查、园艺设施的覆盖材料、园艺设施的环境调控技术及园艺设施的应用。每个项目都包括项目导读、项目目标、项目考核、任务、相关知识、项目小结、技能训练和复习思考。

本教材主要介绍生产上常用园艺设施的结构、性能、使用过程中的技术要求和园艺设施的日常维护等，图文并茂，文字简洁，直观易懂，可操作性强。为了教材在基本理论方面有一定的系统性和深度，满足学生今后进一步提升的需要，对园艺设施今后的发展趋势、智慧农业等相关知识做了简要介绍。

本教材较全面地介绍了南方和北方地区生产上常用的园艺设施，对南北各地的学生都有较好的学习和参考价值，也可根据本地的具体情况以及教学课时的安排，有针对性地进行选择和强化。

编审人员名单

主　编　陈国元（苏州农业职业技术学院）

副主编　陈素娟（苏州农业职业技术学院）
李彩虹（山西林业职业技术学院）
张清友（黑龙江农业职业技术学院）

编　者（以姓氏笔画为序）
李彩虹（山西林业职业技术学院）
张庆霞（甘肃农业职业技术学院）
张清友（黑龙江农业职业技术学院）
陈国元（苏州农业职业技术学院）
陈素娟（苏州农业职业技术学院）
胡建芳（山西运城农业职业技术学院）
崔兰舫（辽宁职业学院）
梁芳芳（河南农业职业学院）

审　稿　郭世荣（南京农业大学）

前言

FOREWORD

本教材根据教育部2006年16号文件《关于全面提高高等职业教育教学质量的若干意见》的要求，结合我国园艺设施发展的特点，由全国相关高职院校的教师共同编写而成。教材编写本着实践性、开放性、应用性原则，采用项目导向、任务驱动的编写模式。

本教材较充分地反映了园艺设施在生产中的实用性和一定的先进性，主要介绍园艺设施的结构、性能、使用过程中的技术要求和园艺设施的日常维护。每个项目都包括项目导读、项目目标、项目考核、任务、相关知识、项目小结、技能训练和复习思考，让学生了解项目的学习目标、考核目标等，以项目小结和复习思考对本项目内容进行简要的概括，以技能训练来提升学生的实践能力。教材力求文字简洁，通俗易懂，将内容分为8个项目31个任务。项目一由陈国元编写，项目二由张庆霞编写，项目三由李彩虹编写，项目四由张清友编写，项目五由陈素娟编写，项目六由梁芳芳编写，项目七由胡建芳、崔兰舫编写，项目八由崔兰舫、陈国元、胡建芳编写；陈国元负责全书的统稿。

在编写过程中，编写组始终将教材的实用性及与生产的紧密联系放在第一位，力求文字简洁。园艺设施是一个发展迅速、涵盖面很广且涉及多学科的一门课程，新材料、新工艺不断出现，因此要全面地介绍园艺设施内容，难度很大；同时，由于编写组人员的教学经验和工作性质的局限，书中难免会出现不足之处，在此敬请各位专家、学者及学生提出宝贵意见，以便在今后的工作中改进。

本教材在编写过程中得到了南京农业大学郭世荣教授的大力支持，他审阅全书并提出了宝贵的修改意见；本教材还参考了许多相关作者的书籍和其他资料，在此一并表示感谢。

编　者

2017年12月

目　录

CONTENTS

项目一　走进园艺设施

【项目导读】 本项目介绍了园艺设施的类型、发展过程、在生产上的具体应用等，带领学生走进园艺设施，为下阶段的学习奠定基础。

【项目目标】 通过图片和老师的介绍，让学生了解什么是园艺设施、本书所介绍的园艺设施主要有哪些；理解发展园艺设施的目的、意义；掌握园艺设施在农业生产上的相关应用及今后的发展趋势。

【项目考核】

1. 了解本地常见的园艺设施，并准确地标注出设施的名称和主要结构名称。
2. 了解园艺设施内主要配套设备的名称和主要功能。
3. 了解园艺设施在生产中的应用形式及园艺设施今后的发展趋势。

任务一　认识园艺设施

【教学要求】 通过演示文稿（PPT）和基地实地考察的形式，了解本地常见的园艺设施及发展园艺设施的目的和意义。

【教学目的】 掌握园艺设施的概念，了解本地常见的园艺设施及其主要辅助设备的功能。

【教学材料】 相关设施的教学图片，学校或相关企业的生产、科研基地。

【教学方法】 多媒体教学、现场教学。

一、园艺设施的概念

我国地域宽广，各地的气候条件差异显著，因此各地生产条件和生产方式有较大的差别，都存在明显的生产季节性与消费需求均衡性的矛盾。在长期的生产发展过程中，人们不断地探索，利用人工建造的保护设施，例如塑料大棚、日光温室、遮阳网等，为作物生长创造一个较为适宜的生长环境，在冬季提高温度、防止霜冻，在夏季遮挡强光、降低温度，保证了作物正常生长，从而提高作物的产量、改善作物的品质。这种在园艺作物不适宜生长发育的寒冷或炎热季节，人为地进行保温、防寒或降温、防雨等，创造适宜园艺作物生长发育的小气候环境的设施和设备，就是本书中所称的园艺设施。简单地说，为园艺作物创造适宜生长环境条件所采用的设施或设备就称为园艺设施。

二、园艺设施的种类

（一）常见的园艺设施

园艺设施的类型很多，图1-1至图1-7展示了设施从简易到相对完备的发展过程，为读者认识园艺设施提供借鉴。目前生产上运用较多的园艺设施有地膜、塑料拱棚、玻璃温

室、日光温室、植物工厂等。

图 1-1　地上式木框阳畦

图 1-2　地膜覆盖栽培

图 1-3　小拱棚覆盖栽培

图 1-4　水泥结构大棚

图 1-5　镀锌钢管连栋大棚

图 1-6　塑料日光温室

图 1-7　全开型智能玻璃温室

（二）常用的园艺设施配套设备

配套设备是园艺设施的主要装备之一，通过配套设备的运用，可以实现对设施内部温湿度的调控、自动灌溉、补充光照等，从而为园艺作物的生产创造更加良好的环境条件。常见的配套设备有喷滴灌设备、无土栽培设备、湿帘风机降温设备、加温设备、环境因子采集和智能控制设备等，如图 1 - 8 至图 1 - 12 所示。

图 1 - 8　电加热育苗温床

图 1 - 9　行走式自动喷灌车

图 1 - 10　滴灌盆栽花卉

图 1 - 11　管道式立体无土栽培

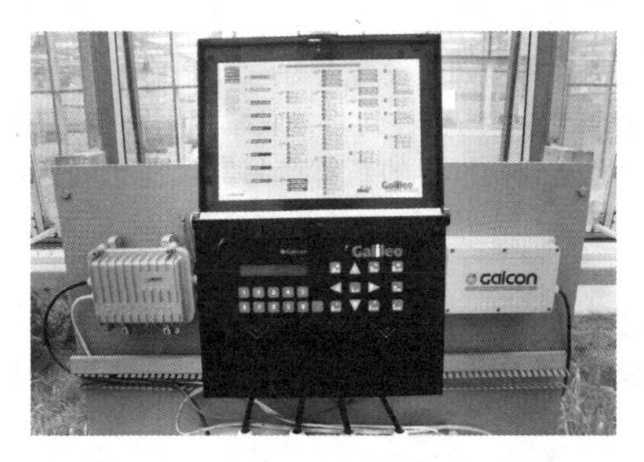

图 1 - 12　智能化环境监测与控制系统

（三）常见的园艺设施覆盖材料

覆盖材料能起到采光、保温、遮阳、防虫、防暴雨等作用，因此在园艺设施生产中得到广泛的应用。常用的覆盖材料主要有塑料薄膜、玻璃、聚碳酸酯中空板（阳光板）、遮阳网、防虫网和保温被等，如图1-13和图1-14所示。

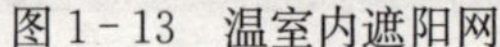
图1-13　温室内遮阳网

图1-14　防虫网覆盖栽培

三、发展园艺设施的目的和意义

（一）发展园艺设施的目的

1. 提高抵抗自然灾害的能力　夏季高温和冬季严寒都会影响作物的正常生长，在夏季利用湿帘风机降温、遮阳网覆盖等，可有效地降低设施内的温度；而在冬季则利用多层覆盖、加温等措施来提高设施内的温度，从而保证作物的正常生长。例如，防虫网可减轻害虫和冰雹的危害；遮阳网可防止高温、暴雨等气象灾害对蔬菜生产的危害。

2. 提高园艺作物的产量　利用园艺设施，可以实现提前播种、提早定植，延长了植物适宜生长期，对于果菜类来说，可延长果实生长和采摘时间，从而大大提高了园艺作物的产量。据报道，利用地膜覆盖栽培，一般可提高产量20%以上，北方地区日光温室黄瓜亩*产普遍达7 500 kg以上。

3. 提高产品的安全性　通过采用防虫网覆盖栽培，在夏季虫口高发时期，能起到很好的防虫效果，从而大大减少了农药的使用；保护生态环境，实现科学治污目标；利用银灰色薄膜去避蚜虫、白粉虱，可以让园艺作物少受害虫的侵害，减少病毒病的发生，实现安全优质生产的栽培目标。

4. 增加园艺作物的花色品种　园艺设施人为地创造了一个适宜于园艺作物的生长环境，因此，使原本生长在南方的园艺作物引种到北方或原本生长在北方的园艺作物引种到南方成为可能，让人们在当地就可吃到全世界的新鲜产品，欣赏到世界各地的美丽花朵。最近几年，南方的红心火龙果、新疆的哈密瓜等在江苏引种成功，并逐渐进入规模化生产，就是一个例证。

（二）发展园艺设施的意义

1. 发展园艺设施是保障人们生活的必然要求　蔬菜、花卉和水果是人们生活中不可缺

* 亩为非法定计量单位，1亩≈666.67 m^2。——编者注

少的农产品，随着人民生活水平的不断提高，园艺产品的需求量也在迅速增加。特别是蔬菜，由于其中含有丰富的维生素、矿物质、糖类、蛋白质、脂肪等多种营养物质，是粮食作物或其他动物性食品不可替代的，因此与人们生活和健康息息相关。

随着我国工业化、城市化水平的不断提高、城市规模的不断扩大，加上退耕还林、还草等因素，我国的耕地面积不断减少，依靠传统的“广种薄收”理念已经很难应对因人口增长和消费水平的提高带来的消费需求。只有通过大力发展园艺设施，不断增强抵抗自然灾害的能力，提高单产和产品的质量，才能满足人们的消费需求，保证人们的身体健康，促进社会和谐稳定发展。在某种意义上来说，人们对园艺设施的依存度，在今后一段时间内将越来越高。

2. 发展园艺设施是提高人们生活质量的重要举措 蔬菜生产的季节性与日常供应的均衡性矛盾，仅凭露地生产是无法克服的，因此利用设施栽培进行反季节生产，再加上全国大市场、大流通格局，丰富了蔬菜品种，基本实现了蔬菜周年均衡供应，使人们一年四季都能吃到新鲜的蔬菜，增加了幸福指数。例如，采取了防虫网覆盖栽培、无土栽培等新技术，使农产品质量安全得到了保证，产量也得到了大幅度的提高，从而使人们的生活质量不断提高。

此外，党的二十大报告明确提出“树立大食物观，发展设施农业，构建多元化食物供给体系”。随着生活水平的提高，人们对园艺产品的种类需求也在不断增加，对农产品的质量要求也在不断提升，都希望在本地就能吃到世界各地的优质农产品，看到世界各地的鲜花等，这些必须依赖设施的发展才能实现，这也促进了设施栽培技术的开发与推广应用。例如，在苏州，利用设施栽培技术，已成功栽培出新疆的哈密瓜、南方的红心火龙果等，果实成熟度高、品质优，深受消费者的欢迎。再例如，现在全国各地都在利用塑料拱棚，在秋、冬季进行草莓的栽培，很好地缓解了冬季新鲜水果少的问题，对消费者来说可以吃到新鲜的水果，对生产者来说可以获得较好的经济效益。

3. 发展设施园艺是生态文明建设的必然要求 我国是一个水资源欠缺的国家，节省农用灌溉水也是国家发展现代农业的战略目标；我国化肥、农药的使用量，目前仍居世界各国之首。过度使用化学肥料和化学农药，使得农产品质量安全和农业面源污染成为人们关注的焦点。因此，摒弃原来化学治虫的理念，而采用防虫网避虫、黄板诱蚜、灯光诱杀等物理技术，同时采用以虫治虫、生物农药治虫等生物防治技术，就可大大减少化学农药的使用；微灌技术、配方施肥、水肥一体等技术，可最大限度地减少水资源和肥料的浪费；利用无土栽培技术，可实现水资源高效利用和农业废弃物的循环利用，减少农业面源污染和废弃物污染，使我们的生态环境得到明显的改善，为建设环境美好、生态优良、人类宜居的现代社会做出积极的贡献。

4. 发展设施园艺是促进农民增收农业增效的有力措施 园艺产业虽然在农业中所占的比例较小，但它是人们生活的重要食品来源和不可或缺的重要组成部分。在我国目前粮食生产效益较低的情况下，通过调整产业结构，大力发展园艺业，发展乡村特色产业，是促进产业升级、促进农民增收和保障农业持续健康发展的重要举措，为我国切实解决好“三农”问题开辟了新路。

我国目前园艺产业无论在面积上还是在产量上，都居世界第一，但是我们的生产水平却与国外有较大的差距，无论是在园艺设施的研究水平还是单位面积的生产能力方面。因此，积极加快实施创新驱动发展战略，在扩大园艺设施设备使用的同时，更要在园艺设施的利用方面加强研究，提高生产效率，提高管理水平，构建高质量发展新格局，真正实现农业增效、农民增收的发展目标。

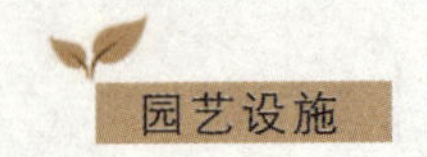

任务二 园艺设施发展调查

【教学要求】 通过PPT和理论讲解，了解园艺设施的发展历史和发展趋势。

【教学目的】 了解园艺设施的发展历史和发展趋势，掌握学习园艺设施课程的正确方法。

【教学材料】 基地园艺设施实物、图书馆图书资料。

【教学方法】 多媒体结合相关案例进行理论讲解。

一、园艺设施的发展展望

(一) 园艺设施的发展过程

园艺设施在我国有着悠久的历史，对此我国许多古籍中都有记载。例如，《古文奇云》云："秦始皇密令人种瓜于骊山硎谷中温处，瓜实成。"《汉书补遗》中："大官园种冬生葱韭菜茹，覆以屋庑，昼夜燃蕴火，得温气乃生……"《香祖笔记》云："宋时武马林睦藏花之法，以纸糊密室，凿地作坑，编竹置花于上，粪土以牛溲马悖硫黄，尽培溉之功，然后沸汤于坑中，候汤气熏蒸，扇之经宿，则花即放。"《农书》载："韭菜至冬移根藏于低屋荫中，培以马粪，暖而即长。"《学圃杂疏》中记载："王瓜出燕京者最佳，其地人种之火室中，逼生花叶，二月初即结小实，中宦取之上供。"这些都是我国古代劳动人民积极探索园艺保护设施、不断创新生产手段的最好例证，也体现了我国劳动人民的智慧。

中华人民共和国成立后，我国的园艺设施也得到了迅速的发展，特别是近30年，发展更加迅猛。据统计，1978年全国大棚设施面积仅为0.53万hm^2，1988年已发展到1.93万hm^2，2000年达到了近70万hm^2，目前已超过200万hm^2。2016年江苏省园艺设施的覆盖面积已超过50%，成为全国园艺设施发展最快的省份之一。截至2017年6月，江苏省以设施蔬菜为主的设施高效农业面积约为90万hm^2。我国园艺设施的发展，经历了总结推广传统保护栽培设施阶段，塑料大棚和地膜覆盖推广普及阶段，日光温室和遮阳网、防虫网和避雨栽培普及推广阶段和大型现代化温室引进与国产化发展时期，目前正向着连栋化、高大型化、规模化方向发展。

(二) 园艺设施的发展趋势

园艺设施的发展也经历了漫长而曲折的过程，正逐步走向成熟和完备，其主要体现在以下几个方面。

1. 新材料新装备不断涌现 随着科学技术的进步，应用于设施园艺生产的新材料和新装备不断涌现，对于调节设施内的环境条件、提高作物产量、改善农产品质量等方面都起到了积极的作用。例如，现在在生产上应用的高保温长寿膜、转光膜等，不仅可以很好地调节设施内的环境条件，而且可以延长使用寿命，降低生产成本；防虫网的普遍应用，大大降低了设施内的虫口密度，减少了农药的使用，保障了产品安全。在新装备方面，近年来推广较多的水肥一体化设备、机械化采收设备等，大幅度地提高了劳动效率，降低了劳动强度。新的无土栽培设备的开发、植物工厂的应用等，使园艺作物的生产越来越少地受自然环境的限制，真正实现了工厂化生产。

2. 设施的结构更加合理 随着各地对本地的自然条件、生产方式、生产作物等研究的深入开展，一批适合本地园艺作物生产的新设施和新方式也被开发应用，使其更加满足园艺作物生长的需要，从而节约了资源，提高了经济效益。例如，我国北方地区日光温室的升级换代，使其在保温性能方面得到了极大的改善，为在寒冬季生产蔬菜提供了保障；在南方地区，将原来跨度为6 m、高2.5 m的钢管大棚改进为跨度为8 m、高3.5 m，不仅提高了土地资源的利用率，因增大了大棚内部空间，也使大棚内的环境条件得到了明显的改善，提高了生产能力。南方塑料连栋大棚也从原来低、跨度小、短向高、跨度大、长的方向转变。

3. 专业化生产设施不断增加 随着专业化生产企业的增加，一大批针对特色园艺作物生产的园艺设施被应用于生产上，推动了由原来一个温室可以栽培多种类型作物向为特定作物类型定制设施的转变。不仅提升了管理效率，同时也保证了产品产量和质量，使得管理成本下降，生产效益明显提高。例如，南方地区玫瑰专业生产温室、江苏地区蝴蝶兰生产温室等，都在原来温室的基础上加以改进，使其在冬季保温、夏季降温能力方面有较大的改进，更加适合目标作物的栽培，进而实现周年生产周年供应的生产目标。

综合近年来园艺设施发展情况，园艺设施的发展趋势可以总结为：材料的多样化和多功能性；设施结构的高大化、区域化和合理化；与栽培作物相配套的设施专业化；设施管理的省工省力化、机械化和智能化。

二、园艺设施在生产上的应用

园艺设施的种类很多，在不同的季节，根据不同的用途可以有目的地进行选择。例如，可根据当地的气候条件选择冬季用栽培设施的类型，可根据市场的需求来安排不同的设施生产方法，可根据资源条件和经济状况来选用相应的配套生产设备。总而言之，设施的应用应因地、因时而异，总的要求是：降低生产成本，保证产品质量，提高产量和经济效益，减少对环境所造成的污染，促进设施生产的可持续发展。以蔬菜设施生产为例，其主要应用在以下几方面。

（1）利用设施培育壮苗。秋、冬及春季利用风障、阳畦、温床、塑料棚及温室为露地和设施栽培培育各种蔬菜幼苗，或保护耐寒性蔬菜的幼苗越冬，以便提早定植，获得早熟产品。夏季利用荫障、荫棚等培育秋菜幼苗。

（2）利用设施进行越冬栽培。利用风障、塑料棚等于冬前栽培耐寒性作物，使其在保护设备下越冬，早春可提早收获，如风障根茬菠菜、韭菜、小葱等，大棚越冬菠菜、油菜、芫荽，中小棚的芹菜、韭菜等。

（3）利用设施进行早熟栽培。利用保护设施进行防寒保温，提早定植，以获得早熟的产品。

（4）利用设施进行延后栽培。夏季播种，秋季在保护设施内栽培果菜类、叶菜类等蔬菜，早霜出现后，仍可继续生长，以延长蔬菜的供应期。

（5）利用遮阳网、防虫网等进行炎夏栽培。高温、多雨季节，利用遮阳网、荫棚、防虫网及防雨棚等设施，进行遮阳、降温、防雨、防虫害。

（6）利用设施进行无土栽培。园艺设施是无土栽培所必需的条件，利用设施才能避免雨水对作物根际环境的干扰，减轻病虫的危害，提高产量和品质。

此外，园艺设施还被应用于休闲、观光农业，以及园艺产品的展览、销售和家庭绿化等方面，应用领域越来越广。园艺设施在蔬菜、花卉、果树生产上的具体应用，必须考虑到当地的气候特点、园艺作物的种类和特性、生产效益等，在此基础上进行科学选择、合理管理才能取得良好的效果。

三、本课程的特点以及正确的学习方法

本课程是一门应用性较强的课程，涉及许多相关基础知识，内容主要为设施的结构、类型、性能等，但最终归结到如何根据设施本身的特性、作物的特点，科学合理地调控设施，创造适宜的环境条件，促进作物生长，提高产量和品质的根本目的上。因此，在了解设施特性的基础上，还要掌握作物的生物学特性和对环境条件的要求，了解本地的气候特点，此外，还要求学生掌握一定的规划设计、土壤学、植物保护学和力学等方面的相关知识，在此基础上，要勤于摸索才能真正选择好、应用好、维护好园艺设施，降低生产成本，提高经济效益。

因此，在学习的过程中，一方面要掌握园艺设施的特性，另一方面要走出课堂走进设施，在生产管理的过程中去学习、领会，用实践知识来巩固和印证课堂理论知识，加深理解。通过实践来提高对本课程的学习兴趣，避免空洞的泛淡。要通过调查、研究来提高应用能力，避免教条主义。只有通过眼、耳、身的感受，用心领会，才能学好运用好本课程的知识，为今后走上工作岗位奠定坚实的基础。

相关知识

智慧农业

智慧农业就是将物联网、云计算、移动互联网、3S等技术运用到传统农业中去。运用传感器和软件通过移动平台或者计算机获取农业生产中的各种传感节点（环境温湿度、土壤水分、二氧化碳、图像等），依托部署在农业生产现场的无线通信网络实现农业生产环境的智能感知、智能预警、智能决策、智能分析、专家在线指导，使传统农业更具有“智慧”，实现了精准感知、控制与决策管理。从广泛意义上讲，智慧农业还包括农业电子商务、食品溯源防伪、农业休闲旅游、农业信息服务等方面的内容。

项目小结

本项目介绍了园艺设施的概念、常见的园艺设施类型、园艺设施的发展趋势以及发展园艺设施的意义，介绍了园艺设施在生产上的具体应用，同时也介绍了园艺设施课程的学习方法，让学生通过学习对园艺设施课程有一个全面的了解。

技能训练

技能训练　设施类型观察

一、实训目标

走进学校生产基地或农业园区基地，了解基地园艺设施类型、常用园艺设备，增加学生

对园艺设施的感性认识，为下一步学习奠定基础。

二、材料与用具

卷尺等。

三、实训内容及方法

1. 由指导老师带队，对基地所有园艺设施和设备进行讲解和观察。
2. 对能够测量的设施的大小进行测量，无法测量的进行询问。
3. 了解各种设施在生产上的运用情况。
4. 了解现有设备的性能与运用。

四、考核内容

1. 设施种类记录情况。
2. 设备记录情况及设备性能记录情况。
3. 设施在生产上的运用情况记录与体会。

五、课后作业

1. 用表格的形式整理园艺设施的种类和主要特征。
2. 整理好设备名称及性能。
3. 写出园艺设施在生产上的运用和观察体会。

复习思考

1. 园艺设施的概念是什么?
2. 常见的园艺设施有哪些?
3. 发展园艺设施有什么意义?
4. 园艺设施今后的发展趋势是什么?

项目二　简易设施的结构与性能调查

【项目导读】 本项目主要介绍温床、地膜、遮阳网、防虫网、防雨棚的结构、性能及应用；重点介绍电热温床、地膜覆盖、遮阳网覆盖、防虫网覆盖的结构特点及在生产中的运用。

【项目目标】 要求学生了解简易设施的各种类型和应用，掌握各种简易设施的结构与性能，为生产中推广应用提供依据。

【项目考核】 电热温床的铺设、地膜覆盖技术。

任务一　温床结构性能与应用

【教学要求】 本任务主要学习电热温床的结构和制作要点，电热温床在生产中的应用。

【教学目的】 要求学生掌握电热温床的正确制作方法和使用中的注意事项。

【教学材料】 大棚或温室、电源、电加温线、自动控温仪、交流接触器、电工工具、电热线若干、稻草、木屑、牛粪、营养土、铁锹等。

【教学方法】 多媒体教学、现场教学。

温床是指有加温、保温设备的苗床，主要供冬、春季节育苗用。温床是既简单又实用的一种园艺作物育苗设施，它具有防寒保温的作用，可以通过酿热加温和电热线加温来补充日光增温的不足。

一、酿热温床

酿热温床是利用好气性微生物（如细菌、真菌、放线菌等）分解有机物时产生的热量来进行加温的一种苗床或栽培床。

1. 酿热温床的结构 酿热温床主要由窗框或支架、床坑、透明覆盖物（玻璃窗或塑料棚膜）、保温覆盖物以及床坑内的酿热物等组成（图2-1）。酿热温床的温度调节主要靠调节酿热物的碳氮比、紧密度、厚度和含水量来实现。酿热物要求采用新鲜马粪、羊粪、秸秆等为原料，根据酿热物所含碳氮比不同，可分为高温型酿热物（如新鲜马粪、新鲜厩肥、各种饼肥、棉籽皮和纺织屑等）和低温型酿热物（如牛粪、猪粪、落叶、树皮及作物秸秆等）两类，可根据培育幼苗种类，将高温、低温酿热材料混用。除选用酿热材料外，还应通过调节床内不同部位的酿热物厚度以使床内温度均匀，减少

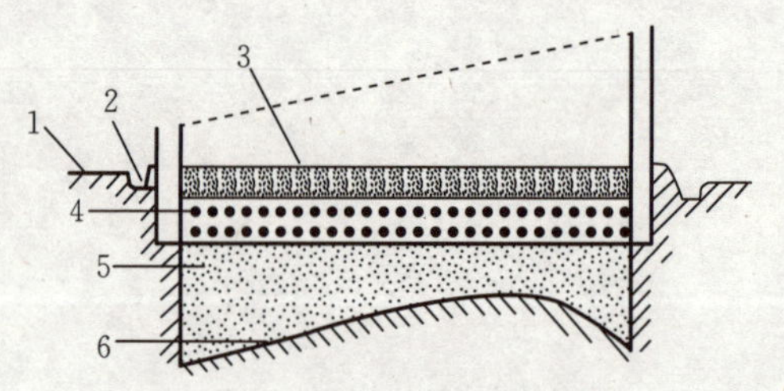

图2-1　半地下式酿热温床

1. 地平面　2. 排水沟　3. 床土　4. 第二层酿热物　5. 第一层酿热物　6. 干草层

局部温差。

2. 酿热温床的建造

（1）床址的选择。床址应选在避风向阳、地势高燥、排水良好的地方。北面要有一定的建筑物作屏障，以防止北风的侵袭，可提高床内的温度。床址还应靠近水源，交通要方便。

（2）床坑的制作。床坑要东西延长，坐北朝南，便于充分利用阳光。坑深30～40 cm，为使床温较均匀，床底要做成一定的弧度。床坑挖好后，四周最好用砖石砌成，以防散热，加强保温效能。如不砌砖石，也应把床坑四周做成土埂。

（3）酿热物的填充。酿热物准备好以后，先用铡刀把稻草、玉米秆等切碎，再与牛粪、马粪等充分混合。调节湿度应在装床前进行，用手紧握拌好的酿热物，以指缝间能见水珠，不滴水为宜。将酿热物分层填入床坑，并稍踩紧，总量要低于坑外地平面10 cm左右，以便填充坑土。酿热物的填充技术关系到温床的发热量，必须注意：①厩肥必须新鲜，未经发酵；②要疏松适度；③湿度要调匀；④酿热物的碳氮比要适当。

（4）床土的填充。床土应以肥沃的园土和有机肥为主要材料，二者可按等量或园土60%、有机肥40%混合。园土可从近年来未种过与所育秧苗相同科属蔬菜的菜园地上取用，在装床前1～2个月准备好，把园土和有机肥混合堆积，经过充分腐熟发酵或消毒后，即可使用。装床前要用筛子把床土筛选一次，粗土铺在底层，细土铺在上面。床土的厚度：播种床9～10 cm，假植床或分苗床12～14 cm。

（5）搭建支架与覆盖物。透明覆盖物现多用塑料薄膜；不透明覆盖物一般用稻草编成草帘，厚3～4 cm，草帘要求编得致密，使用过程中要保持干燥。支架多用竹片或竹竿，起支撑作用，如图2-2所示。

白天覆盖透明覆盖物可增加采光

夜间加盖不透明覆盖物可增强保温

图2-2 覆盖材料作用

3. 酿热温床的性能与应用 酿热温床是在阳畦（又称冷床）的基础上进行了人工酿热加温，因此，明显改善了温度条件。好的酿热温床可使床温升高25～30 ℃，维持2～3个月之久。酿热温床在使用过程中，分解有机物会释放出二氧化碳，增加了温床内二氧化碳的浓度，起到了人工补充二氧化碳的作用，使光合作用增强。

酿热温床内的增温效果受酿热物的种类及其厚度、床土的厚度、外界温度等因素的影响，存在局部温差，即温度北高南低、中部高周围低等现象。此外，酿热物发热时间有限，前期温度高而后期温度逐渐降低，因此秋、冬季节不适宜使用。

酿热温床主要用在早春果菜类蔬菜的育苗，也可作为花卉扦插或播种苗床，或秋冬季节草花和盆花的越冬。也有在日光温室冬季育苗中为提高地温而应用。

二、电热温床

电热温床是将电热线布设在苗床底部，对床土进行加温的育苗设施。电热温床多设置在温室或塑料大棚内，便于管理，省电。

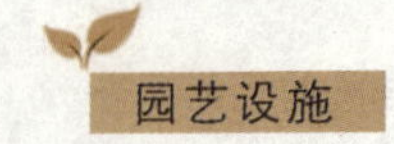

(一) 电热温床的结构

电热温床的结构主要由隔热层、电热线、苗床土、塑料小拱棚及其他部分组成（图2-3)。

隔热层：一般由作物秸秆、基质、塑料薄膜等材料组成。

电热线：电热线由电阻较大、发热适中、耗电少的金属合金线以及外包塑料绝缘层组成。电热线分土壤加热线和空气加热线，电热温床使用的是土壤加热线。

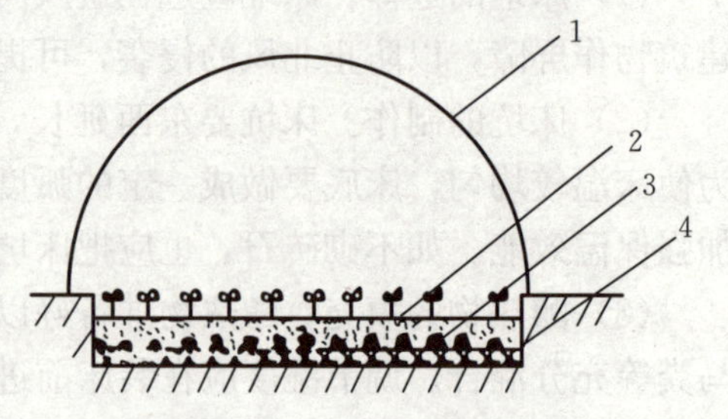

图2-3 电热温床横断面

1. 塑料薄膜 2. 床土 3. 电热线 4. 隔热层

电热线的主要参数有型号、电压、电流、功率、长度、使用温度等。电压为电热线所使用的额定电压；电流则表示允许通过的最大电流；长度表示每根电热线的长度，有80 m、100 m等；使用温度表示电热线应在该温度以下使用，以防电热线的塑料外套老化或熔化，造成短路或事故。表2-1列出的为土壤加热线的主要型号与技术参数示例。

表2-1 电热线的主要型号及技术参数

生产厂家	型号	功率/W	长度/m
辽宁省营口市农业机械化研究所	DR208	800	100
上海市农业机械化研究所	DV20406	400	60
	DV20410	400	100
	DV20608	600	80
	DV20810	800	100
	DV21012	1 000	120
浙江省鄞县太嵩地热线厂	DP22530	250	30
	DP20810	800	100
	DP21012	1 000	120

控温仪：它是根据温床内温度高低变化，自动控制电热线的线路切断与闭合。不同型号控温仪的直接负载功率和连线数量不相同，应按照使用说明书进行配线和连线。控温仪的主要型号与技术参数见表2-2。

表2-2 控温仪的主要型号与技术参数

型号	控温范围/℃	负载电流/A	负载功率/kW	供电形式
BKW-5	10～50	5×2	2	单相
KWD	10～50	10	2	单相
WKQ-1	10～50	5×2	2	单相
WKQ-2	10～50	40×3	26	三相四线制
WK-1	0～50	5	1	单相
WK-2	0～50	5×2	2	单相
WK-10	0～50	15×3	10	三相四线制

交流接触器：其主要作用是扩大控温仪的控温容量。一般当电热线的总功率小于2 000 W（电流10 A以下）时，可不用交流接触器，而将电热线直接连接到控温仪上。当电热线的总功率大于2 000 W（电流10 A以上）时，应将电热线连接到交流接触器上，再由交流接触器与控温仪连接。

电源：生产上多用220 V的交流电源。当使用功率较大时，可用380 V电源，并选择与负载电压相同的交流接触器连接电热线。

（二）电热温床的铺设

1. 平整底床 在大棚或温室内，根据育苗数量、苗的种类等确定育苗床大小，整平床底。

2. 铺隔热层 在床底铺上5～10 cm厚稻草、麦秸或隔热的基质等作隔热层，并稍填一层细土。

3. 电热线的选择与布线操作 电热线的选择以DV20810型为例，每根电热线长100 m，额定功率为800 W，设苗床面积为8 m^2（长5 m、宽1.6 m），用一根电热线，设定功率为100 W/m^2。

（1）确定所用电热线根数。

$$温床需要总功率\ P=温床面积\times单位面积设定功率$$

单位面积设定功率主要是根据育苗期间的苗床温度要求来确定的。一般冬春季播种床的设定功率以80～120 W/m^2 为宜，分苗床以50～100 W/m^2 为宜。

$$电热线根数\ n=温床总功率\div单根电热线的额定功率$$

（2）电热线行数 d=（电热线长－床宽）÷床长

为便于电热线与电源的连接，计算出的行数应取偶数。

（3）电热线行间距 h=床面宽÷（布线行数－1）

由于床面的中央温度较高，两侧温度偏低，实际布线时两侧线距可适当加密。

（4）布线方法。在整平的底床的两端按计算间距要求，插上短竹竿，将电热线绕短竹竿布线，电热线要拉紧、拉直，防止电热线交叉（图2-4）。

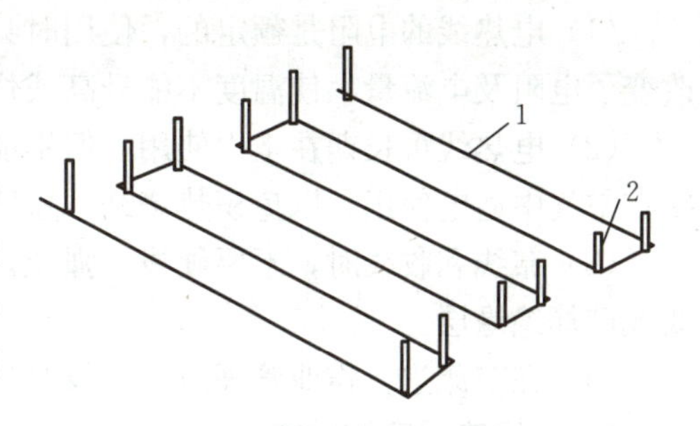

图2-4 电热线绕线

1. 电热线 2. 短竹竿

注意：布线时将电热线两端的接头设在苗床的一端，从实际生产中看，当电热线的功率小于2 000 W时，可采用单相接法，将电热线直接接入电源（图2-5）或加控温仪（图2-6）。当电热线的功率大于2 000 W时，可采用单相加交流接触器和控温仪的接线方法（图2-7）。

4. 通电试验 整床电热线布好后，接通电源，合上闸刀开关，通电1～2 min。如电源线变软发热，说明工作正常，线路畅通，即可覆盖床土。如电热线不发热，说明线路不通，应检查线路，及时排除故障。

5. 覆盖床土 通电实验成功后，根据用途不同，铺设床土的厚度也不同，一般在电热线上覆盖8～12 cm厚的床土。覆盖时应注意先用土将部分电热线固定，以防电热线走动。床土覆盖好后，用木板将床面刮平，以便播种育苗或移苗。也可以在布好电热线的苗床上覆盖2～3 cm厚的过筛炉灰，然后直接摆放育苗盘或营养钵，上面扣小拱棚，夜间可以加盖草帘等以增强保温效果。

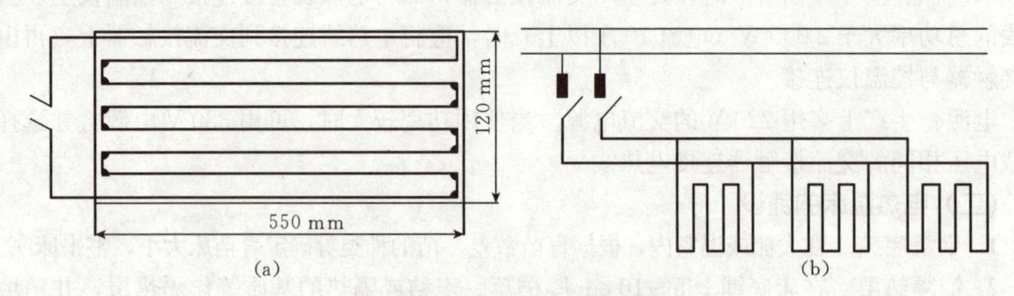

图 2-5　无控温仪电热线布线

(a) 单根电热线布线　(b) 多根电热线布线

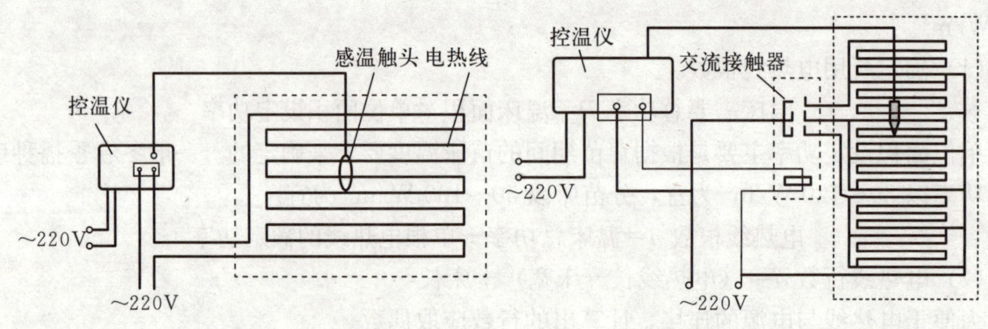

图 2-6　有控温仪电热线布线　　图 2-7　有控温仪和交流接触器电热线布线

6. 注意事项

(1) 电热线的电阻是额定的，使用时只能并联，不能串联，严禁接长或剪短使用，否则改变了电阻及电流量，使温度不能升高或烧断。

(2) 电热线可长期在土中使用，但不能交叉、重叠、结扎，更不能将成盘或成卷的电热线在空气中通电使用，以免积热烧结、短路、断线。

(3) 布线和收线时，不要硬拔、强拉，不能用锹、铲挖掘，不能形成死结，以免造成断线或破坏绝缘层。

(4) 在苗床进行作业管理时，要及时切断电源，不能带电作业。

(三) 电热温床的性能

电热温床能够提高地温，具有升温快、地温高、温度均匀、调节灵敏的优点，并可使近地面温度提高 3～4 ℃。由于地温适宜，幼苗生长速度快，可缩短日历苗龄 7～10 d。

电热温床与控温仪配合使用，可以实现对温度的自动控制，同时又可根据不同蔬菜和花卉种类以及不同天气条件来调节温度和加温时间，避免地温过高或过低对幼苗造成的危害。

(四) 电热温床的应用

电热温床主要应用于温度较低（尤其是地温较低）的冬、春季节园艺植物育苗，以培育蔬菜、花卉、果树等常规苗或嫁接苗。在常规育苗中，电热温床既可作播种床也可作移苗（或分苗）床。

任务二　地膜覆盖性能与应用

【教学要求】 本任务主要学习地膜的种类和地膜覆盖的主要作用；地膜覆盖在生产中的应用方式和覆盖技术要点。

【教学目的】 要求学生了解地膜的种类和地膜覆盖的主要作用，掌握地膜覆盖技术要点。

【教学材料】 地膜、菜田、覆膜机、铁锹、耙子、有机肥等。

【教学方法】 多媒体教学、现场教学。

地膜覆盖是指塑料薄膜地面覆盖的简称。它是用很薄的（0.005～0.015 mm 厚）塑料薄膜覆盖在地表或近地表面的一种栽培方式，是当前农业生产中最简单有效的抗旱保墒措施之一，在世界各国广泛应用，尤其在我国西北干旱地区使用最多。

一、地膜的种类

按地膜的功能和用途可分为普通地膜和特殊地膜两大类。

1. 普通地膜　普通地膜是指无色透明的聚乙烯薄膜，透明的聚乙烯薄膜透光率高，土壤增温效果好。普通地膜包括广谱地膜和微薄地膜。

2. 特殊地膜　特殊地膜是指在地膜制作过程中加入了有色物质或其他成分，主要包括黑色地膜、黑白两面膜、银黑两面地膜、绿色地膜、微孔地膜、切口地膜、银灰色地膜、除草地膜、配色地膜和可控降解地膜等。

二、地膜覆盖的作用

1. 提高温度　露地栽培由于地面裸露，表土吸收的太阳辐射能有 90%左右随土壤水分汽化蒸发，其余的分别以传导和对流等方式交换到空气中，只有很少一部分贮存到土壤中，所以春季地温回升缓慢。地膜覆盖减少了地面的蒸发、对流和散热，土温显著提高，一般透明地膜覆盖，能使 0～20 cm 厚的土壤日平均地温提高 3～6 ℃，晴天增温明显，阴天增温不明显。

2. 改善光照条件　地膜本身具有反射光的作用，覆盖透明地膜，由于地膜和其内表面水滴的反射作用，可使近地面的反射和散射光强度增加 50%～70%，晴天更为明显，气温也相应提高 1～3 ℃。银灰色地膜具有良好的反光作用，既可改善田间光照分布，又可起到很好的避蚜作用。

3. 保水提墒　地膜覆盖可减少土壤水分蒸发，较长时间保持土壤水分。覆盖地膜，一方面促进深层土壤毛细管水分向上运动，另一方面，由于地膜在土壤和空气间构成一个密闭的冷暖界面，使汽化了的土壤水分在地膜下表面凝结成水滴再被土壤吸收。这样，土壤水分在膜下形成循环，大大减少了地面蒸发，使深层土壤水分在上层积累，所以产生了明显的保水提墒作用。地膜覆盖不仅保水提墒，在雨季或遇到暴雨时，由于地膜的阻隔，使雨水渗透较慢，有利于排水，在一定程度上防止了涝灾（表 2－3）。

在温室、大棚生产中，由于地膜覆盖减少了地面水分蒸发和浇水次数，使设施内空气湿度降低，大大减轻了病害的发生与传播。

表 2-3 干旱和降雨对地膜下土壤湿度（%）的影响（徐凤珍，2003）

处理	干旱		降雨			
	0～5 cm 土层	5～10 cm 土层	雨后 1 h		雨后 2 h	
			0～5 cm	5～10 cm	0～5 cm	5～10 cm
覆盖地膜	12.3	19.2	13.4	18.3	25.5	29.7
不覆盖地膜	4.15	8.7	39.8	37.9	27.2	32.1
湿度差值	+8.15	+10.5	-26.4	-19.6	-1.7	-2.4

4. 防止肥土流失 由于地膜覆盖阻隔了降水，减少了灌溉，减轻了土壤中养分的流失和淋溶。加之具有增温保墒的作用，因而有利于微生物的活动，加速腐殖质的分解，使有机质转化成无机质，铵态氮硝化加快，有利于根系吸收，从而提高土壤中肥料的利用率。

5. 抑制盐碱危害 盐碱性的土壤，往往因地表蒸发，使土壤中的盐分随水分上升，并滞留在地表和浅层土壤中，严重影响各种作物的生长。地膜覆盖，不仅抑制了地面蒸发，阻止了土壤深层盐分的上升，而且还在土壤水分内循环的作用下产生淋溶，使土壤耕作层的含盐量得到有效控制，可使耕层土壤中含盐量降低 53%～89%。因此，地膜覆盖是盐碱地园艺作物高产稳产的重要技术措施。

6. 优化土壤理化性状 地膜覆盖，能防止土壤因雨水冲刷而板结，使土壤容重减小，孔隙度增加，固、气、液三相比例适宜，水、肥、气、热协调；能保持膜下的土壤疏松、透气，土壤微生物活动旺盛，加速土壤有机物的分解，提高肥料的利用率，使土壤通透性良好，孔隙度增加，有利于园艺作物根系生长发育，增强根系的吸收能力（表 2-4）。

表 2-4 地膜覆盖对土壤养分（%）的影响（徐凤珍，2003）

养　分	辣椒		番茄		茄子		豇豆	
	覆膜	露地	覆膜	露地	覆膜	露地	覆膜	露地
全氮	0.129	0.128	0.165	0.155	0.177	0.111	0.139	0.135
硝态氮	87.5	62.7	91.5	82.8	59.5	58.3	65.5	51.5
氨态氮	36.7	29.0	34.9	33.9	32.1	26.4	42.4	27.6
有效磷	45.9	32.3	51.3	42.4	32.0	29.7	42.0	40.1

7. 减轻病虫草害

（1）避免了雨水冲刷和地面径流，对各种土传病害和风雨传播的病害以及部分害虫有显著的防效。

（2）减少地面蒸发，降低空气湿度，对多种侵染性病害有抑制作用。

（3）有综合改善环境条件的生态效应，使园艺作物生长健壮，抗病能力加强。

（4）功能性地膜可以起到防虫、除草的作用。如银灰色地膜有强烈的避蚜作用，银黑双色地膜既避蚜又除草，化学除草地膜则可以使附着的水滴溶解除草剂，并渗入土层，杀死刚萌芽的杂草。

三、地膜覆盖的方式

(一) 平畦覆盖

通常畦面低、畦埂高，畦面宽 80～100 cm，畦埂宽 20 cm，高 8～10 cm，畦长依地块而定（图 2－8）。播种或定植前将地膜平铺畦面，四周用土压紧，或短期内临时性覆盖。覆盖时省工、容易浇水，但浇水后易造成畦面淤泥污染。覆盖初期有增温作用，随着污染的加重，到后期又会降温。一般多用于种植葱头、大蒜以及高秧支架的蔬菜等农作物以及果林苗木的扦插。可先铺地膜后种植，也可以先栽菜后盖地膜。

图 2－8　平畦覆盖及在生产中的应用

(a) 平畦覆盖　(b) 大蒜平畦覆盖栽培

(二) 高垄覆盖

地块经施肥整平后起垄，地膜覆盖于垄背上，有窄高垄和宽高垄（图 2－9）。窄高垄垄背宽 30～40 cm，垄高 10～20 cm，每垄种植单行作物，如芋头、马铃薯等；宽高垄垄背宽 60～80 cm，垄高 10～20 cm，每垄种植两行作物，如甘蓝、莴笋、甜椒、花椰菜、番茄、黄瓜等蔬菜的早熟栽培。高垄覆盖受光较好，地温容易升高，增温效果优于高畦和平畦覆盖，适于园艺作物的早熟栽培，但干旱地区垄高不宜超过 10 cm。

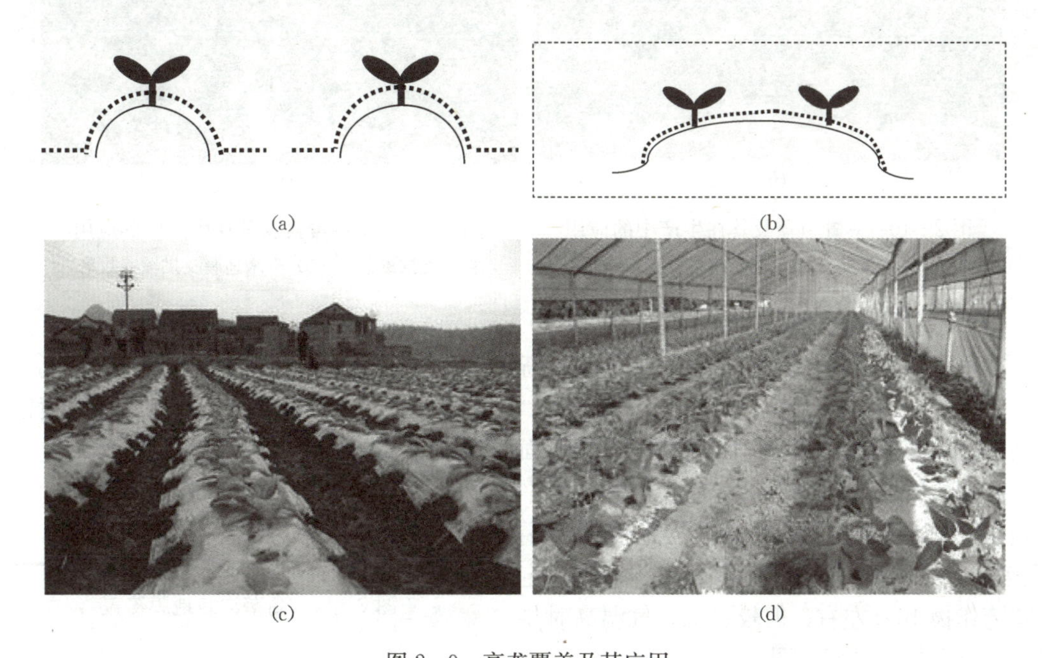

图 2－9　高垄覆盖及其应用

(a) 窄高垄覆盖　(b) 宽高垄覆盖　(c) 窄高垄覆盖的应用　(d) 宽高垄覆盖的应用

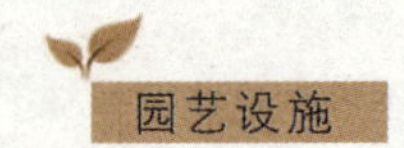

（三）高畦覆盖

在菜田整地施肥后，做成畦面为平顶，畦面宽 80～200 cm，畦面高 10～15 cm，畦沟宽 40～50 cm，地膜覆盖在畦面上（图 2-10）。高畦地膜覆盖应用最多的是茄果类、瓜类以及圆葱、甘蓝、草莓等园艺作物的早熟栽培，要求施足基肥，深翻细耙，按规格作畦后，稍加拍打畦面，使畦面平整。可先覆盖地膜后定植，也可以先定植后盖地膜。高畦覆盖增温效果较好，但畦中心易发生干旱。

（四）支拱覆盖

支拱覆盖是先在畦面上播种或定植蔬菜，然后在播种或定植的畦面上用细竹竿或 8 号铁丝支一小拱架，将地膜覆盖在拱架上，形似一个小拱棚（图 2-11）。待蔬菜长高顶到膜时，将地膜开口放苗出膜，同时撤掉支架，将地膜落回地面，重新铺好压紧。为了保温防寒，也可在温室大棚内临时搭建支拱覆盖，待气温回升后，及时撤掉地膜和支架。

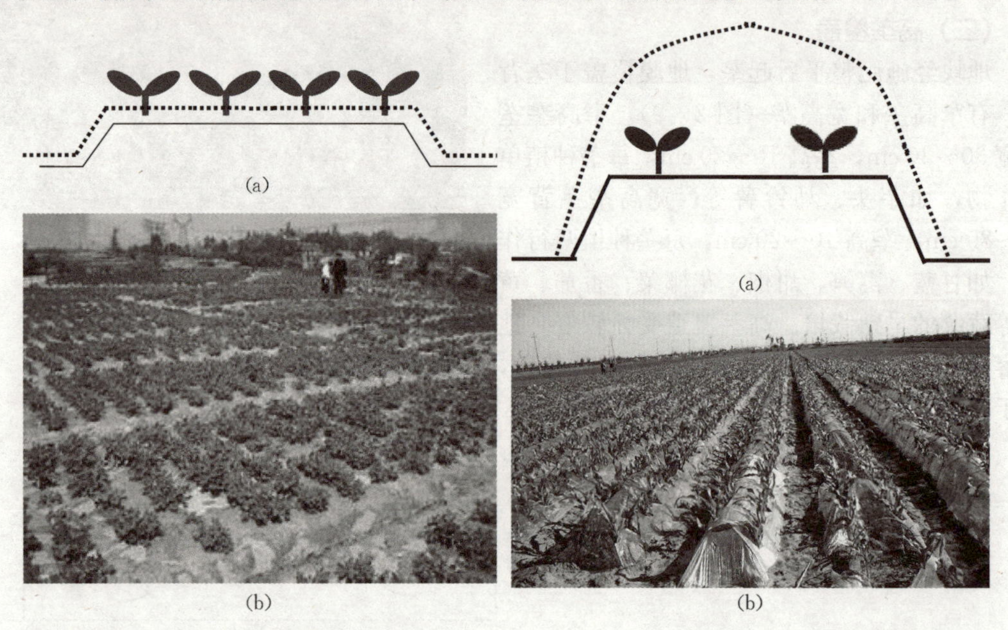

图 2-10　高畦覆盖及其在生产中的应用
（a）高畦覆盖　（b）马铃薯高畦覆盖栽培

图 2-11　支拱覆盖及其在生产中的应用
（a）支拱覆盖　（b）玉米地膜支拱覆盖栽培

（五）高垄沟栽覆盖

施基肥深翻后，按行距 60～70 cm 做成高垄，垄高 20～25 cm，垄背宽 35～45 cm，在垄背中央开定植沟，定植沟上口宽 20 cm 左右，底宽 15 cm，沟深 15～20 cm，将地膜覆盖在垄上。幼苗在沟内生长，待幼苗长至膜面时，戳孔放风，晚霜过后，将地膜掀起，填平定植沟，破膜放苗，将天膜落为地膜，所谓“先盖天，后盖地”。此种覆盖方式，可提早定植园艺作物 10 d 左右，但较费工，气温高时易烤苗，要求精心管理（图 2-12）。

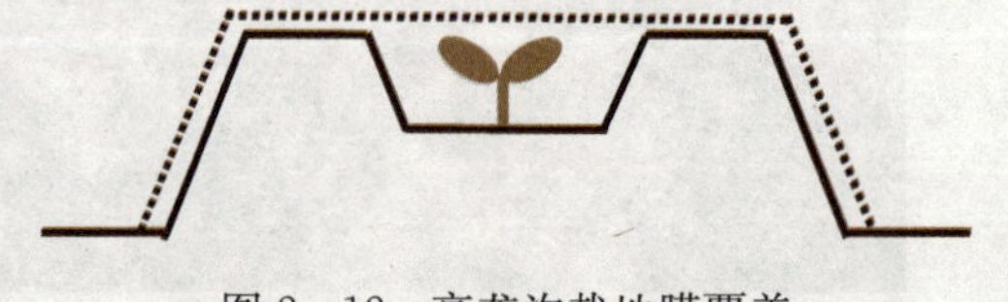

图 2-12　高垄沟栽地膜覆盖

（六）全膜覆盖双垄沟播技术

先整地施基肥后，按带幅起大小垄，一般大垄宽 60～70 cm、高 10 cm，小垄宽 40 cm、高 15 cm，幅宽 100～110 cm，每幅垄对应一大一小、一高一低两个垄面。选用宽 120 cm、厚 0.008～0.01 mm 的地膜覆盖，实施全地面覆盖，膜与膜间不留空隙，相接覆盖，相接处必须在小垄中间垄脊处，且在相接处用细土压住。覆膜时地膜要与垄面、垄沟贴紧，两边地膜拉直压实，每隔 2～3 m 压一土腰带。全膜覆盖双垄沟是一项集保墒、集雨、增温、增产为一体的适宜于我国西北干旱半干旱地区的抗旱种植技术（图 2-13）。

(a)

(b)

图 2-13　全膜覆盖双垄沟播技术应用
（a）辣椒双垄沟播栽培　（b）玉米双垄沟播栽培

四、地膜覆盖技术

1. 土地准备　包括精细整地、增施底肥、保证底墒、合理作畦 4 项工作。

（1）精细整地。可使土壤疏松、细碎，畦面平整，无砖头、瓦块，无大的土块，使地膜紧贴畦面，防止透气、漏风，充分发挥保温、保水的作用。

（2）增施底肥。地膜覆盖的地块，因温湿度适宜，土壤中有机肥分解快，并且不易追肥，结合整地需增施充分腐熟的有机肥，防止出现生育后期脱肥现象。

（3）保证底墒。保证底墒是覆膜条件下夺取全苗、苗齐、苗壮的重要措施。底墒足时可以在较长时间内不必灌水，底墒不足时可以先灌水后覆膜。底墒足时整地后立即覆膜，防止土壤水分蒸发。

（4）合理作畦。根据种植作物种类不同，作畦的类型、规格也不同，但畦面一定要疏松平整，无大土块、杂草及残枝落叶，并且用小木板刮平。

2. 覆膜　露地覆膜应选择无风天气进行，覆膜时边展膜，边拉紧、抻平、紧贴畦面，膜两边用土压实。覆膜的方式有以下 3 种。

（1）采用先覆膜后播种或定植方法时，可同时完成作畦、喷除草剂、铺膜、压膜 4 项作业。膜要铺紧、边要压实。

（2）采用先播种后覆膜方式，覆膜后要经常检查幼苗出土情况，发现幼苗出土时，及时破膜使幼苗露出地膜，防止烤苗。

（3）采用先定植后覆膜方式，边覆膜边掏苗，膜全部铺完后用土把定植孔压严，否则覆膜的效果会降低。

3. 田间管理　为了充分发挥覆膜的功能，在进行农事操作管理时，尽量不要损坏地膜，发现地膜破裂或四周不严时，应及时用土压紧，保证地膜覆盖的效果。

为了补充土壤中养分，生育期间结合灌水进行追肥。地膜覆盖后不需中耕，但要经常检查，拔除根际杂草，膜下有杂草滋生时，及时拔草，以防草荒。

采收结束后，及时清除残膜，运出田外，集中销毁，防止造成土壤被碎膜污染，影响下茬作物的生长。

五、地膜覆盖的应用

1. 地膜用量的计算 地膜覆盖用量，计算公式如下：

$$M = QBS \tag{2-1}$$

式中，M——地膜用量；

Q——每 667 m^2 地膜质量（表 2-5）；

B——地膜覆盖率；

S——种植土地面积。

表 2-5 地膜厚度与每 667 m^2 地膜质量对照（徐凤珍，2003）

地膜厚度/mm	单位质量/(g/m^2)	每 667 m^2 地膜质量/kg
0.009	0.83	5.80
0.010	0.92	6.44
0.012	1.10	7.70
0.015	1.38	9.66
0.020	1.84	12.88

2. 地膜覆盖的生产应用 可用于塑料大棚、温室内果菜类蔬菜、花卉及果树栽培，以提高地温和提高土壤湿度，一般冬、春季应用较多。地膜覆盖还可用于果菜类、叶菜类、草莓及其他果树的春早熟栽培和播种育苗。在干旱的西北地区主要用于春季的抗旱栽培。

任务三 遮阳网覆盖结构性能与应用

【教学要求】 本任务主要学习遮阳网的种类和规格、遮阳网覆盖的方式和遮阳网覆盖的性能。

【教学目的】 要求学生了解遮阳网的材料和种类，掌握遮阳网的覆盖方式和生产中的应用。

【教学材料】 菜田、遮阳网、铁丝、圆木、拱棚骨架等。

【教学方法】 多媒体教学、现场教学。

遮阳网俗称遮荫网、凉爽纱，国内产品多以聚乙烯、聚丙烯等为原料，经拉伸成丝后编织而成的一种质量轻、强度高、耐老化的网状新型农用覆盖材料。利用它覆盖作物具有一定的遮光、降温、防台风暴雨、防旱保墒和忌避病虫等功能。用遮阳网来替代芦帘、秸秆等农家传统覆盖材料，在夏、秋高温季节进行园艺作物的栽培或育苗，已成为我国南方地区克服蔬菜夏秋淡季的一种简易实用、低成本、效益高的蔬菜覆盖新技术。它使我国的蔬菜设施栽培从冬季拓展到夏季，成为我国热带、亚热带地区设施栽培的特色。另外，遮阳网也用于北方夏季花卉、蔬菜等园艺作物的栽培、育苗以及食用菌的栽培。

一、遮阳网的种类与规格

塑料遮阳网有很多种类，其颜色有黑色、银灰色、白色，也有绿色和黑白相间的。其遮光率有25%、30%、35%、40%、45%、50%、65%、85%等多种，应用最多的是遮光率为35%～65%的黑网和65%的银灰网。宽度有90 cm、150 cm、160 cm、200 cm、220 cm等不同规格，一般使用寿命为3～5年，单位质量为45～49 g/m^2。

产品的型号有SZW-8、SZW-10、SZW-12、SZW-14、SZW-16等5种。随着型号数字的增加，遮光率依次增加。生产上使用较多的为SZW-12和SZW-14两种。许多厂家生产的遮阳网的密度是以一个密区（25 mm）中纬向的扁丝条数来度量产品编号的，如SZW-8表示密区由8根扁丝编织而成，SZW-12则表示由12根扁丝编织而成，数字越大，网孔越小，遮光率也越大。选购遮阳网时，要根据作物种类的需光特性、栽培季节和本地区的天气状况来选择颜色、规格和幅宽。遮阳网使用的宽度可以任意切割和拼接，剪口要用电烙铁烫牢，两幅接缝可用尼龙线在缝纫机上缝制，也可用手工缝制。

二、遮阳网覆盖的作用

1. 遮强光，降高温 夏季光照度大，中午气温一般超过30 ℃，甚至高达40 ℃，对大多数园艺作物生长不利，遮阳网覆盖可以遮挡一部分光照，使作物避免强光直射而灼伤，同时也降低了设施内的温度。据各地观测，使用遮阳网一般地表温度降低4～6 ℃，地上30 cm处气温可降1 ℃左右，地下5 cm处可降3～5 ℃。

2. 防暴雨，抗台风 夏季暴雨较多，使用遮阳网覆盖后可有效缓解暴雨和冰雹的冲击力，防止土壤板结和暴雨、冰雹对幼苗的危害。另外，在南方遮阳网覆盖能减弱台风的冲击，有助于防止支架作物的倒伏。

3. 保墒抗旱，保温抗寒 夏季播种后，使用遮阳网浮面覆盖有利于抑制土壤水分蒸发，提高土壤墒情，促使出苗。晚秋季节进行遮阳网覆盖或将遮阳网直接盖在植株上，具有防止霜冻的作用，能减轻霜冻的危害。

4. 避虫防病 夏季是小菜蛾、菜粉蝶等害虫多发的季节，利用遮阳网全封闭覆盖，可以防止害虫飞入产卵，减轻虫害。银灰色的遮阳网具有避蚜作用，能防止病毒病的传播。

三、遮阳网的覆盖形式及应用

（一）浮面覆盖

浮面覆盖又称为直接覆盖、飘浮覆盖、畦面覆盖，是将遮阳网直接覆盖在畦面或植株上面的栽培方式（图2-14）。浮面覆盖可以在露地、中小棚或大棚中进行，主要用于蔬菜出苗期覆盖。在夏季播种或育苗时，将遮阳网直接覆盖在畦面或苗床上，能起到降温、保墒、防止土壤板结的作用，促使早出苗。如夏季栽培绿叶菜，播种后用遮阳网覆盖畦面，隔一定距离将网压住，以防风吹，可遮光、降温、保湿，为种子发芽和出苗创造有利条件。出苗后将遮阳网立即揭去，就地用竹片搭成小拱棚或小平棚，将遮阳网移到棚架上。此外，在越冬蔬菜越冬期间及春甘蓝、春花椰菜、春大白菜等春季定植后一段时间，采用遮阳网浮面覆盖即将遮阳网直接盖在植株上有保温效果，可以防止霜冻危害。

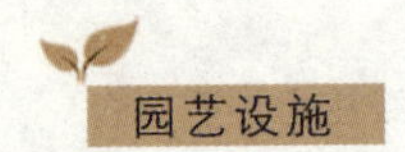

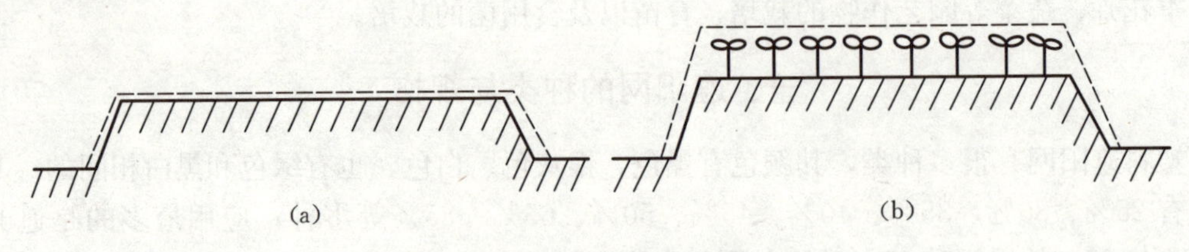

图 2-14　遮阳网浮面覆盖

(a) 地面直接覆盖　(b) 覆盖植株

(二) 拱棚覆盖

拱棚覆盖有平棚覆盖、小拱棚覆盖和大棚覆盖等形式。

1. 平棚覆盖　即利用竹、木、水泥柱、铁丝等材料，直接搭成平面的支架，上面覆盖遮阳网，拉平、扎牢，形成遮阳网平棚，棚架的高度根据作物的高度而定（图 2-15）。这种覆盖方式多用于夏季花卉的栽培和南方夏季叶菜类蔬菜的生产。

2. 小拱棚覆盖　是指直接将遮阳网覆盖在小拱棚骨架上，进行全封闭或半封闭覆盖（图 2-16）。小拱棚覆盖可单独使用，也可在大棚、温室等设施内的小拱棚上应用。这种覆盖方式揭盖方便，一般用于园艺作物的育苗、移栽等。

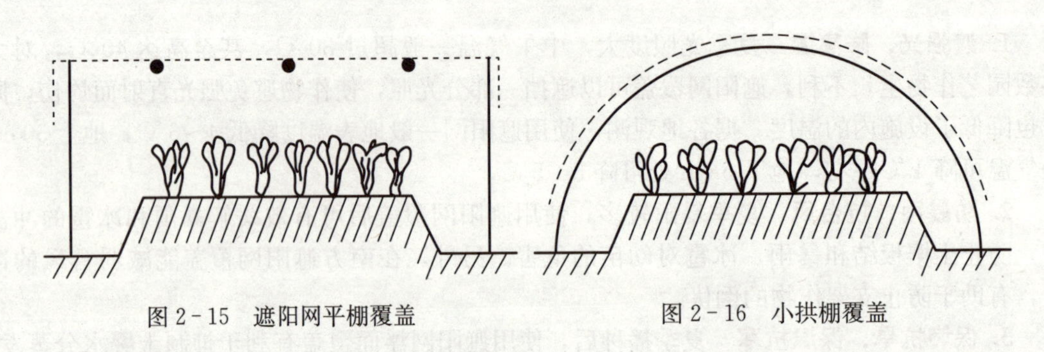

图 2-15　遮阳网平棚覆盖　　图 2-16　小拱棚覆盖

3. 大棚覆盖

(1) 棚顶覆盖。是指直接在塑料大棚的塑料膜上面覆盖遮阳网，用铁丝、尼龙绳等固定（图 2-17）。可根据季节和园艺作物生长的需要确定使用不同遮光率的遮阳网。温室也可以使用这种方法覆盖。此方式主要用于夏季观赏植物的栽培。另外，利用高遮光的黑色遮阳网覆盖于大棚或温室上，夏季降温、保湿，秋季保暖、保湿，可以进行平菇、草菇、香菇等食用菌的生产。

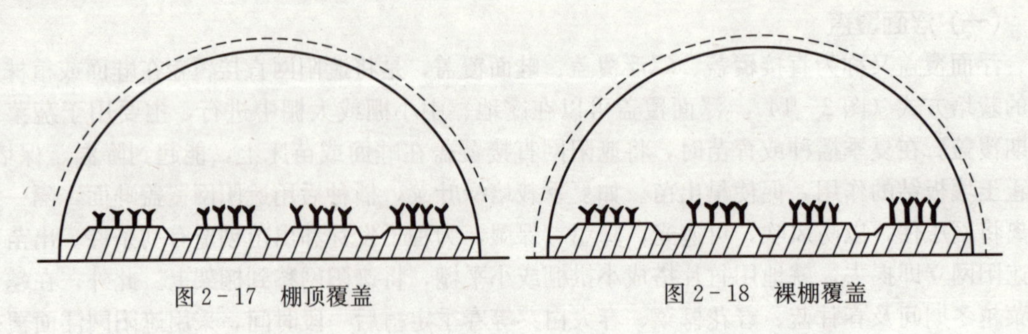

图 2-17　棚顶覆盖　　图 2-18　裸棚覆盖

(2) 裸棚覆盖。即全封闭式覆盖，是指将遮阳网直接覆盖在大棚骨架上（图 2-18）。

如冬、春塑料薄膜大棚栽培蔬菜之后，夏季闲置不用的大棚骨架盖上遮阳网。这种覆盖方式主要用于夏季蔬菜的栽培、秋菜的育苗和花卉的栽培。

（3）大棚内覆盖。是指将遮阳网固定在大棚或温室内部，相当于在大棚或温室内又搭了一个遮阳网平棚，但要简单得多，只要在大棚内将遮阳网固定在一定高度即可。一般利用大棚两侧纵向连杆为支点，将压膜线平行沿两纵向连杆之间拉紧连成一平行隔层带，再在上面平铺遮阳网，网离地面 120～150 cm（图 2-19）。大型连栋温室内还有机械电动装置拉、盖遮阳网，使用起来非常方便。这种覆盖方式主要用于夏季园艺作物的育苗、移栽或花卉的栽培。

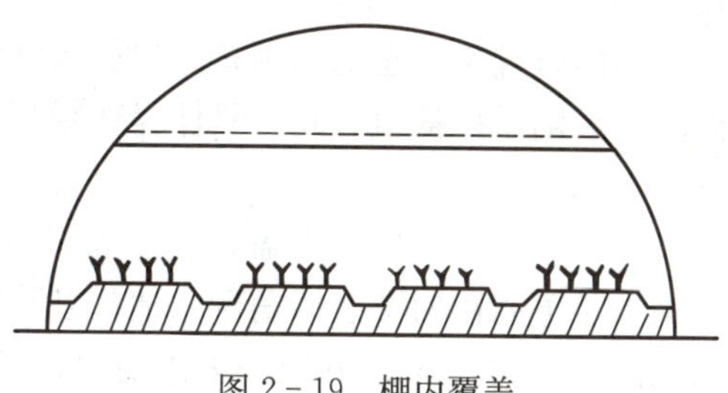

图 2-19　棚内覆盖

（三）温室覆盖

温室覆盖是指将遮阳网覆盖在温室顶部，有外覆盖（图 2-20）和内覆盖（图 2-21）两种。

图 2-20　温室外遮阳网覆盖

图 2-21　温室内遮阳网覆盖

四、遮阳网的使用与管理

夏季利用遮阳网覆盖栽培有很多好处，使用时应根据栽培作物的需光特性、天气情况等灵活管理，这样才能取得良好的栽培效果。

1. 科学选用不同规格、不同颜色的遮阳网　遮阳网的规格不同，遮光的程度也不同；不同种类的园艺作物，光合作用的适宜光照度也不同。所以应根据园艺作物种类和覆盖期间的光照度，选择适宜的遮阳网。如盛夏酷暑期栽培绿叶菜时，宜选用遮光率为 45%～65% 的 SZW-12 或 SZW-14 型黑色遮阳网进行覆盖；夏末覆盖时可选遮光率较低的银灰色遮阳网，兼有避蚜作用。

2. 因地制宜选用适宜的覆盖方式　北方许多地区的温室、大棚、中棚、小棚等保护地设施，一般只进行秋、冬、春保温防寒栽培，夏季多闲置不用。利用遮阳网覆盖，一年可多生产 1～2 茬生长期短的绿叶菜，或进行育苗，提高棚室骨架的利用率，增加产量和收益。

3. 管理工作规范化　夏季遮阳网覆盖栽培的主要目的是遮光和降温，其中遮光起主导作用。遮光的程度除选用遮光率适宜的遮阳网外，还须掌握揭盖时间。如果覆盖遮阳网后一盖到底，则会产生由于高温、高湿及弱光引起的徒长、失绿、患病、减产及品质下降等副作用。

遮阳网管理工作总的原则是：根据天气情况和不同蔬菜、不同生育时期对光照度和温度的要求，灵活掌握揭盖时间。具体操作规程是：播种至出苗前，采用浮面覆盖，出苗后于傍晚揭网。如在露地播种需搭棚架，次日日出后将遮阳网盖在棚架上。移栽的幼苗在成活前也可进行浮面覆盖，但应白天盖，晚上揭，幼苗恢复生长后进行棚架覆盖；中午前后光照强、温度高以及下暴雨时要及时盖网；清晨及傍晚或连续阴雨天气，温度不高，光照不强时，要及时揭网。采收前5～7 d应揭去遮阳网，以免叶色过淡，品质降低。

任务四　防虫网覆盖结构性能与应用

【教学要求】 本任务主要学习防虫网的种类和规格、防虫网覆盖的方式和防虫网覆盖的性能。

【教学目的】 要求学生了解防虫网的材料和种类，掌握防虫网的覆盖方式和生产中的应用。

【教学材料】 防虫网若干、铁丝、拱棚骨架或温室骨架等。

【教学方法】 多媒体教学、现场教学。

防虫网是以优质的聚乙烯为主要原料，添加防老化、抗紫外线等化学助剂，经拉丝编织而成，形似窗纱，具有耐拉强度大、抗紫外线、抗热、耐水、耐腐蚀、耐老化、无毒、无味等特点的新型覆盖材料。由于防虫网覆盖简单易行、能有效防止害虫对夏季蔬菜的危害，所以，作为蔬菜栽培中减少农药使用的有效措施而得到推广。防虫网覆盖栽培是无公害蔬菜生产的重要措施之一，对不用或少用化学农药，生产无公害的蔬菜，同时减少农药污染具有重要意义，已成为当前夏季蔬菜栽培的一种新兴模式。

一、防虫网的种类与规格

防虫网的种类较多，按目数分为20目、24目、30目、40目等规格，目数越大，网孔越小，防虫效果越好，以24～30目最为常用。幅宽100 cm、120 cm、150 cm等。按丝径，有0.14～0.18 mm等数种。

防虫网的颜色有白色、银灰色、黑色等，白色防虫网透光率较高，银灰色防虫网具有驱避蚜虫的作用，生产上多使用白色和银灰色防虫网。使用寿命一般在3年以上。

二、防虫网覆盖的作用

1. 有效地防止害虫为害，减少农药的使用，利于无公害生产　夏、秋季节是菜青虫、小菜蛾、斜纹夜蛾、甘蓝夜蛾、蚜虫等多种害虫的高发时期。覆盖防虫网后，由于防虫网网眼小，可以防止害虫成虫飞（钻）入棚内危害作物，基本上切断了害虫的入侵途径，有效地防止了害虫的危害。同时有效地抑制了害虫传播病害的蔓延和扩散，如以蚜虫为传播媒介的病毒病等，降低了病害的发生程度，减少了农药的使用，还可减轻劳动强度，降低成本。

2. 能防止暴风雨、冰雹的侵袭，保护幼苗和植株 防虫网网眼小，机械强度高，暴雨、冰雹降到网上，经撞击进入网内后已减弱为蒙蒙细雨，冲击力小，缓解了暴雨和冰雹对作物的冲击，因而防暴雨、冰雹效果十分明显。同时覆盖防虫网后，可减弱风速，大风速度比露地降低 15%～20%，能防止大风对植株的危害。

3. 能防止鸟害和昆虫传粉 飞鸟被防虫网阻隔，啄食不到网内园艺作物的种子和叶片，有利于全苗、齐苗。另外，杂交制种田常采用防虫网覆盖隔离，避免昆虫传播授粉。

4. 能改善小气候环境 防虫网是一种网纱，具有通风透光、适度遮光、适度降温的作用，进而改善设施内的小气候环境。但在高温季节，防虫网内的通气性下降，也易造成高温、高湿危害。

三、防虫网的覆盖形式及应用

1. 浮面覆盖 将防虫网直接覆盖在畦面上或幼苗上，能有效地防止害虫和暴雨台风的危害（图 2－22）。一般应用于夏季直播的速生菜或其他叶菜类上，或定植后的幼苗上。

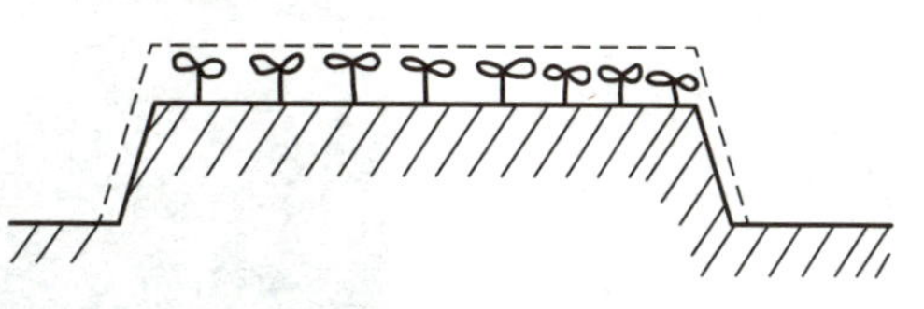

图 2－22 防虫网浮面覆盖

2. 拱棚覆盖 拱棚覆盖是目前最普遍的覆盖形式，有小拱棚覆盖和大棚覆盖等形式，由数幅网缝合覆盖在小拱棚、单栋或连栋大棚上，全封闭式覆盖。

（1）小拱棚覆盖。可以选择宽幅为 120～150 cm的防虫网，直接覆盖在小拱棚上，一边可以用泥土、砖块等固定，另一边可以自由揭盖，以利于生产操作（图 2－23）。由于小拱棚下的空间较小，实际操作不太方便，一些地方利用这种覆盖形式进行夏季育苗和小白菜的栽培。

（2）大棚覆盖。在夏季利用大棚的骨架，将防虫网直接覆盖在大棚骨架上，棚腰四周用卡条固定，再用压膜线 Z 形扣紧，网底部四周用泥土压实压紧，将棚全部覆盖封闭，只留大棚正门口可以揭盖（图 2－24），是目前防虫网应用的重要方式。主要用于夏、秋甘蓝、花椰菜等蔬菜的生产；其次可用于夏、秋蔬菜的育苗，如秋番茄、秋黄瓜、秋莴苣等的育苗。南方夏季气温过高时，可与遮阳网配合使用，效果会更好。

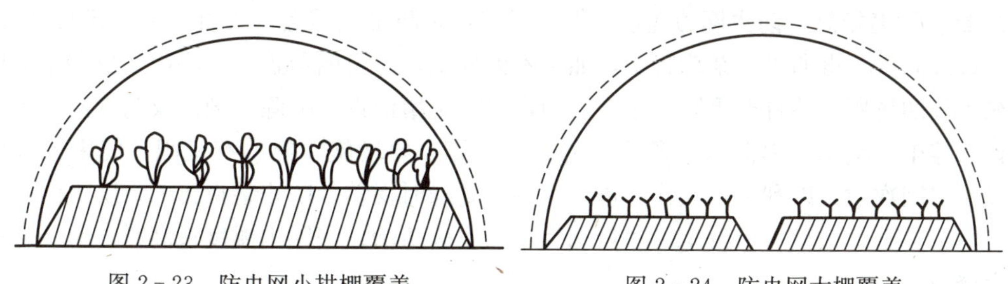

图 2－23 防虫网小拱棚覆盖　　图 2－24 防虫网大棚覆盖

3. 局部覆盖 在大棚两侧通风口、温室的通风口、门等所有的通风口处都安装防虫网，在不影响设施性能的情况下，能起到防虫、防鸟等作用（图 2－25、图 2－26 和图 2－27）。这种方式特别适合于连栋大棚和大型温室。

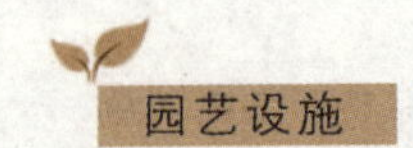

图 2-25　塑料大棚防虫网局部覆盖　　图 2-26　日光温室防虫网局部覆盖

图 2-27　连栋温室防虫网局部覆盖

四、防虫网覆盖栽培技术要点

1. 全生长期覆盖　防虫网遮光较少，不需日盖夜揭或前盖后揭，应全程覆盖，不给害虫入侵机会，这样才能收到满意的防虫效果。防虫网覆盖时，两边用砖块或土块压紧实，网上需要用网线压牢，以防被风吹开。

2. 选择适宜的规格　防虫网的规格主要包括幅度、孔径、线径、颜色等。选择适宜的孔径尤为重要。防虫网的密度大小，一般以目数来计算，即 1 平方英寸* 网眼格数。目数过小，网眼大，起不到应有的防虫效果；目数过大，网眼小，虽防虫但增加成本，通风性差，管理难度增加。目前生产上推荐使用的目数为 24～30 目。

3. 综合配套措施　防虫网覆盖前，棚内的消毒是防虫网覆盖的关键。上茬蔬菜收获后，会残存许多病菌、虫卵以及杂草种子，如果不做处理，防虫网覆盖后，将给病虫杂草提供一个繁殖生长的场所，并且严重影响生产。消毒包括土壤消毒、喷除草剂以及药剂浸种等。用防虫网覆盖生产蔬菜，强调以基肥为主的施肥原则，要增施腐熟的有机肥，使用抗病虫良种，减少追肥次数，以利生产操作。进出大棚时要随时揭盖，防止害虫飞入。防虫网有破损时，应立刻补上。一旦害虫发生，尽量选用生物农药防治。当网内温度过高时，应结合遮阳网覆盖降温。

4. 妥善使用，精心保管　防虫网田间使用结束后，应及时收下，洗净、吹干、卷好，以延长使用寿命，减少折旧成本，增加经济效益。

---

* 英寸为非法定计量单位，1 英寸＝0.025 4 m。——编者注

任务五　防雨棚结构性能与应用

【教学要求】 本任务主要学习防雨棚的结构特性、防雨棚的作用以及生产上的运用。

【教学目的】 掌握防雨棚的结构以及在生产上的合理运用。

【教学材料】 防雨棚。

【教学方法】 多媒体教学、现场教学。

防雨棚栽培是指在多雨的夏、秋季节，利用塑料薄膜等覆盖材料，覆盖在大棚顶部，借以改善棚内小气候，使蔬菜免遭雨水直接淋袭的一种栽培方式。因此，防雨棚是小拱棚、大棚和温室等设施综合利用的一种方式。早春利用小拱棚或大棚进行早熟栽培，在多雨的夏、秋季，利用塑料薄膜等覆盖材料，扣在大棚或小棚的顶部，任其四周通风不扣膜或扣防虫网，使作物免受雨水直接淋洗。一般利用防雨棚进行夏季蔬菜、花卉等园艺作物的避雨栽培或育苗。

一、小棚型防雨棚

主要用作露地西瓜、甜瓜早熟栽培。前期小拱棚两侧膜封闭，实行促成早熟栽培，后期温度升高后，小拱棚顶部扣膜，两侧揭起通风，使西瓜、甜瓜开雌花部位不受雨淋，以利授粉、受精，形成先促成后避雨的栽培方式。小棚型防雨棚（图 2－28）也可用来夏季育苗。

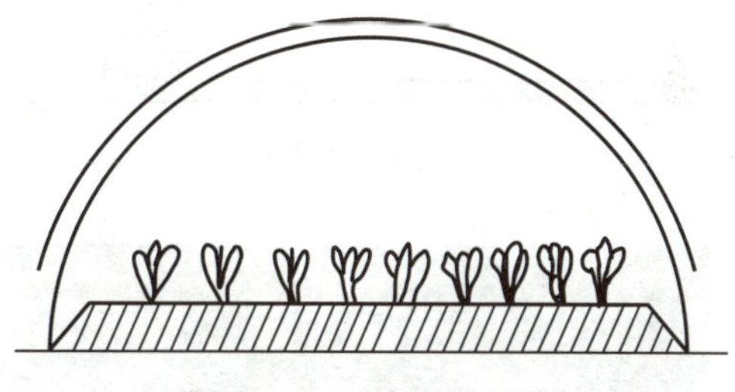

图 2－28　小棚型防雨棚

二、大棚型防雨棚

大棚顶上天幕不揭除，四周围裙幕揭除，以利通风，也可扣上防虫网防虫，可用于各种蔬菜的夏季栽培（图 2－29、图 2－30）。

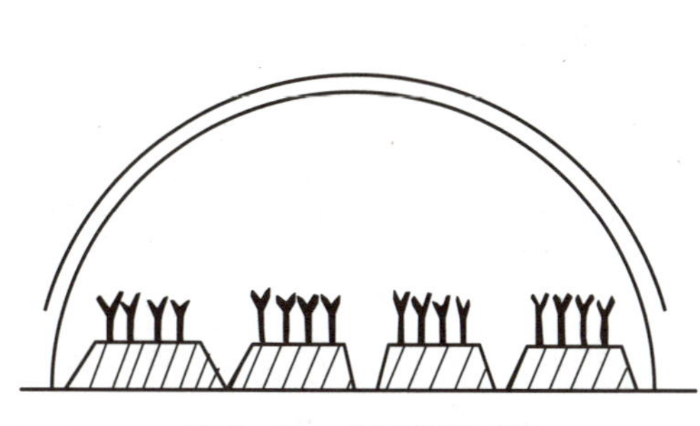

图 2－29　大棚型防雨棚

图 2－30　大棚型防雨棚在生产中的应用

三、温室型防雨棚

广州等南方地区多台风、暴雨，建立玻璃温室状的防雨棚，顶部为玻璃屋面，设天窗通风，四周玻璃可开启，用作夏菜栽培和育苗，可以防暴雨及台风的危害。

相关知识

其他简易设施结构与性能

一、风障畦

风障畦是一种简易的园艺设施。风障是在冬、春季节与季候风成垂直方向在栽培畦的一侧竖起一排篱笆挡风屏障。风障与栽培畦配合使用即称为风障畦。

风障按篱笆高度的不同可分为小风障和大风障两种，大风障又可分为简易风障（图2-31）和完全风障（图2-32）。图2-33所示为风障畦在生产中的应用，表2-6为防风区和无防风区气候的比较。

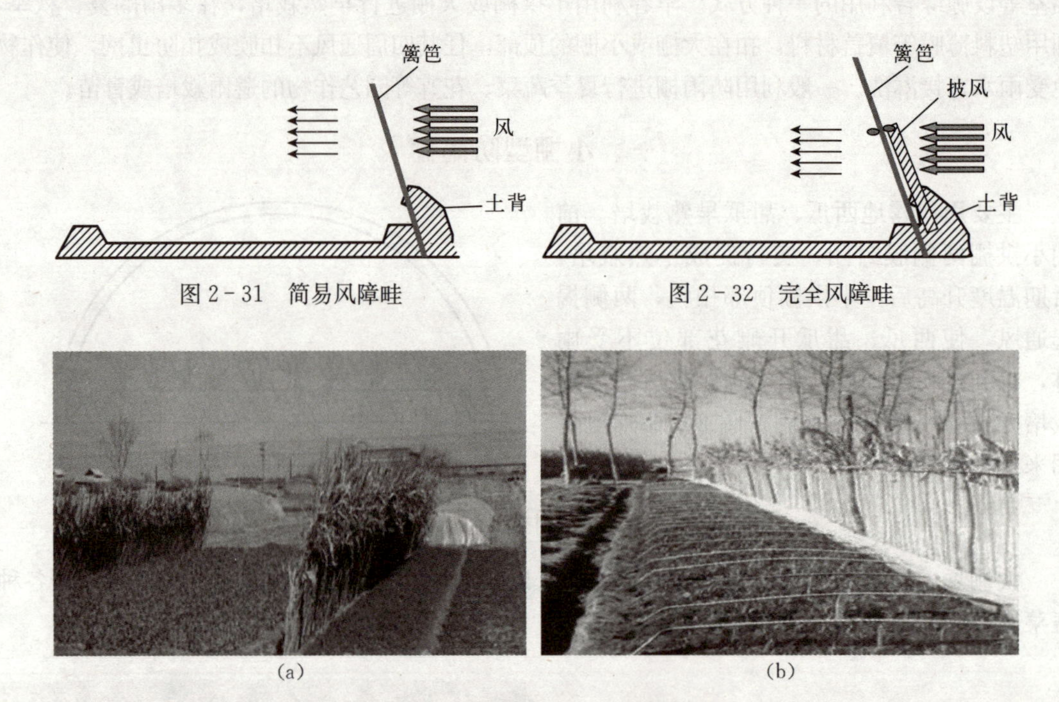

图2-31　简易风障畦

图2-32　完全风障畦

(a)　(b)

图2-33　风障畦在生产中的应用

(a) 简易风障畦　(b) 完全风障畦

表2-6　防风区和无防风区气候的比较

区别	风速		气温		地表温度		蒸发量	
	m/s	%	℃	%	℃	%	g	%
防风区	2.4	37.5	27.1	120.4	31.4	161.8	69.8	96.1
无防风区	6.4	100	22.5	100	19.4	100	72.6	100

二、阳畦

阳畦又称冷床，由风障畦演变而成。在生产过程中，为了增强风障畦的保温性能，将畦埂加高增厚后形成畦框，再在畦框上增加透明采光覆盖物和不透明保温防寒覆盖物，来增加其采光和保温性能，就形成了阳畦。阳畦是一种白天利用太阳光能增温，夜间利用风障、畦框、不透明覆盖物保温防寒的简易园艺设施。

阳畦由风障、畦框、透明覆盖物和不透明覆盖物4部分组成，在方位上以坐北朝南为主。

1. 槽子畦　东南西北框接近等高，四框围成近似槽子形状，故名“槽子畦”（图2-34和图2-35）。

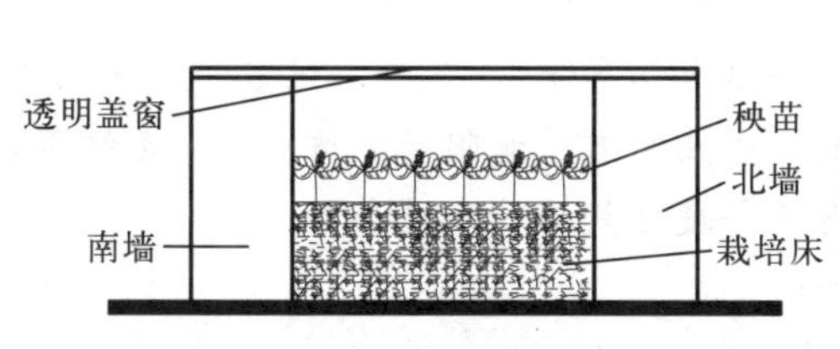

图2-34　槽子畦结构

图2-35　槽子畦在实际生产中的应用

2. 抢阳畦　北框高而南框低，东西两框成坡形，四框做成向南倾斜的坡面，这种阳畦的特点是南框较低，遮阳少，能充分利用阳光，故名“抢阳畦”（图2-36和图2-37）。

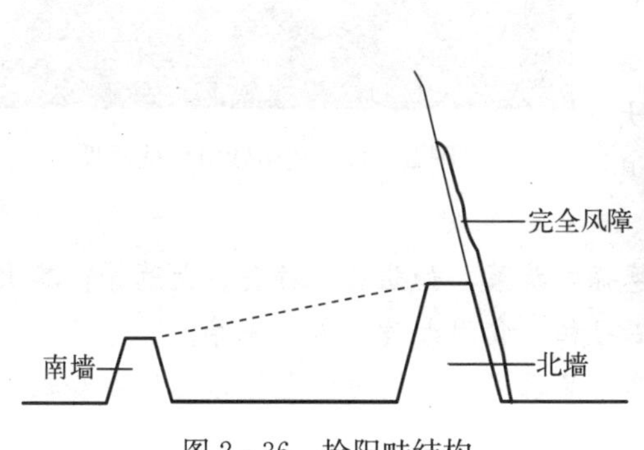

图2-36　抢阳畦结构

图2-37　抢阳畦在实际生产中的应用

3. 改良阳畦　在阳畦的基础上发展而来，由土墙或砖墙（包括后墙及山墙）、骨架、透明覆盖物、不透明覆盖物组成（图2-38）。

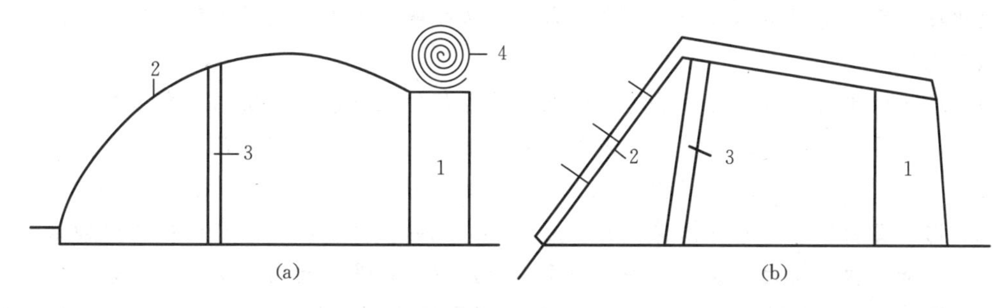

图2-38　改良阳畦

1. 后墙　2. 拱杆　3. 支柱　4. 草帘

（a）塑料薄膜改良阳畦　（b）玻璃改良阳畦

三、简易覆盖

简易覆盖是设施栽培中的一种简单覆盖栽培形式，即在植株或栽培畦面上，用各种防护材料进行覆盖生产。如我国北方地区越冬菜（如韭黄等）的生产；我国西北干旱地区的“砂田栽培”；还有夏季或对浅播的小粒种子，如芹菜，用稻草或秸秆覆盖，促使幼苗出土和生长等，都是传统的简易覆盖栽培形式。

生产中所称简易覆盖即简易覆盖栽培，它的特点是覆盖材料可因地制宜，就地取材；覆盖操作简便易行。根据不同覆盖材料所形成的小气候条件，采用相应的栽培技术，如早熟、延后、越夏等栽培技术，可获得优质高产的蔬菜产品。

简易覆盖所用材料可分为 3 类，即不透明覆盖物、半透明覆盖物和透明覆盖物。不透明覆盖物多采用在农村易得的作物秸秆（麦草、稻草或草帘等）、落叶、牲畜粪、苇毛、铺席、瓦盆、瓦片、砂石等。半透明覆盖物主要有油纸或油蜡纸、遮阳网、防虫网、无纺布等。透明覆盖物有塑料薄膜、玻璃等，透明覆盖物是简易覆盖栽培的改进类型。

1. 砂田栽培　砂田是指地表覆盖一层 7～15 cm 厚粗砂（或卵石加粗砂）的农田。常用以栽培蔬菜和瓜果作物，是西北地区特有的一种抗旱栽培方式（图 2-39）。

图 2-39　利用砂田种植西瓜

2. 软化栽培　软化栽培是将某一生长阶段的蔬菜栽植在黑暗（或弱光）和温暖潮湿的环境中，生产出具有独特风味产品的一种保护栽培方法。软化栽培的产品含有少量叶绿素，大多呈现白绿、黄白等颜色，组织柔软脆嫩，具有较高的商品价值。

适宜软化栽培的蔬菜种类很多，主要是葱蒜类蔬菜，如韭黄、蒜黄、大葱等；其次是叶菜类，如芹菜、苦苣、芽苗菜等；另外还有石刁柏、食用大黄、姜、芋等。

我国蔬菜软化栽培的历史悠久，传统著名产品很多，栽培方法包括根株培养和软化技术两部分。

根株指供作软化栽培的植株。软化前培养健壮的根株，是软化产品得以优质高产的前提。根株培养主要是加强肥培管理，使肉质根（石刁柏、芹菜）、根茎（韭菜、姜）或鳞茎（大蒜）等器官充分肥大。

软化技术主要是利用不透光（或半透光）材料或地窖等造成黑暗或弱光环境。传统的方法有以下几种。

（1）培土软化法。该应用最普遍，即在根株生长的末期，把土壤培壅在根基或叶柄、叶鞘的基部，使后来的嫩茎或嫩叶在无光或弱光环境下生长，培土常分几次进行，主要用于软化韭菜、芦笋、芹菜、大葱等（图 2-40）。著名的山东章丘大葱就用此法软化栽培。

（2）沟、窖软化法。即将根株栽种在黑暗的软化沟、窖中，也可在沟或窖内加酿热物或电热线，以加快软化物的生长。该法常用于生产芹黄、蒜黄、食用大黄、蒲菜等。

（3）瓦筒覆盖软化法（图 2-41）。如广州郊区的瓦筒软化，是对每一丛韭菜盖一个顶部有一个小孔的瓦筒，白天将小孔覆盖，保持黑暗环境，夜间揭开以利通风。该法多用于生产韭黄。

(4) 水层软化法。即在根株生长末期灌水，使新出的嫩茎生长在水中。多用于软化水芹菜、茭白等水生蔬菜。此外，还可利用阳畦、塑料大棚、温室等，以黑色塑料薄膜（或遮阳网、草帘等）覆盖和电热加温，造成黑暗而温度适宜的环境条件，进行软化栽培（图 2-42)。

图 2-40 生产中利用培土和覆盖秸秆生产韭黄

图 2-41 瓦筒覆盖生产韭黄

图 2-42 利用黑色塑料薄膜覆盖生产韭黄

项目小结

本项目主要介绍了生产上常用的电热温床、地膜覆盖、遮阳网覆盖、防虫网覆盖、防雨棚等简易园艺设施的结构、建造方法、性能及应用。通过学习，可以了解简易园艺设施的基本结构类型、建造技术以及性能，掌握各种简易设施的正确使用方法和管理要点，为提高简易园艺设施的生产效益不断积累经验。

技能训练

技能训练一 电热温床的制作

一、实训目的

通过实训，熟悉电热温床的设计方法和铺设过程，掌握电热温床铺设的方法步骤及注意事项。

二、材料与工具

电热线、自动控温仪、交流接触器、电源、电工工具、铁锹、耙子、炉渣、营养土等。

三、实训内容与方法

（一）布置任务

用DV810电热线铺设16 m^2 的电热温床，电热线的额定长度为100 m，额定功率为800 W，假设电热温床单位面积功率为80 W/m^2，计算电热线的根数和每根往返次数和布线间距。

（二）实施步骤

电热温床一般在保温较好的日光温室（或大棚）内使用，以缩小床内外气温差和土温差。具体铺设方法如下。

1. 做苗床 选择日光温室或大棚内光照和温度都比较好的部位做苗床，根据苗床面积大小，制作床面低于地面10 cm的底床，底床不要太宽，要平整、踏实，无坚硬的石头土块。

2. 加隔热层（保温层） 为节电在床底和四周床壁设置隔热层，装入5～10 cm厚的碎草或炉渣，上边再铺一层薄膜或3 cm厚的细沙做布线层。

3. 布线 布线前，根据计算好的布线间距在苗床两头钉上25 cm左右的小木棍，地面上留5 cm左右挂线。布线一般3人共同操作，一人持线往返苗床两端放线，其余两人各在温床的一端将电热线绕在木棍上，注意拉紧调整距离，防止电热线松动、交叉或打结，电热线要紧贴地面，线的两端最后在同一侧，以便于连接其他设备和电源。为使床温均匀，床的两侧线距可适当窄些，床中间线距宽些。

4. 连接电源及控温仪 线布好后，直接接入电源或加控温仪，依次连接电源、控温仪、电热线。

5. 通电测试 整床电热线连接完毕后，接通电源，设备正常工作后再断电。

6. 铺床土 通电测试正常后，根据苗床用途不同，铺床土的厚度也不同。播种床一般铺8～10 cm厚的床土，移植床铺13～15 cm厚的床土，用营养钵或穴盘育苗的，为有利于提高钵内温度，电热线上只盖2 cm厚的床土或将营养钵直接摆在电热线上。

（三）注意事项

1. 每根电热线的功率是额定的，使用时不得剪短或连接。
2. 电热线严禁整盘试线，以免烧线。
3. 电热线之间不得交叉、重叠、扎结，以免烧线断路。
4. 需温高和需温低的蔬菜作物育苗时，不能用同一个控温仪。
5. 导电温度计（感温头）插置部位对床温有一定影响。东西床，插置在床东边3 m处，深度插入被控部位；播种时在种子处；出苗后移植时，深度以在根尖部为宜。
6. 送电前应浇透水。如果电热线处有干土层，热量散失慢，容易造成塑料皮老化或损坏。

四、考核标准

1. 根据学过知识能正确计算出相关数据。

2. 底床的长度、宽度、深度和隔热层厚度符合要求。
3. 布线步骤正确、动作迅速，且符合要求。
4. 正确连接控温仪和电源。
5. 床土铺设厚度符合要求且床面平整。

五、课后作业

1. 简述电热温床的铺设方法。
2. 绘出电热线布线图。

技能训练二　地膜覆盖技术

一、实训目的

通过实训，了解地膜的规格和种类，掌握地膜覆盖的方法、步骤和技术要领。

二、材料与用具

待覆膜的露地或设施菜田、各种地膜、刀片、铁锹、耙子等。

三、实训内容与方法

（一）布置任务

每3～4人组成一个小组，合作覆膜，依次完成平整地面、施基肥、翻地、作畦、覆膜等任务。

（二）实施步骤

1. 精细整地　清理菜田残枝落叶等，使畦面平整，无碎石、瓦块和大的土块。

2. 撒施底肥　地膜覆盖的地块，因温湿度适宜，土壤中有机肥分解快，并且地膜覆盖后不易追肥，因此，覆盖地膜前结合整地须施足充分腐熟的有机肥，将有机肥撒施到土壤中。

3. 翻地　充分施足底肥后，用铁锹深翻土壤，并用耙子搂平地面。

4. 作畦　根据种植作物种类不同，制作平畦、高垄或高畦，要求畦面平整，无碎石、大土块，畦沟畅通，便于灌水。

5. 覆膜　覆膜时3人一组，合作覆膜。一人拉膜，两人在畦（或垄）的两侧压膜，压膜时，要压严、压实，防止透风。使地膜紧贴畦面，防止透气、漏风，充分发挥保温、保水的作用。

四、考核标准

1. 整地　畦面平整清洁。
2. 施基肥　肥料撒施均匀一致。
3. 翻地　翻地深度适宜、细致均匀。
4. 作畦　畦面平整，畦沟畅通。
5. 覆膜　覆膜速度快，且质量高。

五、课后作业

1. 根据实地操作，总结地膜覆盖技术要点。
2. 查阅资料，简述地膜覆盖在生产中的应用。

复习思考

1. 电热温床由哪几部分组成？
2. 电热温床的铺设有哪几个步骤？
3. 电热温床铺设时应注意哪些问题？
4. 生产中常见地膜种类有哪些？地膜覆盖有哪些作用？
5. 生产中地膜覆盖的方式有哪些？地膜覆盖的技术要点有哪些？
6. 遮阳网的种类有哪些？遮阳网覆盖有哪些作用？
7. 遮阳网在生产中的覆盖方式有哪些？
8. 防虫网的种类有哪些？防虫网覆盖有哪些作用？
9. 防虫网在生产中的覆盖方式有哪些？
10. 防雨棚的作用及类型有哪些？

项目三　塑料拱棚的结构与性能调查

【项目导读】　本项目主要介绍塑料拱棚和连栋塑料温室的结构、性能和应用。

【项目目标】　要求学生了解塑料拱棚的类型和结构，掌握各种塑料棚的性能，为在生产中科学管理及推广应用提供依据。

【项目考核】　掌握简易塑料棚搭建技术。

任务一　塑料小棚结构与性能

【教学要求】　本任务主要学习塑料小棚的结构、类型及性能特点；学会其在生产中的运用。

【教学目的】　要求学生掌握塑料小棚的结构类型及性能特点。

【教学材料】　常用竹竿、竹片、铁丝、塑料薄膜、压膜线及生产用具。

【教学方法】　多媒体教学、现场教学。

塑料拱棚俗称冷棚，是将塑料薄膜覆盖于拱形支架之上而形成的设施栽培空间，是一种简易实用的保护地栽培设施，由于其建造容易、使用方便、投资较少，随着塑料工业的发展，被世界各国普遍采用。根据其结构形式和占地面积，可分为塑料小棚、塑料中棚和塑料大棚。

一、塑料小棚的结构类型

塑料小棚是拱架多用轻型材料，如细竹竿、毛竹片（图 3－1）、荆条等，拱架间距 30～50 cm，其上覆盖 0.05～0.10 mm 厚的聚乙烯薄膜，外用压杆或压膜线固定而成的简易设施。它具有结构简单、取材方便、成本低、建造容易等特点。根据其覆盖形式的不同可分为以下几种（图 3－2）。

图 3－1　塑料小棚

1. 拱圆小棚　拱圆小棚是生产上应用最多的，也称为小温棚。多采用毛竹片、竹竿、荆条或直径为 6～8 mm 的钢筋或薄壁型钢管等材料，弯成跨度为 1.5～2.5 m、高 1.0 m 左右的弓形拱架，棚体长度依据生产场地需要而定，各拱架之间用竹竿或铁丝连接。因小棚多用于春秋生产，宜建成东西延长，为增加防风效果，可在北侧加设风障，建成风障拱棚，也可在夜间加盖草苫保温。

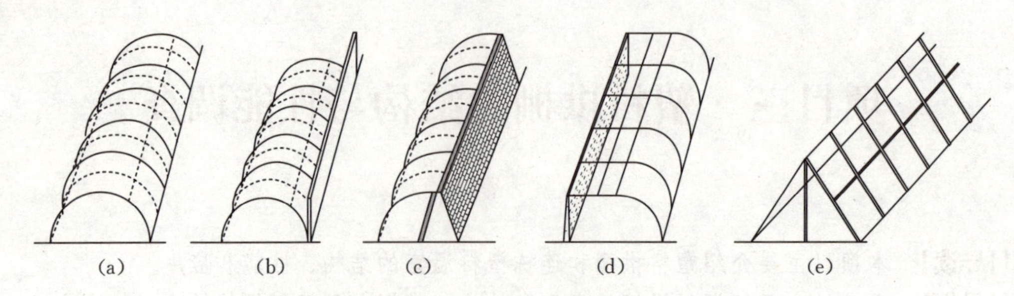

图 3-2 小拱棚的类型

(a) 拱圆小棚 (b) 拱圆加风障 (c) 半拱圆小棚 (d) 土墙半拱圆 (e) 双斜面三角棚

2. 半拱圆小棚 棚架为拱圆形小棚的一半，北面为 1 m 左右高的土墙或砖墙，南面为半拱圆的棚面。棚的高度为 1.1～1.3 m，跨度为 2.0～2.5 m，一般无立柱，跨度大时中间可设 1～2 排立柱，以支撑棚面及负荷草苫。防风口设在棚的南面腰部，采用扒缝放风，棚的方向以东西延长好，有利于采光。由于这种小拱棚一侧直立，使棚内的空间较大，利于秧苗的生长。

3. 双斜面小棚 棚面呈屋脊形或三角形，一般棚宽 2 m，棚高 1.5 m，棚向东西或南北延长均可，一般中央设一排立柱，柱顶拉紧一道 8 号铁丝，两边覆盖薄膜即成。双斜面不易积雨水，适用于风少雨多的南方，但上部空间明显小于拱圆小棚，而且操作也不宜进行。

二、塑料小棚的性能

1. 温度状况 小棚的热量来自太阳光，由于空间小，空气运行距离较短，缓冲力弱，在没有外覆盖的条件下，温度变化较剧烈。晴天时增温效果显著，一般增温能力可达 15～20 ℃，高温期容易发生高温危害，阴雨雪天增温效果差。其保温能力较差，一般只有 1～3 ℃，加盖草苫后可提高到 4～8 ℃，遇寒潮极易产生霜冻。因此，北方地区多用于春提前、秋延后栽培速生菜类，南方地区冬、春用于生产的小棚必须加盖草苫等防寒保温物。

2. 湿度状况 小棚覆盖薄膜后，由于塑料薄膜的气密性较强，因此，在密闭的情况下，地面蒸发和植物蒸腾所散失的水汽不能逸出棚外，造成棚内高湿，一般棚内空气相对湿度可达 70%～100%，白天通风时，棚内相对湿度可保持在 40%～60%，比露地高 20%左右。棚内的相对湿度变化随外界天气的变化而变化，通常晴天湿度降低，阴雨雪天湿度升高；白天湿度低，夜间湿度高。

3. 光照状况 小拱棚的光照情况与薄膜的种类、新旧、水滴的有无、清洁程度以及棚型结构等有关系，但塑料小棚因其棚体矮小、宽度小，棚内光照分布比较均匀，差距不大，据测定，东西延长的小拱棚内，南北方向地面光照量的差异只有 7%左右。

三、塑料小棚的应用

塑料小棚在我国北方及中南部各地广泛应用，但由于其内部空间和防寒保温性能的限制，小棚主要用于花卉、蔬菜及果树的育苗生产，实现春提前、秋延后或越冬栽培耐寒蔬菜生产；露地扣小棚后，可以使定植期提早 15～20 d，待露地温度适宜后，将小棚移除，达到露地提早定植的目的。

任务二　塑料大棚结构与性能

【教学要求】 本任务主要学习塑料大棚的结构、类型及性能特点；学会其在生产中的运用。

【教学目的】 要求学生掌握塑料大棚的结构类型及性能特点。

【教学材料】 常见大棚图片、校内外大棚生产基地。

【教学方法】 多媒体教学、现场教学。

塑料大棚是20世纪60年代中后期发展起来的园艺设施，一般占地300 m^2以上，是塑料拱棚的一种类型。除塑料大棚和塑料小棚外，还有一种类型——塑料中棚。塑料中棚的面积和空间比塑料小棚大，是塑料小棚和塑料大棚的中间类型。常用的塑料中棚主要为拱圆形结构，一般跨度为3～6 m，高度为1.5～2.5 m，长度可根据需要及地块长度确定。塑料中棚与塑料大棚之间没有明显的界线，其骨架结构和覆盖材料也与塑料大棚基本相同。但大部分地区的塑料中棚是种植户自己建造的，多选用竹木结构，可根据塑料中棚的跨度和拱架材料的坚固性来确定是否需要设立支柱。本任务主要介绍塑料大棚的结构类型与性能等。

一、塑料大棚的结构类型

（一）塑料大棚的结构组成

塑料大棚（图3-3）是用塑料薄膜覆盖的一种大型拱棚，通常把不以砖石结构围护，以竹、木、水泥柱或钢材等做骨架，上覆塑料薄膜的大型保护地栽培设施称为塑料大棚。它具有比温室更好的性价比，比塑料小棚更加坚固、使用寿命较长、棚体空间较大、作业方便及有利于作物生长，便于环境调控的优点。

塑料大棚的结构主要包含骨架和棚膜两部分，骨架由立柱、拱杆（拱架）、拉杆（纵梁）、压杆（压膜线）等部件组成，俗称“三杆一柱”（图3-4），此外，为便于出入，应在棚的一端或两端设立棚门。这是塑料大棚最基本的骨架结构，其他类型均是在此基础之上演变而来。

图3-3　塑料大棚

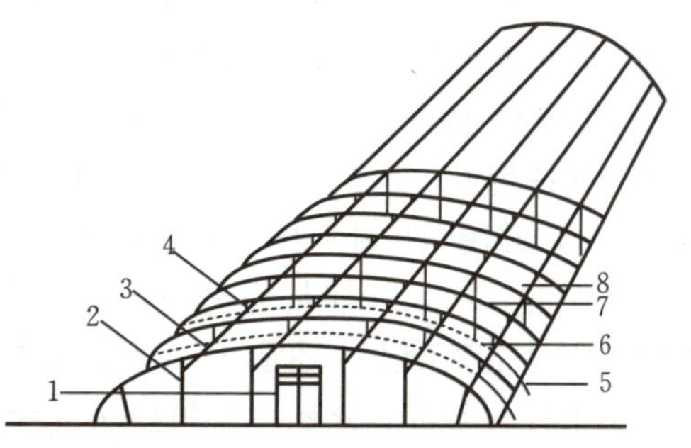

图3-4　塑料大棚结构

1. 棚门　2. 立柱　3. 拉杆　4. 吊柱　5. 地锚　6. 压杆　7. 拱杆　8. 棚膜

1. 立柱 塑料大棚的主要支柱，承受棚架、棚膜的质量以及雨、雪、风的负荷。立柱可采用竹竿、木柱、钢筋水泥混凝土柱等，要垂直或倾向于引力，使用的立柱不必太粗，但立柱的基部应设柱脚石或横木，以防大棚下沉或被拔起。立柱埋植的深度一般为 40～50 cm。

2. 拱杆 塑料薄膜大棚的骨架，决定大棚的形状和空间组成，还起支撑棚膜的作用。拱杆两端插入地下，呈自然拱形，并与拉杆连接固定，间距为 0.8～1.2 m。拱杆由竹竿、水泥预制柱或钢材、钢管等材料制成。

3. 拉杆 纵向连接拱杆和立柱，使大棚骨架成为一个整体，提高了其稳定性和抗负荷能力。通常以较粗的竹竿、木杆或钢材作为拉杆，距立柱顶端 30～40 cm，紧密固定在立柱上，若棚内无立柱，则直接纵向连接在拱杆上，拉杆长度和棚体长度一致。

4. 压杆 位于棚膜之上两根拱架中间，起压平、压实、绷紧棚膜的作用。压杆两端直接插入土壤，也可用铁丝与地锚相连，固定后埋入大棚两侧的土壤中。压杆可用细竹竿为材料，也可用 8 号铁丝、尼龙绳或塑料压膜线为材料。

5. 棚膜 覆盖在棚架上的塑料薄膜。棚膜可采用 0.1～0.12 mm 厚的 PVC 或 PE 膜以及 0.08～0.1 mm 厚的 EVA 膜，这些专用于覆盖塑料薄膜大棚的棚膜，其耐候性及其他性能均与非棚膜有一定差别。除了普通 PVC 和 PE 膜外，目前生产上多使用无滴膜、长寿膜、耐低温防老化膜等多功能膜作为覆盖材料。

6. 门窗 大棚两端设供出入用的大门 1～2 扇，门的大小要考虑作业方便，太小不利于进出，太大不利于保温。塑料薄膜大棚顶部可设通风天窗，两侧设进气侧窗，也就是通风口。

（二）塑料大棚的类型

塑料大棚种类繁多，分类方法多样，按棚顶形状分为拱圆形和屋脊形（图 3－5），我国大部分使用的为拱圆形；按连接方式分为单栋大棚和连栋大棚；按骨架材料分为竹木结构、钢架结构、混合结构和装配式结构等。

1. 竹木结构大棚 此为塑料大棚的早期类型，这种大棚结构简单，材料广泛，造价低廉，因而在我国很多农村地区仍在使用。这种结构的大棚主要以竹木材料作支撑，拱杆用竹竿或毛竹片，屋面纵向拉杆和室内柱用竹竿或圆木，一般跨度为 6～12 m，长 30～60 m，脊高 1.8～2.5 m。按棚宽（跨度）方向每 2 m 设一立柱，立柱粗 6～8 cm，顶端形成拱形，拱架间距 1 m，并用纵拉杆连接。因其棚内立柱多，遮光严重，作业不方便，不便于在大棚内挂天幕保温，而且立柱基部易朽，抗风雪能力较差等。为减少棚内立柱，在不影响棚体结构坚固性的基础上，建造了“悬梁吊柱”形式竹木结构大棚，即在拉杆上设置小吊柱，用小吊柱代替部分立柱。小吊柱用 20 cm 长、4 cm 粗的木杆，两端钻孔，穿过铁丝，下端拧在拉杆上，上端支撑拱杆，一般可使立柱减少 2/3，大大减少立柱形成的阴影，有利于光照，同时也便于作业，其主要作用为连接纵向拉杆和横向拱杆，支撑棚体的作用很小（图 3－6）。

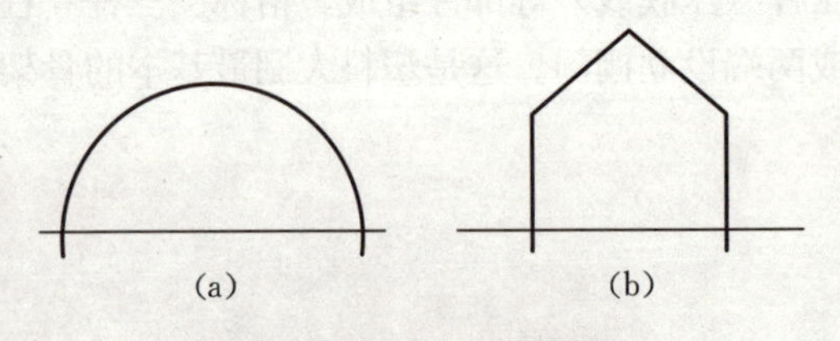

图 3－5 塑料大棚屋顶形状

（a）拱圆形 （b）屋脊形

2. 钢架结构大棚 这种大棚的骨架是用钢筋或钢管焊接而成，其特点是坚固耐用，中间无柱或只有少量支柱，空间大，透光好，便于作物生育和人工作业，但一次性投入较大。大棚南北向延长，棚内无立柱，跨度为8～10 m，中高2.5～3 m。骨架用水泥预制件或钢管及钢筋焊接而成，宽20～25 cm。骨架的上弦用16 mm的钢筋或25 mm的钢管，下弦用10 mm的钢筋，斜拉用6 mm的钢筋。骨架间距1 m。下弦处用5道12 mm的钢筋作纵向拉梁，拉梁上用14 mm的钢筋焊接两个斜向小支柱，支撑在骨架上，以防骨架扭曲。现在已在生产上广泛推广应用（图3-7）。

图3-6 竹木结构塑料大棚

图3-7 钢架结构塑料大棚

3. 混合结构大棚 棚型与竹木结构大棚相同，使用的骨架材料有竹木、钢材、水泥构件、玻璃增强纤维等多种。这种结构大棚通常选用两种或两种以上的材料作为骨架，每隔3 m左右设一平面钢筋拱架，用钢筋或钢管作为纵向拉杆，每隔约2 m一道，将拱架连接在一起。在纵向拉杆上每隔1.0～1.2 m焊一短的立柱，在短立柱顶上架设竹拱杆，与钢拱架相间排列。其他如棚膜、压杆及门窗等均与竹木或钢筋结构大棚相同。其特点是用钢量少，棚内无柱，既可降低建造成本，又可改善作业条件，避免支柱的遮光，同时又较竹木大棚坚固、耐久、抗风雪能力强，在生产上应用的也较多，如钢竹混合结构（图3-8）、水泥预制件混合结构（图3-9）。

图3-8 钢竹混合结构大棚

图3-9 水泥预制件混合结构大棚

4. 镀锌钢管装配式大棚 自20世纪80年代以来，我国一些单位研制出了由工厂按照标准规格生产的装配式大棚，材料多采用热浸镀锌的薄壁钢管。一般跨度为6～10 m，高2.5～3.0 m，长20～60 m，拱架间距为50～60 cm。所有部件用承插、螺钉、卡槽或弹簧卡具连接。用镀锌卡槽和钢丝弹簧压固棚膜，用手摇式卷膜机卷膜通风，保温幕保温，遮阳网遮阳和降温。这种大棚造价较高，但具有质量轻、强度好、耐锈蚀、易于安装拆卸、中间无柱、采光好、作业方便等优点，同时其结构规范标准，可大批量工厂化生产，所以在经济条件允许的地区，可大面积推广应用（图3-10）。

图3-10　镀锌钢管装配式大棚

二、塑料大棚的性能

（一）大棚内的温度

大棚的温度常受外界条件的影响，增温能力在早春低温时期通常只比露地高3～6 ℃，阴天时的增温值仅2 ℃左右，一般增温值为8～10 ℃；外界气温高时增温值可达20 ℃以上，说明大棚内也存在着低温霜冻和高温烧苗的危害。例如，外界气温在－4～－2 ℃时，棚内会出现轻霜冻；外界气温为－8～－5 ℃或棚内－3～－2 ℃时会造成冻害；当外界气温在－14 ℃或更低时，棚内气温会降至－6 ℃以下。

1. 棚温的季节变化　大棚内存在着明显的季节性变化。大棚内气温的季节变化规律和露地相同。例如北京地区，一年中的温度变化可分为4个阶段：第一阶段（11月中旬至翌年2月中旬）为低温期，月均温在5 ℃以下，棚内夜间经常出现0 ℃以下的低温，使喜温蔬菜发生冻害，耐寒蔬菜也难生长；第二阶段（2月下旬至4月上旬）为温度回升期，月均温在10 ℃左右，耐寒蔬菜可以生长，前期仍有0 ℃低温，但后期则生长迅速，所以果菜类蔬菜多在中期（3月中下旬至4月初）开始定植，但此时生长仍较慢；第三阶段（4月中旬至9月中旬）为生育适温期，月均温在20 ℃以上，是喜温的花、菜、果的生育适期，但要注意7月可能出现的高温危害；第四阶段（9月下旬至11月上旬）为逐渐降温期，月均温10 ℃左右，喜温的园艺作物可以延后栽培，但此阶段后期最低温度常出现0 ℃以下，应注意避免发生冻害。以上所分4个阶段在不同地区及不同结构的大棚中均有差异，要因地制宜安排生产。

2. 棚温的日变化　大棚内气温的日变化与外界基本相同，即白天气温高、夜间气温低，但比外界剧烈，在晴天或多云天气日出前出现最低温度迟于露地，且持续时间短；日出后1～2 h气温迅速升高，7:00—10:00气温回升最快，在不通风的情况下平均每小时升温5～8 ℃；每天最高温出现在12:00—13:00，比露地出现高温的时间要早，15:00前后开始下降，平均每小时下降5 ℃左右，夜间下降缓慢，平均每小时降温1 ℃左右，到黎明前降至最低。说明大棚内仍存在有低温霜冻和高温烧苗的危害。

3. 棚内温度的分布　大棚内的不同部位由于受外界环境条件的影响不同，存在着一定的温差，一般白天大棚南、中部气温偏高，北部偏低，相差约2.5 ℃。夜间大棚中部略高，南北两侧偏低。在放风时，放风口附近温度较低，中部较高。在没有作物时，地面附近温度较高，在有作物时，上层温度较高，地面附近温度较低。

4. 棚内的地温 棚内地温也存在着明显的日变化和季节变化，与气温相似，但滞后于气温。从地温的日变化看，晴天上午太阳出来后，地表温度迅速升高，14:00左右达到最高值，15:00温度开始下降。随着土层深度的增加，日最高地温出现的时间逐渐延后，一般距地表5 cm深处的日最高地温出现在15:00左右，距地表10 cm深处的日最高地温出现在17:00左右，距地表20 cm深处的日最高地温变化较小。从地温的分布看，大棚周边的地温低于中部地温，而且地表的温度变化大于地中温度变化，随着土层深度的增加，地温的变化越来越小。从大棚内地温的季节变化看，在4月中下旬的增温效果最大，可比露地高3～8 ℃，最高达10 ℃以上；夏、秋季因有作物遮光，棚内外地温基本相等或棚内温度稍低于露地1～3 ℃。秋、冬季节则棚内地温又略高于露地2～3 ℃。10月土壤增温效果减小，仍可维持10～20 ℃的地温。11月上旬棚内浅层地温一般维持在3～5 ℃。1月上旬至2月中旬是棚内土壤冻结时期，最冷时地温为－7～－3 ℃。

（二）大棚内的湿度

由于塑料薄膜覆盖，大棚内空气的绝对湿度和相对湿度均显著高于露地，通常大棚内的空气绝对湿度是随着棚内温度的升高而增加，随着温度的降低而减小；而相对湿度则是随着棚内温度的降低而升高，随着温度的升高而降低。大棚内的空气湿度也存在着季节变化和日变化，早晨日出前棚内相对湿度达100%，随着日出后棚内温度的升高，空气相对湿度逐渐下降，12:00—13:00为一天内空气相对湿度最低的时刻，在密闭的大棚内达70%～80%，在通风条件下，可降到50%～60%；午后随着气温逐渐降低，空气相对湿度又逐渐增加，午夜可达100%。大棚内的绝对湿度则是随着午前温度的逐渐升高，棚内蒸发和作物蒸腾的增大而逐渐增加，在密闭条件下，中午达到最大值，之后逐渐降低，早晨降至最低。从大棚湿度的季节性变化看，一年中大棚内空气相对湿度以早春和晚秋最高，夏季空气相对湿度低。

（三）大棚内的光照

大棚内的光照度与薄膜的透光率、太阳高度、天气状况、覆盖方式、大棚方位及大棚结构等有关，同时大棚内光照也与薄膜的质地有关，存在季节变化和光照不均现象。

1. 光照的季节变化 由于不同季节的太阳高度角不同，因此大棚内的光照度和透光率也不同。一般南北向长的大棚，其光照度由冬→春→夏的变化是不断增强，透光率也不断提高；而随着季节由夏→秋→冬，其棚内光照则不断减弱，透光率也降低。

2. 大棚方位和结构与光照 大棚方位不同，太阳直射光线的入射角也不同，因此透光率不同。一般东西延长的大棚比南北延长的大棚的透光率要略高，但南北延长的大棚与东西延长的大棚相比，在光照分布方面南北延长的大棚要均匀。

大棚的结构不同，其骨架材料的截面积不同，因此形成阴影的遮光程度也不同，一般大棚骨架的遮光率达5%～8%。从大棚内光照来考虑，应尽量采用坚固而截面积小的材料作骨架，以尽可能减少遮光。

3. 透明覆盖材料与光照 不同透明覆盖材料的透光率不同，而且由于不同透明覆盖材料的耐老化性、无滴性、防尘性不同，使用后的透光率也有很大差别。目前生产上使用的PVC、PE、EVA等薄膜，无水滴并清洁时的可见光透光率均在90%左右，但使用后透光率衰减很快，尤其是PVC膜，防尘性差，透光率下降更快。

4. 大棚内的光照分布 大棚内的光照存在垂直变化和水平变化。从垂直方向看，上部光照度强，下部光照度弱，棚架越高，下层的光照度越弱。水平方向看，南北延长的大棚内的水平光照度比较均匀，水平光差一般只有1%左右，但东西延长的大棚，不如南北延长的大棚光照均匀。

(四) 大棚内的气体

大棚是一个半封闭系统，其内部的空气组成与外界有许多不同，其中最突出的不同点有两个方面：①植物光合作用重要原料 CO_2 浓度的变化规律与外界不同；②有害气体（NH_3、NO_2、C_2H_4、Cl_2 等）的产生多于外界。

1. 有益气体 大棚中对植物生长有益气体主要指的是 CO_2，大气中的 CO_2 平均浓度大约为 300 μL/L(0.65 g/m³)，而白天植物光合作用吸收量为 4～5 g/(m²·h)，因此在无风或风力较小的情况下，植物群体内部的 CO_2 浓度常常低于平均浓度，特别是在半封闭的系统内。中午如果不进行通风换气或增施 CO_2，就会使植物处于长期的饥饿状态，从而严重地影响植物的光合作用和生长发育。

大棚内 CO_2 的浓度分布不均匀，白天气体交换率低且光照度强的部位，CO_2 浓度低；但夜间或光照度很弱的时刻，由于植物和土壤呼吸作用释放 CO_2，植物群体内部气体交换率低的区域 CO_2 浓度高。一般而言，中午时刻，植物群体进行旺盛的光合作用，消耗大量的 CO_2，密闭条件下，群体内 CO_2 的浓度最低；日出通风前，植物群体不进行光合作用，植物和土壤呼吸释放的 CO_2 使设施内的 CO_2 浓度达最大值。

2. 有害气体 由于塑料大棚是半封闭系统，如果施肥不当或使用的覆盖材料不合格，就会释放有毒气体。大棚中常见的有害气体主要有 NH_3、NO_2、C_2H_4、Cl_2 等，其中 NH_3、NO_2 气体产生的主要原因是一次性使用大量的有机肥、铵态氮肥或尿素，尤其是土壤表面施用大量的未腐熟有机肥、尿素；而 C_2H_4、Cl_2 主要是由不合格的农用塑料制品中挥发出来的。实际上，在露地条件下，有机肥和铵态氮肥施用过量，NH_3、NO_2 气体也同样产生，但由于露地是开放的空间，NH_3、NO_2 气体可以很快在大气中流动，不致达到危害作物的程度。

三、塑料大棚的应用

塑料大棚在园艺作物的生产中，应用非常普遍，全国各地都有很大面积，其中南方栽培面积明显大于北方，我国地域辽阔，气候复杂，利用塑料大棚进行蔬菜、花卉等的设施栽培，对缓解蔬菜淡季的供求矛盾起到了特殊的重要作用，具有显著的社会效益和现实的巨大的经济效益。其主要用途有以下几个方面。

1. 育苗 应用塑料大棚可进行早春果菜类蔬菜育苗和花卉、果树的育苗。

2. 蔬菜栽培 应用大棚进行蔬菜春季早熟栽培，在早春利用温室育苗，大棚定植，一般果菜类蔬菜可比露地提早上市 20～40 d。进行果菜类蔬菜秋季延后栽培，一般可使果菜类蔬菜采收期延后 20～30 d；在气候冷凉的地区还可以采取春到秋的长季节栽培，其早春定植及采收与春茬早熟栽培相同，采收期直到 9 月末，可在大棚内越夏。

3. 花卉和某些果树栽培 可利用大棚进行各种草花、盆花和切花栽培。在气候条件较好的地区，也可利用大棚进行草莓、葡萄、樱桃、猕猴桃、柑橘、桃等果树栽培。

任务三 连栋塑料温室的结构与性能

【教学要求】 本任务主要学习连栋塑料温室的结构、类型及性能；掌握其在生产中的运用。

【教学目的】 要求学生了解连栋塑料温室的结构及其性能特点，掌握正确的管理技术。

【教学材料】 连栋塑料温室图片、校内外生产基地。

【教学方法】 多媒体教学、现场教学。

连栋塑料温室是以塑料薄膜为覆盖材料的大型连栋温室的类型，由立柱、天沟、主拱杆、天窗、遮阳机构、侧墙卷膜机构等组成。连栋塑料温室具有质量小、骨架材料用量少、结构件遮光率小、造价低、使用寿命长等优点，其环境调控能力基本上可以达到玻璃温室的相同水平，但造价远低于玻璃温室，所以在全世界范围内，其用户接受能力远远高于玻璃温室，几乎成为现代温室发展的主流，随着材料的发展和进步，其综合性能必将超越玻璃温室（图 3－11）。

图 3－11 连栋塑料温室

一、连栋塑料温室的类型

连栋塑料温室的类型较多，按连接方式分为双栋和多栋温室；从覆盖材料上分为卷材塑料膜温室和片材塑料温室，以及单层和双层覆盖塑料温室。卷材覆盖材料主要为 PE、PVC、EVA 等柔性塑料膜材料，使用寿命在 3 年以上；片材覆盖材料为硬质波纹板或硬质多孔结构板等，使用寿命一般在 10 年以上。

二、连栋塑料温室的结构

大型连栋塑料温室的总体尺寸，目前我国尚无规范化的标准，引进不同国家的温室有不同的系列。总体而言，通用温室跨度在 6～12 m，开间在 4 m 左右，檐高 3~4 m，以自然通风为主的连栋温室，在侧窗和屋脊窗联合使用时，温室最大宽度以限制在 50 m 以内，最好在 30 m 左右；而以机械通风为主的连栋温室，温室最大宽度可扩大到 60 m，但最好限制在 50 m 左右；对温室的长度（从操作方便的角度来讲），最好限制在 100 m 以内，但没有严格的要求。

大型连栋塑料温室主体结构一般都用热浸镀锌钢管做主体承力结构，工厂化生产，现场安装。由于塑料温室自身的质量小，对风、雪荷载的抵抗能力弱，所以，对结构整体的稳定性要有充分考虑，一般在室内第二跨或第二开间要设置垂直支撑立柱，在温室的外围护结构以及屋顶上也要考虑设置必要的空间支撑。最好有斜支撑（斜拉杆），形成空间受力体系。

三、塑料温室的设计要求

塑料温室主体结构至少要有抗 8 级风的能力，一般要求抗风能力达 10 级。主体结构的雪荷载能力要根据建设地区实际降雪条件和温室的冬季使用情况确定。在北方使用，设计雪荷载不宜小于 0.35 kN/m^2。对连栋塑料温室，在温室内靠近天沟处必须设置化雪管，与温室加温系统分开控制和操作。对于周年运行的塑料温室，还应考虑诸如设备质量、植物吊重、维修等多项荷载因素。

四、连栋塑料温室的性能

塑料连栋温室与单栋大棚相比较，具有棚内空间大、温湿度变化相对缓慢的特点，有利于温湿度的调节与控制；再加上大多数塑料连栋温室配备了内外遮阳网覆盖、湿帘风机和加温设备等，更有利于设施内的环境调控，实现周年生产的目标。因塑料连栋温室其空间大，土地的利用率较高，也便于机械化操作管理。但塑料连栋温室也存在着一次性投资成本大、采光量较差、生产管理成本较高的缺点。

五、连栋塑料温室的应用

我国温室的节能问题，仅依赖引进国外先进技术、装备，不能从根本上解决，必须充分考虑我国能源短缺、钢材供应紧张的实际情况，研制开发适合我国国情的温室。1997 年，中国农业大学在集成多项先进、成熟技术的基础上，自行设计开发了我国第一种智能化高效节能型连栋温室——华北型连栋塑料温室，该项目在国家科学技术委员会重大产业工程项目招标中一举中标，并在我国北方进行了大面积推广，取得了良好的社会效益和经济效益。

1997 年 11 月在杭州蔬菜科学研究所乔司基地建成的华东型连栋塑料温室，系国家科学技术委员会设立的国家重大科技产业工程——工厂化高效农业示范工程招标项目之一。由浙江大学农业生物环境工程研究所中标，承担设计实施，该温室占地面积 3 276 m^2，每栋跨度为 7 m，肩高 3 m。设施内部空间大，屋面设计合理，采光性好；侧窗、顶窗设计合理，密封性好，通风效果好，适于使用旋耕机等机械作业，有利于发挥高秆及蔓性蔬菜生产潜力。华东型连栋塑料温室适宜在华东地区应用，符合国情，具有明显的社会效益和经济效益。

任务四　塑料拱棚的规划与建造

【教学要求】 本任务主要学习塑料拱棚的规划方法；学会塑料小棚、塑料大棚的建造技术。

【教学目的】 要求学生了解塑料拱棚的规划、设施基地选择的方法和基本原则，掌握塑料小棚和塑料大棚的建造参数与技术要求。

【教学材料】 基地、大棚搭建相关材料。

【教学方法】 多媒体教学、现场教学。

一、塑料拱棚的规划

1. 棚址的选择 园艺设施建筑场地的好坏与结构性能、环境调控、经营管理等方面关系很大，因此在建造前场地的选择要注意以下几方面。

（1）避风向阳。为了充分采光，要选择南面开阔、高燥向阳、无遮阳的平坦矩形地块。向南或东南有<10°的缓坡地较好，有利设置排灌系统。冬季有季候风的地方，最好选在迎风面有丘陵、山地、防风林或高大建筑物等挡风的地方，但这些地方又往往形成风口或积雪过大，必须事先进行调查研究。另外，要求场地四周不要有障碍物，高温季节不窝风，以利通风换气和促进作物的光合作用，所以要调查风向、风速的季节变化，结合布局选择地势。

（2）土壤良好。为适宜作物的生长发育，应选择土壤肥沃疏松、有机质含量高、无盐渍化和其他污染源的地块。一般要求壤土或沙壤土，最好 3～5 年未种过瓜果、茄果类蔬菜以减少病虫害发生。用于无土栽培的园艺设施，在建筑场地选择时，可不考虑土壤选择。为使基础牢固，要选择地基土质坚实的地方。否则修建在地基土质松软，如新填土的地方或沙丘地带，基础容易下沉，避免因加大基础或加固地基而增加造价。

（3）配套设备齐全。园艺设施主要是利用人工灌水，要选择靠近水源、水质好、pH 中性或微酸性、无有害元素污染、冬季水温高（最好是深井水）的地方。为有利地温回升，要求地下水位低，排水良好；因温室用电设备主要为灌溉和照明设备，灌溉和照明常用 220 V 电压；而现代温室中的机械卷膜机构和自动控制系统，电机也有 380 V 的，因此一般要求有双路供电系统，一旦出现电力故障，基地要启动独立发电设备，保证不中断供电。

（4）交通便利。为了便于运输和建筑，应选离公路、水源、电源等较近，交通运输便利的地方。这样不仅便于管理、运输，而且方便组织人员实施对各种灾害性天气采取措施。为了使物料和产品运输方便，通向温室区的主干道要足够宽。

（5）无污染源。温室的位置要避免建在有污染源的下风向，以减少对薄膜的污染和积尘。如果土壤、水源、空气受到污染，会给生产带来很大危害。

2. 棚址调查与地质勘探

（1）场地调查。对场地的地形、大小和有无障碍物等进行调查，特别要注意与邻地和道路的关系。先看场地是否能满足需要，其次看场地需要平整的程度，以及有无地下管道等障碍。此外，还要调查供水、供电、交通等情况。

（2）地基调查。地基的情况与建筑物基础有密切的关系，地基的调查要在施工前进行，一般在场地的某点，挖基础宽的近 2 倍深，用场地挖出的土壤样本，分析地基土壤构成和下沉情况以及承载力等。一般园艺设施地基的承载力在 50 t/m^2 以上；黏质土地基较软，约为 20 t/m^2，但园艺设施是轻体结构，对勘测精度要求不像工业及民用建筑那样严格。

3. 塑料大棚园区布局 塑料大棚园区内，设施数目较多，为了充分发挥各自的作用和便于组织生产管理，各种设施应相对集中，统一规划，合理设置。

（1）方向性布局。塑料大棚群的布局首先要考虑方向问题；其次考虑道路的设置、设施入门的位置和每栋间隔距离等。场内道路应该便于产品的运输和机械通行，主干道路宽至少

6 m，允许两辆汽车并行或对开，设施间支路宽最好能在 3 m 左右。主路面根据具体条件选用沥青或水泥路面，保证雨雪季节畅通。

（2）结构性布局。大型连栋温室或日光温室群应规划为若干小区，每个小区成一个独立体系，安排生产不同园艺作物种类或品种。所有公共设施，如管理服务部门的办公室、仓库、料场、机井、水塔等应集中设置，集中管理。每个小区之间的交通道路有机的结合，雨水较多的地区应设置排水渠。规模大的还要考虑锅炉房、堆煤场（包括煤渣堆放）、变电所、作业场地、水源、仓库、车库、农机具库等附属建筑物以及办公室、休息室等非生产用房的布局。图 3-12 所示是一个塑料温室群的园区示例，在实际规划中应在保证合理的交通路线的前提下，最大限度地提高土地利用率。

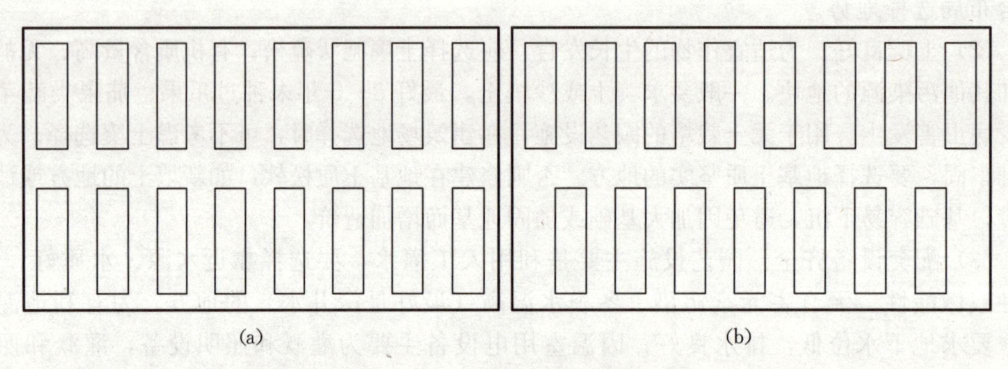

图 3-12 塑料温室群规划

(a) 对称式 (b) 交错式

二、塑料大棚的设计

（一）大棚的方位

确定棚的方向是要根据当地纬度和太阳高度角来考虑，一般来说，塑料大棚的基本方位为东西延长的南北方位和南北延长的东西方位。

1. 南北方位 此类大棚的采光量大，增温迅速，保温性也较好，但容易遭受风害，大棚棚体过宽时，南北两侧的光照度差异也较大。该方位比较适合于跨度为 8～12 m、高度在 2.5 m 以下的大棚以及风害较少的地区。

2. 东西方位 南北延长的大棚是上午东部受光好，下午西部受光好，采光性不如前者，早春升温稍慢，但大棚的防风性能好，棚内地面的光照度分布也较为均匀，有利于保持整个大棚内的作物整齐生长，适合于各种类型的大棚。

（二）大棚的规格

1. 长度和宽度（跨度） 大棚的全长以 40～60 m 为宜，最长不宜超过 100 m。太短，棚内的环境变化剧烈，保温性也差；过长，管理不方便，容易造成棚内局部环境差异过大，从而影响生产。棚宽多为 8～12 m，过宽会影响通风。在相同条件下，宽与长的比值小，抗风力强，宽与长的比值一般取 1∶5 较为稳妥。

2. 高度 塑料大棚一般以单棚顶高 1.8～2.4 m、中边高 1.6～2.0 m、边高 1.3～1.5 m 为宜。设计大棚的高度以能满足作物生长的要求和便于操作管理为原则，不宜过高，越高承受的风速压越大，因此在多风地区尽可能矮，以减少风害。雨水少的地区，大棚可以适当宽些，跨度与高度比一般为（4～5）∶1。但大棚的跨度与高度比应视各地的气候条件而各不相同，应具体分析。

3. 大棚的棚边 塑料大棚的棚边主要分为弧形棚边和直立棚边（图 3-13）。

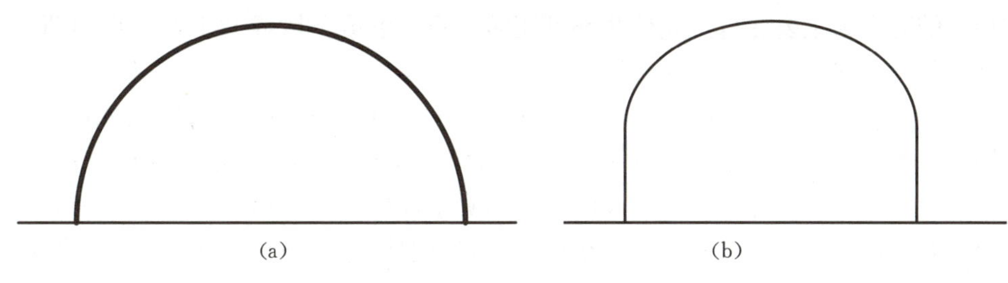

图 3-13 塑料大棚的棚边
（a）弧形棚边 （b）直立棚边

弧形棚边的抗风能力比较强，对提高大棚的保温性能、扣膜质量等也比较有利，但棚两侧的空间低矮，不适于栽培高架作物；直立棚边大棚的两侧比较高大，通风好，适于栽培各种作物，目前在生产中应用较为普遍。直立棚边的主要缺点是抗风能力较差，棚边的上沿也容易磨损薄膜，生产中应采取相应的措施予以弥补，减少其不良影响。

4. 大棚的通风口 塑料大棚的通风口主要分为窗式通风口、扒缝式通风口和卷帘式通风口 3 种。但无论采用哪种通风口设计，通风口总面积一般要求不小于总表面积的 20%，顶部放风口是大棚的主要放风口，所占比例应适当大一些，腰部通风口和底部通风口的比例可适当小一些。

窗式通风口（图 3-14）为固定式通风口，主要用于钢材结构大棚，采取自动或半自动方式开闭通风口，管理比较方便；扒缝式通风口是从上下相邻两幅薄膜的叠压处，扒开一道缝进行放风，通风口大小可根据通风需要进行调整，比较灵活，但容易损坏薄膜，并且叠压缝合盖不严时，保温性差，膜面不平整时也容易引起积水等；卷帘式通风口（图 3-15）使用卷杆向上卷起棚膜，在棚膜的接缝处露出一道缝隙进行通风，卷杆向下移动时则关闭通风口，通风口大小易于调节，接缝处的薄膜不易松弛，叠压紧密，多用于钢拱结构大棚和管材结构大棚，采取自动或半自动方式卷放薄膜。

图 3-14 窗式通风口大棚

图 3-15 卷帘式通风口大棚

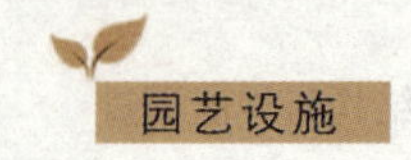

三、塑料拱棚的建造

（一）竹木结构大棚

1. 埋立柱 竹木结构大棚中的立柱分中柱、侧柱、边柱3种，选用ϕ4～6 cm粗的圆木或粗细相当的方木为主要柱材。立柱基部可用砖、石、混凝土墩或“十”字形的两个横木，以固定立柱防风拔起。也可用木柱直接插入土中40～50 cm。立柱下端埋入地下的部分最好用熔化的沥青处理，增强其耐腐性。立柱上端锯成U形或V形缺刻，缺刻下钻孔，以备固定棚架用。竹木结构单栋大棚的跨度一般是8～12 m，8 m宽的棚通常设3道立柱，两边立柱距棚边1 m。施工时，先按设计要求在地面上确定埋柱位置，然后挖40～50 cm深的坑，坑底应设基石或横木，以防立柱下沉。建造时要先埋中柱，再埋侧柱和边柱，每道立柱高度要一致，埋立柱时应先留出门的位置。

2. 上拱杆 把立柱埋好后，把拱杆放入立柱上端V形槽内，具体绑法如图3-16所示，通过事先在立柱上钻好的孔，用铁丝固定牢固，立柱和拱杆若都是木杆，也可以用锔钉在拱杆与立柱连接处固定。固定好后，用布条或湿稻草绳将连接的部位缠好，以防止有棱角的部位刺破或磨坏棚膜。拱杆的两端要埋入事先挖好的30～50 cm深的坑里，拱杆、立柱组合好后，横向都应在一个平面上，并与地面垂直。每一组拱架高低大小应相同，这就要求立柱高度一致，拱杆所形成圆拱的形状、大小要相同。

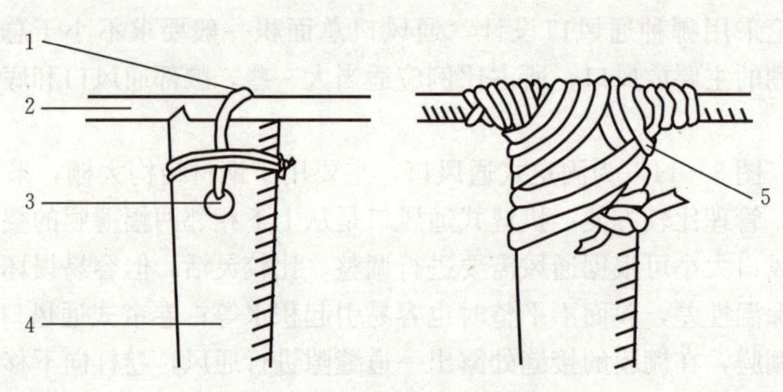

图3-16 大棚立柱拱杆连接处

1. 铁丝 2. 拱杆 3. 钻孔 4. 支柱 5. 缠布或湿稻草绳

3. 绑拉杆 纵拉杆一般采用ϕ5～6 cm、长2～3 cm的竹竿或木杆，绑在距立柱顶端20～30 cm处，通过事先钻好的孔，用铁丝把拉杆与立柱固定牢固即可。也可以不钻孔，利用8号铁丝，采用建筑上绑脚手架的方法，使之与立柱垂直交叉固定，但一定要绑牢，否则将上下滑动。

4. 扣膜 薄膜幅宽不足时，可用电熨斗加热黏接。为了以后放风方便，也可将棚膜分成3～4大块，相互搭接在一起（重叠处宽要不小于20 cm，每块棚膜边缘烙成筒状，内可穿绳），以后从接缝处扒开缝隙放风。接缝位置通常是在棚顶部及两侧距地面约1 m处。若大棚宽度小于10 m，顶部可不留通风口；若大于10 m，难以靠侧风口对流通风，就需在棚顶设通风口。扣膜时应选晴朗无风天气一次扣完。薄膜要拉紧、拉正，不出皱褶，棚四周塑料薄膜埋入土中约30 cm并踩实。

5. 上压膜线 扣膜后，用专用压膜线、木杆、竹竿或8号铁丝于两排拱架间压紧棚膜，两端固定在地锚上。现在生产上的地锚（图 3-17）多用钢筋制成，或在拱杆外侧埋设长形钢板，通过卡槽内八字簧（图 3-18）链接压膜线。埋设地锚的深度至少应达到 0.5 m，且必须是硬实的土层，若土层疏松，可采取先埋入一部分地锚，然后浇水沉实，最后填土夯实。目前有专用的塑料压膜线，截面为宽约 1 cm、厚 2～3 cm 的扁平形的塑料带状长条，内镶有细钢丝和尼龙丝，既柔韧又结实，压在大棚上面，与棚膜贴得牢，还不易损坏棚膜，这是最理想的大棚压线，用在钢架大棚上更加理想。

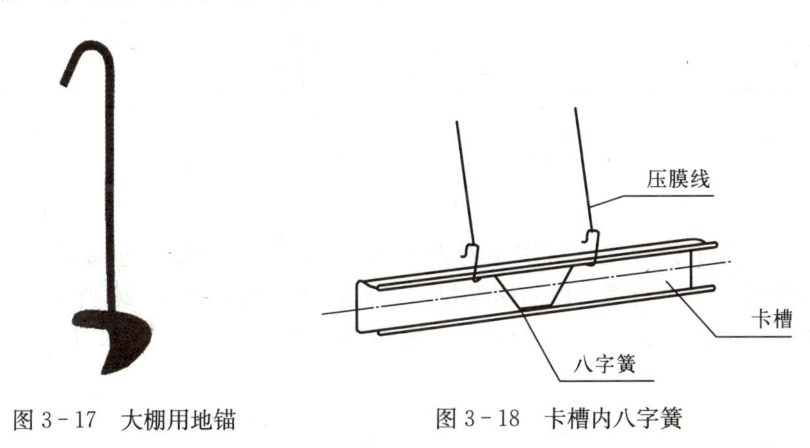

图 3-17　大棚用地锚　　　图 3-18　卡槽内八字簧

6. 安门窗　大棚在扣棚时将门窗都先扣在里面，将要使用前，才在棚门处将大棚膜按丁字形剪开，分别固定在两侧和上方的门框上，这称为“开棚门”。

（二）混合结构大棚

大棚立柱全部用含钢筋的水泥预制柱代替，但拱杆仍是竹竿，骨架比纯竹木机构大棚坚固、耐久、抗风雪能力强，一般可用 5 年以上。一般棚长 40 m 以上，宽 12～16 m，棚高 2.2 m 左右。水泥预制立柱，柱体断面为 10 cm×8 cm，顶端制成凹形，以便承担拱架。立柱对称或不对称排列，两排柱间距 3 m，中柱总长 2.6 m，腰柱 2.2 m，边柱 1.7 m，分别埋入土中 40 cm。钢筋焊成的单片花梁，上弦用 ϕ8 mm 的钢筋，下弦及中间的拉花用 ϕ6 mm 圆钢，中间拉花焊成直角三角形。花梁上部每隔 1 m 焊接 1 个用钢筋弯成的马鞍形的拱杆支架，高 15 cm。

（三）钢架无柱大棚

因骨架结构不同可分为单梁拱架、双梁平面拱架、三脚架（由三根钢筋组成）拱架。通常大棚跨度为 10～15 m，高 2.5～3.0 m，长 50～60 m，单栋面积多为 666.7 m^2。

钢架大棚的拱架多用 ϕ12～16 cm 圆钢或直径相当的金属管材为材料；双梁平面拱架由上弦、下弦及中间的拉花连成桁架结构；三角形拱架则由 3 根钢筋及拉花连成桁架结构（图 3-19）。这类大棚的优点是强度大，钢性好，耐用年限可长达 10 年以上；缺点是用钢材较多，成本较高。钢架大棚需注意维修、保养，每隔 2～3 年应涂防锈漆，防止锈蚀。

平面拱架大棚是用钢筋焊成的拱形桁架，棚内无立柱，跨度一般为 10～15 m，脊高 2.5～3.0 m，每隔 1.0～1.2 m 设一拱形桁架，桁架上弦用 ϕ14～16 cm 的钢筋、下弦用 ϕ12～14 cm 的钢筋、其间用 ϕ10 cm 或 8 cm 的钢筋做拉花连接。上弦与下弦之间的距离在最高点的脊部为 25～30 cm，两个拱脚处逐渐缩小为 15 cm 左右，桁架底脚最好焊接一块带孔钢板，以便与基础上的预埋螺栓相互连接。拱架横向每隔 2 m 用一根纵向拉杆相连，

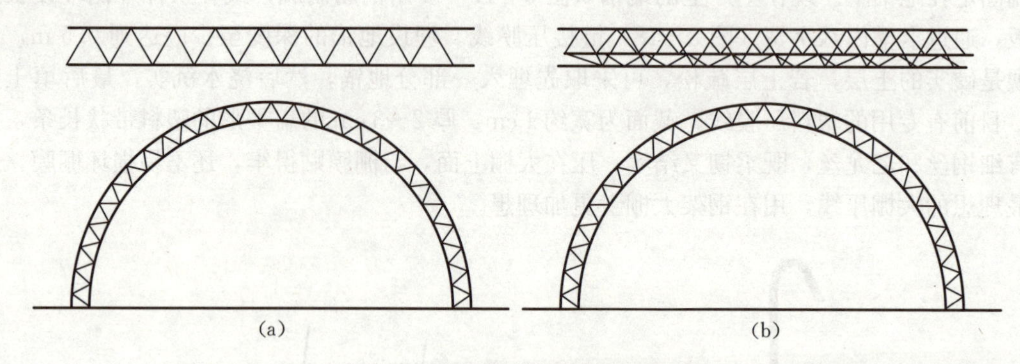

图 3-19　钢架单栋大棚的桁架结构

(a) 平面拱架　(b) 三角拱架

拉杆与平面桁架下弦焊接，将拱架连为一体。在拱架与桁架的连接处，应自上弦向下弦上的拉梁处焊一根小斜撑，以防桁架扭曲变形，其结构如图 3-20 所示。单栋钢骨架大棚扣塑料棚膜及固定方式，与竹木结构大棚相同。大棚两端也有门，同时也应有天窗和侧窗通风。

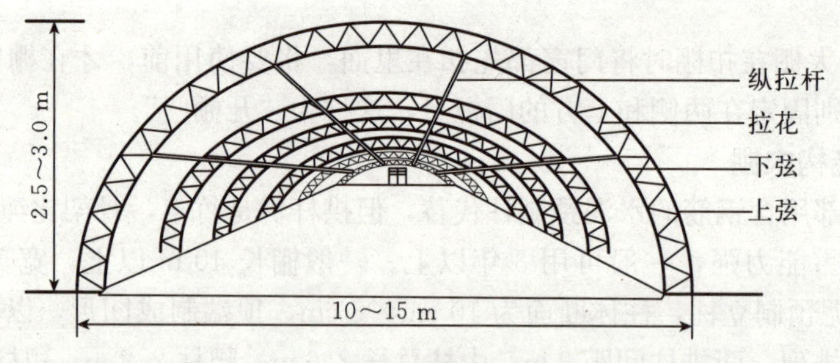

图 3-20　钢筋桁架大棚

(四) 塑料小棚的建造技术

搭建塑料小棚时，所需的材料主要有竹竿、竹片、8 号铁丝、PE 棚膜、压膜线等。要求拱架材料长短粗细一致，建造成的拱棚则形状规整；拱棚上各处荷载能力均匀一致。拱架两端入土深度不宜少于 20 cm。在棚的两侧吊角埋小木桩，用于拉紧压膜线。

1. 搭骨架　竹竿、竹片等拱架的较粗的一侧要插在迎风一侧。视风力和拱架的抗风能力大小不同，适宜的架杆间距 0.5～1 m；多风地区应采取交叉方式插杆，用普通的平行方式插杆时，要用纵向拉杆加固棚体，拱架两端入土深度不宜小于 20 cm。

2. 上棚膜　露地用塑料小拱棚要用压杆或压膜线压住棚膜，多风地区的压杆的数量要多些。小拱棚主要有扣盖式和合盖式两种覆膜方式。

扣盖式覆膜扣膜严实，保温效果好，也便于覆膜，但需从两侧揭膜放风，通风降温和排湿效果较差，并且泥土容易污染棚膜，也容易因“扫地风”而伤害蔬菜［图 3-21(a)］。

合盖式覆膜的通风管理比较方便，通风口大小易于控制，通风效果较好，不污染棚膜，也无“扫地风”的危害，应用范围比较广。其主要不足是当棚膜闭合不严实时，保温效果差。依通风口的位置不同，合盖式覆膜又分为顶合式和侧合式两种［图 3-21 (b)、(c)］。

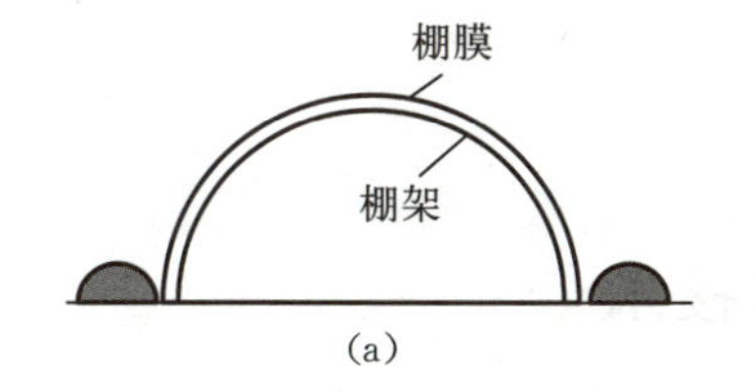

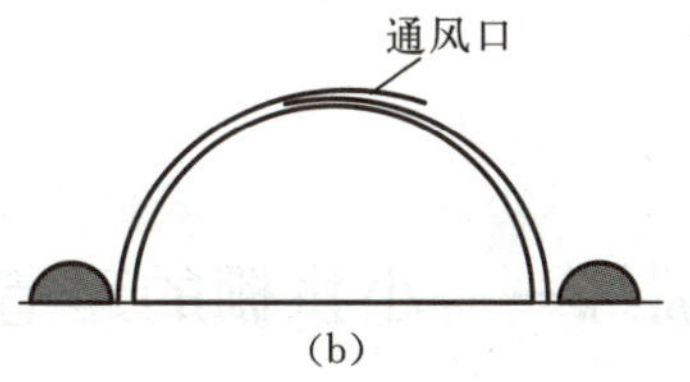

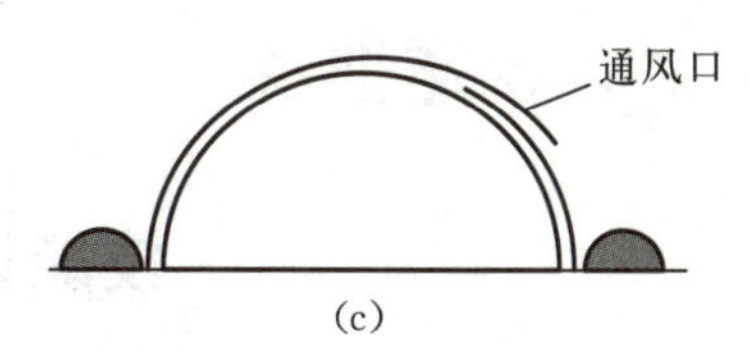

图 3-21 塑料小棚棚膜覆盖方式
(a) 扣盖式 (b) 顶合式 (c) 侧合式

顶合式适合于风小地区，侧合式的通风口应开于背风的一侧，免受风害，主要用于多风、风大地区。

相关知识

塑料大棚的应用历史

随着高分子聚合物——聚氯乙烯、聚乙烯的产生，塑料薄膜广泛应用于农业。日本及欧美国家于 20 世纪 50 年代初期应用薄膜覆盖温床获得成功，随后又覆盖小棚及温室也获得良好效果。我国于 1955 年秋引进聚氯乙烯农用薄膜，首先在北京用于小棚覆盖蔬菜，获得了早熟增产的效果。1957 年由北京向天津、东北、太原等地推广使用，受到各地的欢迎。1958 年我国已能自行生产农用聚乙烯薄膜，因而小棚覆盖的蔬菜生产已很广泛。60 年代中期小棚已定形为拱形，高 1 m 左右，宽 1.5～2.0 m，故称为小拱棚。由于棚型矮小，不适于在东北冷凉地区应用，1966 年长春市郊区首先把小拱棚改建成 2 m 高的方形棚。但因抗雪的能力差而倒塌，经过多次的改建试用，终于创造了高 2 m 左右、宽 15 m、占地 666.67 m^2 的拱形大棚。1970 年向北方各地推广。1975 年、1976 年及 1978 年连续召开了 3 次“全国塑料大棚蔬菜生产科研协作会”，会议对大棚生产的发展起了推动作用。1976 年太原市郊区建造了 29 种不同规格的大棚，为大棚的棚型结构、建造规模提供了丰富的经验。1978 年大棚生产已推广到南方各地，全国大棚面积已达 10 万亩。大棚覆盖的材料为塑料薄膜，适于大面积覆盖，由于它质量小，透光保温性能好，可塑性强，价格低廉，又由于可使用轻便的骨架材料，容易建造和造型，可就地取材，建筑投资较少，经济效益较高，并能抵抗自然灾害，防寒保温，抗旱、涝，提早栽培，延后栽培，延长作物的生长期，达到早熟、晚熟、增产稳产的目的，深受生产者的欢迎。因此，在我国北方旱区发展很快。

大棚原是蔬菜生产的专用设备，随着生产的发展，大棚的应用越加广泛。当前大棚已用于盆花及切花栽培；果树生产用于栽培葡萄、草莓、西瓜、甜瓜、桃及柑橘等；林业生产用于林木育苗、观赏树木的培养等；养殖业用于养蚕、养鸡、养牛、养猪、养鱼及鱼苗等。大棚的应用范围尚在开发。尤其在高寒地区、沙荒及干旱地区为抗御低温干旱及风沙危害起着重大作用。世界各国为发展农业生产先后建成塑料大棚。

项目小结

本项目主要介绍了生产上常用的塑料拱棚、连栋塑料温室的结构、性能及应用，通过学习，了解了塑料大棚的基本类型结构及性能，掌握各种设施的正确使用方法和管理要点，为提高设施的生产效益不断积累经验。

技能训练

技能训练一　小拱棚的建造技术

一、实训目的

能根据需要计算出不同规格的小拱棚所需材料，并学会架设小拱棚骨架和覆盖棚膜。

二、材料与场地

1. 材料　作拱架用竹片或竹竿，铁丝、压膜线，作支柱用的木棍，塑料薄膜。

2. 场地　校内生产实训基地。

三、实训内容与方法

1. 选择棚址，确定方位。

2. 确定小拱棚的跨度、拱高、拱间距。

3. 骨架安装，将选好的竹片拱杆两端插入或挖坑埋入地下并踩实，要求拱高一致。

4. 为使小拱棚更加坚固，应设置1～3道拉杆。

5. 扣棚膜选择无风的条件下扣膜，固定小拱棚的一端，然后拉紧棚膜向前铺，同时要将两侧膜埋入土中。露地扣的小拱棚应在拱架两侧设地锚，用于拴压膜线。

四、考核标准

1. 建造过程是否按程序进行。

2. 小拱棚拱架的整齐度、牢固程度等。

3. 覆盖薄膜后棚面是否平整，压膜线固定是否正确。

五、课后作业

1. 记录小拱棚搭建过程及相关注意事项。

2. 用图来展示塑料小棚的结构特点。

技能训练二　塑料大棚结构、性能观察

一、实训目的

了解当地塑料大棚的主要类型，掌握其性能结构特点，完成对塑料大棚主要结构参数的测量，因地制宜地选择适合当地生产实际的塑料大棚。

二、材料与场地

1. 材料　各类塑料大棚、皮尺、钢卷尺、记录本等。

2. 场地　校内外生产实训基地。

三、实训内容与方法

1. 塑料大棚结构观察 通过观察、访问等方式，观察了解当地各种类型塑料大棚，及其所用建筑材料、所在地环境、整体规划等情况。

2. 塑料大棚性能观察 通过访问、实地测量等方式，了解当地塑料大棚的性能及在当地生产中的应用情况。

四、考核标准

1. 对当地塑料大棚了解是否全面。
2. 是否正确记录了塑料大棚的主要结构及性能特点。
3. 在生产上具体应用情况的了解是否深入。

五、课后作业

1. 绘制所观察大棚的结构图。
2. 对所观察的塑料大棚做出综合评价。
3. 归纳总结塑料大棚在生产上的应用情况。

复习思考

1. 简述塑料小棚的结构类型。
2. 简述塑料小棚的建造技术。
3. 简述塑料大棚的结构类型。
4. 简述塑料大棚的设计要点。
5. 简述竹木结构塑料大棚的建造过程。
6. 简述塑料大棚内的温光特性。

项目四　日光温室的结构与性能调查

【项目导读】 本项目主要介绍日光温室的结构、性能和主要类型；建造日光温室所需材料和建造过程。

【项目目标】 要求学生了解日光温室的类型和结构，掌握日光温室内的环境条件和特点，通过优化结构来提高性能。

【项目考核】 日光温室结构观察、日光温室的设计和规划。

任务一　日光温室的结构

【教学要求】 本任务主要学习日光温室的基本结构、常见日光温室的类型和结构特点。

【教学目的】 要求学生了解日光温室的常见类型，掌握高效节能日光温室的结构特点。

【教学材料】 日光温室实物、日光温室模型图片及图纸、仿真软件、材料样品、测量仪器等。

【教学方法】 多媒体教学、现场教学、仿真模拟教学。

日光温室由两侧山墙、维护后墙体、支撑骨架及覆盖材料组成，是我国北方地区独有的一种温室类型。日光温室是室内不加热的温室，通过温室的墙体、构件及温室内的空气、土壤对太阳能吸收实现蓄放热，将温室内的温度维持在满足蔬菜作物生长的需要范围。

我国虽是温室栽培起源最早的国家，但到20世纪60年代，我国的温室行业始终徘徊在小规模、低水平、发展缓慢的状态，70年代初期塑料薄膜引入我国，对塑料薄膜保温、保湿作用研究、利用广泛开展，相继出现了塑料大棚和日光温室。90年代开始，我国设施农业逐步向规模化、集约化、科学化方向发展，东北、西北、华北各地都进行了深入广泛的研究，特别是在节能日光温室方面取得了许多成果，使我国日光温室的整体技术水平有了大幅度提高。

节能型日光温室是一种特殊类型的温室，20世纪80年代后期进行试验，90年代示范推广。温室所获得的能量来自太阳辐射，依靠温室的合理结构，充分采光、蓄热，并设法严密保温，这样就达到了在寒冷的冬天，不进行人工加温的条件下，温室内的温度就能满足蔬菜生产的要求。在北纬40°以北只能满足芹菜、油菜等叶菜类蔬菜生长，在北纬40°以南的地区则可以满足番茄、黄瓜、甜椒、茄子等喜温果菜类蔬菜生长，甚至可以满足水果的生长。这种温室建造和经营的投入远远低于现代化大型温室。

节能日光温室在设计和建造上，主要考虑如何提高最寒冷季节的蓄热保温，因此与普通的塑料薄膜温室相比，在温室的跨度和高度、透明屋面的角度、墙体和后屋面的厚度、前后屋面的投影比等方面都做了很大的改进。它为解决长期困扰我国北方地区冬季的蔬菜淡季供应、增加农民收入、节约能源、促进农业产业结构调整、提高城乡居民的生活水平等均做出了历史性贡献。“日光温室”产业作为我国北方寒冷地区设施农业产业中的主体，近20年来已成为农业种植中效益较高的产业。由于我幅员辽阔，各地的气候条件、自然环境、经济发水平等各方面都有差异，再加上所栽培作物的不同，日光温室的结构也较大差异。下面介绍一下日光温室的基本结构和各部分的名称。

一、日光温室的基本结构

日光温室是一种单屋面温室，前屋面是采光面，比例较大，后屋面保温，比例较小。东西两侧和北侧为保温墙体，也称两侧山墙和后墙。以塑料薄膜为采光、覆盖材料，以太阳辐射为热源，靠采光屋面最大限度地采光以及加厚的墙体和后屋面厚度、增设防寒沟、加盖纸被、草苫等方法最大限度地保温，达到充分利用光热资源，从而创造植物生长适宜环境，日光温室也称为不加温温室。

1. 前屋面　前屋面也称为采光屋面、透明屋面，是由支撑拱架和透明覆盖物组成的，主要起采光作用，为了加强夜间保温，在傍晚至第二天早晨用保温覆盖物如草苫、棉被等覆盖。前屋面的大小、角度、方位直接影响采光效果。

按前屋面形式分，有立窗式、二折式、三折式、拱圆式、微拱式等。按结构分，有竹木结构、钢木结构、钢筋混凝土结构、全钢结构、全钢筋混凝土结构、悬索结构和热镀锌钢管装配结构。

2. 后屋面　后屋面也称为不透明屋面、保温屋面、后阴坡，位于温室后部顶端，采用不透光的保温、蓄热材料建成，主要起保温和蓄热作用，同时也有一定的支撑作用。在纬度较低的温暖地区，日光温室也可不设后屋面。

3. 后墙和山墙　后墙位于温室后部，起保温、蓄热和支撑作用。山墙位于温室两侧，作用与后墙相同。通常在一侧山墙的外侧连接建造一个小房间，作为出入温室的缓冲间，兼作工作室和贮藏间。

上述3部分为日光温室的基本组成部分，除此之外，根据不同地区的气候特点和建筑材料的不同，日光温室还包括立柱、防寒沟、防寒土等。立柱是在温室内起支撑作用的柱子，竹木温室因骨架结构强度低，必须设立柱；钢架结构因强度高，可视情况少设或不设立柱。防寒沟是在北部寒冷地区为减少地中传热而在温室四周挖掘的土沟，内填稻壳、树叶等隔热材料以加强保温效果。防寒土是指日光温室后墙和两侧山墙外堆砌的土坡以减少散热，增强保温效果。

二、日光温室的结构类型

目前，我国的塑料薄膜日光温室分布较广，结构类型多种多样，名称也不尽统一，所用材料和做法也都带有浓厚的地域特色。根据温室前屋面的形状，基本可分为半拱形和一斜一立式两大类。还有一类温室的后墙借助地形、住宅或畜禽圈舍来增加保温，称为依托式温室。

（一）半拱形日光温室

1. 无后屋面日光温室　该类温室不设置后屋面，只有山墙和后墙。其后墙和山墙一般为砖砌，也有用泥筑的。20 世纪 70 年代前期，辽宁省不少地方建造这类温室。有些地区则借用已有的围墙或堤岸作后墙，建造无后屋面的温室。该温室骨架多用竹木结构、竹木水泥预制结构或钢架结构作拱架。由于不设后屋面，温室造价降低，光照充足，白天升温快，温度高，但是该温室对温度的缓冲性较差，夜间降温快，保温困难，可进行春季早熟或秋季延后果菜栽培，不能生产越冬果菜，冬季只能用于耐寒类叶菜生产（图 4-1）。

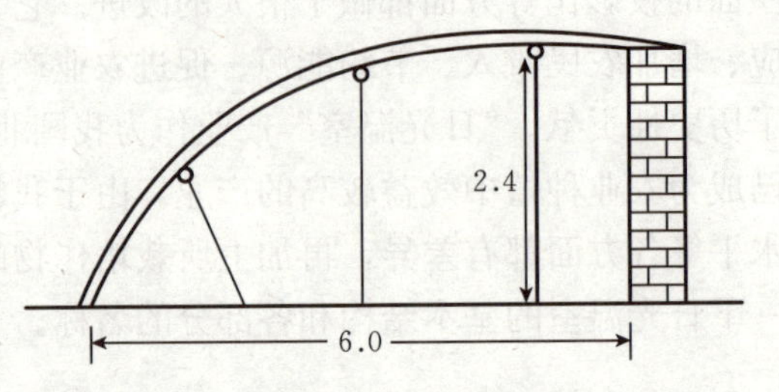

图 4-1　无后屋面日光温室（单位：m）

2. 长后屋面矮后墙日光温室　这是一种早期的日光温室，起源于海城市感王镇。后墙较矮，只有 1 m 左右，后屋面较长，可达 2 m 以上。20 世纪 80 年代初期，河北省永年县引进后，进行了改进，增加了屋脊高度，调整了前后坡在地面的水平投影宽度。其结构特点是：跨度为 5.5～6.0 m，矢高 2.6～2.8 m，后坡长 2.0～2.5 m，由柁和横梁构成，檩上铺麦秸、抹扬脚泥，上面铺秫秸捆；后墙用土筑成，高 0.8 m，厚 0.6～0.7 m，后墙外培土；前屋面为半拱形，拱杆上覆盖塑料薄膜；前屋面外底脚处挖宽和深均为 0.4～0.6 m 的防寒沟，内填碎稻草、稻壳、树叶等隔热物，上面盖土；温室后坡仰角大，冬季阳光充足，保温性能好，不加温就可在冬季进行蔬菜生产（图 4-2）。当外界气温降至−25 ℃时，室内可保持 5 ℃以上。但 3 月以后，后部弱光区不能利用，适于北纬 38°～41°冬季不加温生产喜温蔬菜。且栽培面积小，现已较少使用。代表类型如辽宁海城感王式日光温室、永年 2/3 式全柱日光温室、海城新Ⅰ型日光温室和海城新Ⅱ型日光温室。

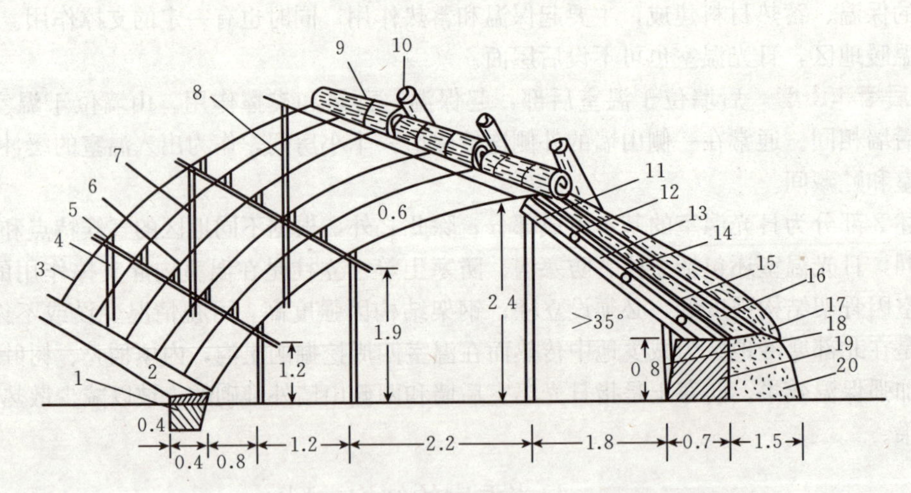

图 4-2　长后屋面矮后墙日光温室（单位：m）（张振武，1999）

1. 防寒沟　2. 黏土层　3. 竹拱杆　4. 前柱　5. 横梁　6. 吊柱　7. 腰柱
8. 中柱　9. 草苫　10. 纸被　11. 柁　12. 檩　13. 箔　14. 扬脚泥　15. 碎草
16. 草　17. 整捆秫秸或稻草　18. 后柱　19. 后墙　20. 防寒土

3. 短后屋面高后墙日光温室　这种温室跨度较大，后屋面面长 1～1.5 m，后墙高1.5～1.7 m，作业方便，光照充足，保温性能较好。典型温室有冀优Ⅱ型节能日光温室、潍坊改良型日光温室、冀优改进型日光温室等。

（1）潍坊改良型日光温室。这种温室加大了前屋面采光屋面，缩短了后屋面，提高了中屋脊，透光率、土地利用率明显提高，操作更加方便，是20世纪末和21世纪初当地重点推广的改良型日光温室（图4-3）。

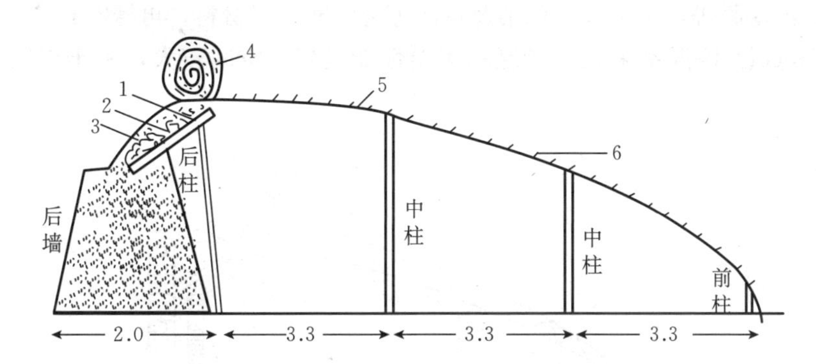

图4-3 潍坊改良型日光温室（单位：m）

1. 水泥柱 2. 秸秆层 3. 草泥 4. 草苫 5. 拱架 6. 钢丝

（2）辽沈Ⅰ型节能日光温室。这种温室在结构上有如下特点：跨度为7.5 m，脊高3.5 m，后屋面仰角为30.5°，后墙高度为2.5 m，后荫坡水平投影长度为1.5 m，墙体为砖与聚苯板的复合墙体，后屋面也采用聚苯板等复合材料为保温层，拱架材料采用镀锌钢管，结构如图4-4所示。

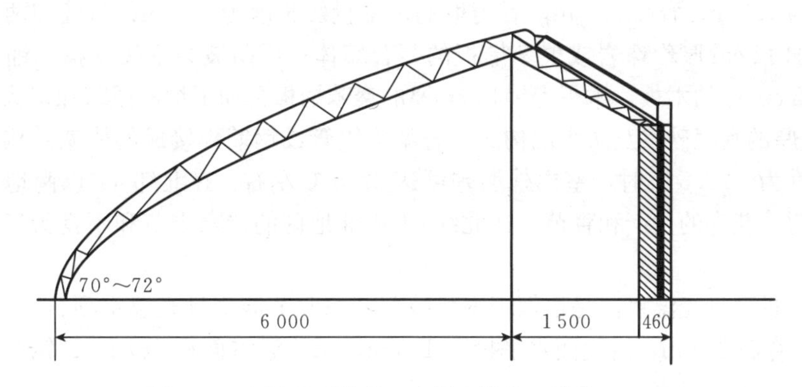

图4-4 辽沈Ⅰ型节能日光温室结构（单位：mm）

该型节能日光温室可增加配套的设施有卷帘机、外覆盖保温被、内部保温天幕、手动机械卷膜放风装置、节水灌溉系统、备用加温装置、CO_2施肥装置、地中热交换系统及夏季降温措施等。还可以增加环境因子监测与控制系统，对温室内外温度、湿度、光照度的实时监测与数字显示，对风机启闭及电加温装置的自动控制，灌溉系统定时器及卷帘机遥控器等。温室结构优化，使进光量较第一代节能型日光温室增加7%。在北纬42°地区基本实现不需加温可进行果菜越冬生产。优化设计的钢结构桁架能承受30年一遇的风雪荷载，用钢量比同类产品低20%，耐久年限可达20年，单栋当时造价低于6万元，新材料利用率达30%。研制的日光温室监控系统，可对保温被、内保温幕、CO_2、施肥、放风等进行初步控制。推出的辽沈Ⅰ型节能日光温室，1999年被科技部列为国家级重点推广项目，取得了显著的经济效益、社会效益和生态效益，并取得了4项国家专利。

(3) 鞍Ⅱ型节能日光温室。鞍Ⅱ型节能日光温室是由鞍山市园艺研究所设计的一种无立柱圆拱结构的节能日光温室（图 4-5）。该温室前屋面骨架为钢结构，无立柱，墙体为砖结构空心墙体，或是内衬珍珠岩（或干炉渣）组成的复合墙体，后屋面是钢架结构上铺木板或草垫、苇席、旧薄膜等，用稻草、芦苇及草泥等为防寒保温材料，再抹2 cm左右厚的泥，总厚度为 40～50 cm。该温室采光、增温和保温性能良好，空间较大，利于作物生长和人工作业。

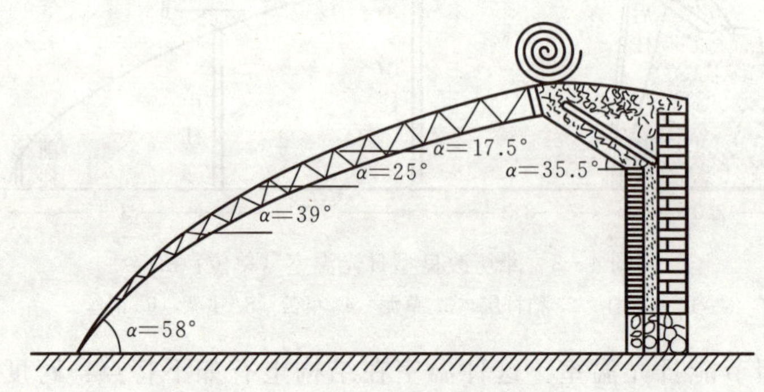

图 4-5　鞍Ⅱ型节能日光温室结构

(4) 熊岳第二代节能日光温室。这种温室是熊岳农业高等专科学校（现为辽宁农业职业技术学院）设计的一种无立柱圆拱形的节能日光温室。熊岳农专Ⅰ、Ⅱ型日光温室的基本结构为：跨度为 7.5 m，脊高 3.5 m，后荫坡的水平投影长度为 1.5 m；后墙和两侧山墙为空心砖墙，内加 12 cm 厚珍珠岩或聚苯烯板的复合墙体；后荫坡为钢架支撑，铺一层油毡防潮，上面铺 2 cm 厚的木板，木板上铺10 cm厚的聚苯烯板再加干炉渣或珍珠岩为防寒层，最上面由 3 cm 厚的水泥砂浆及防水层构成。骨架为钢管或钢筋焊接成的桁架结构。该温室在室外最低温度为－22.5 ℃时，室内外温差可达 32.5 ℃左右，在北纬 41°以南地区可周年进行蔬菜、果树、花卉的生产和育苗，在北纬 41°以北地区的严寒季节和不良天气时，应进行辅助加温。

熊岳农专Ⅲ型日光温室，是根据国家科技部“东北节能型日光温室项目”要求设计的，跨度 7.5 m，脊高 3.5 m，后屋面水平投影 1.5 m，每栋温室面积 667 m²，钢管骨架，红砖墙，永久后屋面无柱温室。

熊岳农专Ⅳ型日光温室，是根据辽宁省科技厅的要求，作为果树反季节栽培设施设计的，跨度有 8 m、9 m、10 m，脊高分别为 3.6 m、3.8 m、4.1 m，后屋面水平投影分别为 1.6 m、1.8 m、2.0 m。

熊岳农专Ⅲ型、Ⅳ型日光温室在辽宁、山东、河北、宁夏等省份推广面积超过了万亩，其中Ⅳ型日光温室装配了计算机控制系统，2000 年 4 月通过省级技术鉴定，国内同行专家鉴定意见为国内领先水平。2001 年 12 月获辽宁省科学技术创新三等奖。

(5) 冀优Ⅱ型节能日光温室。这种温室跨度为 8 m，脊高 3.65 m，后荫坡水平投影长度为 1.5 m；后墙和两侧山墙为空心砖墙，内加 12 cm 厚的珍珠岩；骨架为钢管或钢筋焊接成的桁架结构。以草苫为夜间防寒覆盖物。该温室在华北地区正常年份，温室内最低温度一般可在 10 ℃以上，10 cm 深的土壤温度维持在 11 ℃以上，可基本满足喜温果菜类冬季生产。这种温室与其他类型的温室相比，跨度大，脊较高，栽培空间大，适于果树设施栽培，但其防寒保温能力较差，不适于在高寒地区使用。

（6）东农 98－Ⅰ型节能日光温室。该温室也是由东北农业大学设计，温室为半地下式，温室内栽培水平面比室外低 30～50 cm，适于北纬 45°～47°的地区使用。方位为坐北朝南，东西延长，方位角为南偏西 5°～7°，以充分利用下午的阳光，提高日光温室的光照效应。跨度为 6.5 m，后屋面投影长度为 1.5 m，温室长度在 25 m 以上，标准设计为 50 m。脊高 3.4 m，后墙高度为 2.4 m。四周设宽 50 cm、深60 cm的防寒沟。温室的标准面积为 330 m²，温室的一侧可设一个工作间，面积为 20 m² 左右。屋面骨架为双弦圆拱形钢架结构，采光角度以冬至到大寒这段时间的太阳高度角为准设计，前底角为 63°，主采光面切线与水平面夹角为 30°，后屋面角也为 30°。复合墙体具有吸热、蓄热、放热 3 种功能，两侧山墙顺势砌成台阶。后屋的结构依次为 25 mm 木板、一层油毡防潮层、200 mm 聚苯板保温层、油毡防水层、40 mm 水泥砂浆。这种温室适用于蔬菜、果树、花卉种植及食用菌栽培。

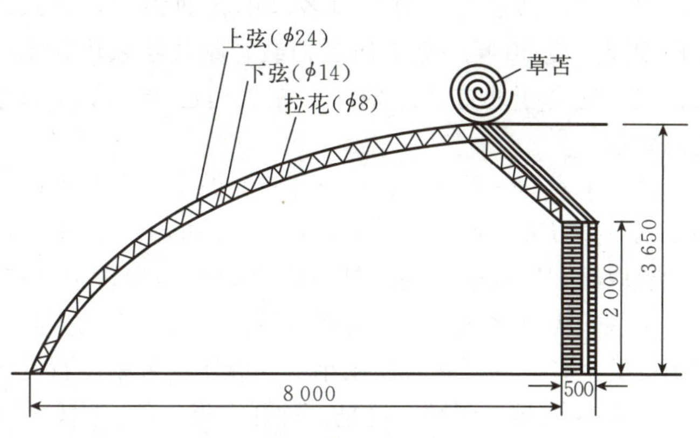

图 4－6 冀优Ⅱ型节能日光温室结构（单位：mm）

（二）一斜一立式

一斜一立式日光温室也称为立窗式日光温室，由早期的带立窗的玻璃加温温室发展而来。由于增加了立窗，抬高了前屋面，特别加大了前底角处的空间，有利于操作和高温季节通风。

1. 土木结构简易日光温室 这类日光温室是 20 世纪 90 年代建造的主要温室类型之一，主要分布在东北和西北地区。这种温室虽然改善了采光性能和加强了保温措施，提高了增温、保温性能，但还是比较简陋。为了降低成本，建筑材料主要是就地取材，三面墙由土砌成，土墙比一般土温室厚，采用农膜覆盖，夜间覆盖草苫、纸被、棉被等防寒物保温（图 4－7）。这种节能日光温室建造成本低，保温效果好，在高寒地区较多。这种类型的较典型温室有 43 型温室和东农 98－Ⅲ型节能日光温室。

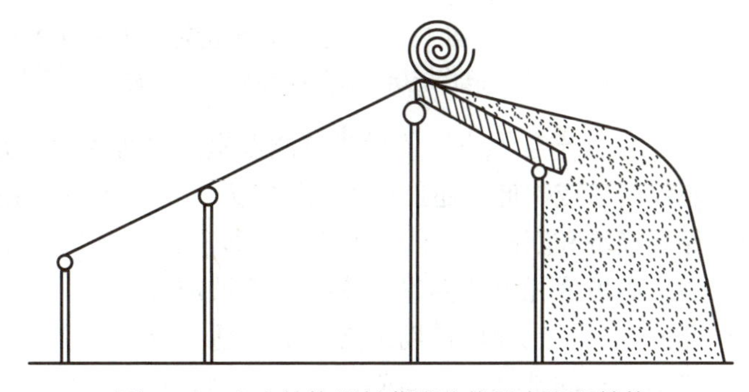
图 4－7 土木结构塑料薄膜节能日光温室结构

（1）43 型温室。该温室是大庆市 1996 年由内蒙古引进的一种适应于北纬 43°以北地区种植的温室。在北纬 43°地区基本不加温就可进行叶菜越冬生产和果菜类春季早熟、秋季延后生产。原结构主要以竹木结构为主，在墙体设计上以冬季冻土层厚为墙体厚度的依据，比冻土层厚 20 cm，如冻土层厚 1.8 m，则墙体厚为2.0 m，后墙堆土，多数带立柱；

后屋面长 1.7～2.0 m。近年来也逐步采用钢筋、钢管等材料；墙体也基本采用砖墙、空心砖墙、夹层砖墙等。前屋面多以单斜面为主，新式结构也有抛物形屋面的，设计的屋面桁架能承受 20 年一遇的风雪荷载，耐久年限可达 15 年。该类温室保温性优良，增温效果良好，适合于北方高寒地区。在当地已推广了 1 万余亩，取得了显著的经济、社会和生态效益。

(2) 东农 98-Ⅲ型。该型节能日光温室是东北农业大学的专家根据高寒地区的特点设计的系列节能日光温室之一。为一斜一立式的土木结构，体为复合墙体或土墙，建筑材料主要是就地取材，以硬杂木的木杆或脚手架杆等为骨架材料，墙体主要以土坯、干打垒、拉合辫、草垡子等方法建造，建造成本较低，适合于北方高寒地区，用于蔬菜、果树、花卉、食用菌等的生产。为了延长使用年限，墙体也可用砖石复合结构。

2. 琴弦式日光温室 这是一种辽宁省中部应用较早的日光温室（图 4-8），起源于辽宁瓦房店市，由早期的一面坡式的加温温室发展而来。初期的这类温室采光角度偏小，前屋面立柱多，不便操作。20 世纪 80 年代中期开始进行结构优化改造。改进后的日光温室的采光性得到改善，加大了采光角度，减少了立柱。温室跨度为 7 m，矢高 3～3.3 m，后墙高 1.5～1.8 m，后屋面面长 1.2～1.5 m，每隔 3 m 左右设一道钢管桁架，在桁架上按 40 cm 间距横拉 8 号铅丝固定于东西山墙；在铅丝上每隔 60 cm 设一道细竹竿作骨架，上面盖薄膜，在薄膜上面压细竹竿，并与骨架细竹竿用铁丝固定。该温室采光好，空间大，作业方便。在北纬 41°以南地区，基本不加温，实现了果菜类蔬菜的反季节生产。

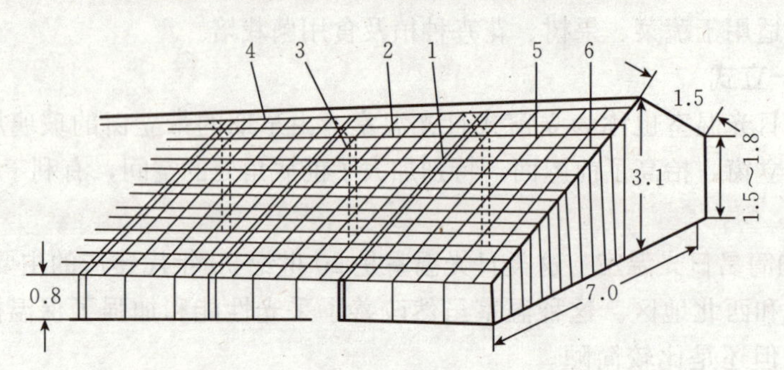

图 4-8 琴弦式日光温室（单位：m）（张振武，1999）
1. 钢管桁架 2. 8 号铅丝 3. 中柱 4. 草苫 5. 拱架 6. 钢丝

3. 依托式节能温室 依托式节能温室，这种温室以居住的房屋、畜禽圈舍或山坡为依托，不仅建造成本低，还提高了保温能力。这类温室的占地面积一般较小，使用的也不多，但从循环经济和庭院经济的角度来说，很有借鉴意义。

(1) 山坡依托节能温室。依托在山坡或丘陵建造的温室，三面墙借助地势挖成，适宜高岗地势不平整的地形，选向阳坡挖出地槽，把地槽前用挖出的土填平，埋立住，盖后屋面，前屋面扣农膜即成（图 4-9）。山坡依托温室节省三面墙，山坡温室还可利用荒山、荒坡大规模建造。这种温室不仅节约材料，而且充分利用有利地形和小气候环境条件，避风，采光

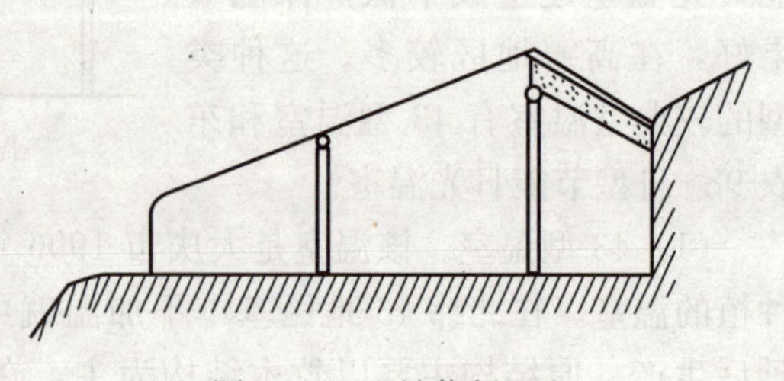

图 4-9 山坡依托温室

好，保温效果也好。

（2）庭院依托节能温室。庭院依托温室，是建在住屋南墙窗台下面，以住屋的墙为温室的后墙（图 4-10）。由于住屋南墙吸热好、光照强，建造温室冬季能节省大量燃料。

温室的大小以住屋面积决定，往往面积稍小，且地下式或半地下式较多。这种温室适合用于庭院经济、“农家乐”等使用。

（3）种养结合型温室。利用动物和植物的互补作用，前面种菜，后面养鸡、养猪、养牛等。属于生态效益型节能日光温室。热源来自太阳光和牲畜放出的热量，冬季温室不必加温仍能保持 0 ℃以上，是发展种植养殖业理想的温室（图 4-11）。

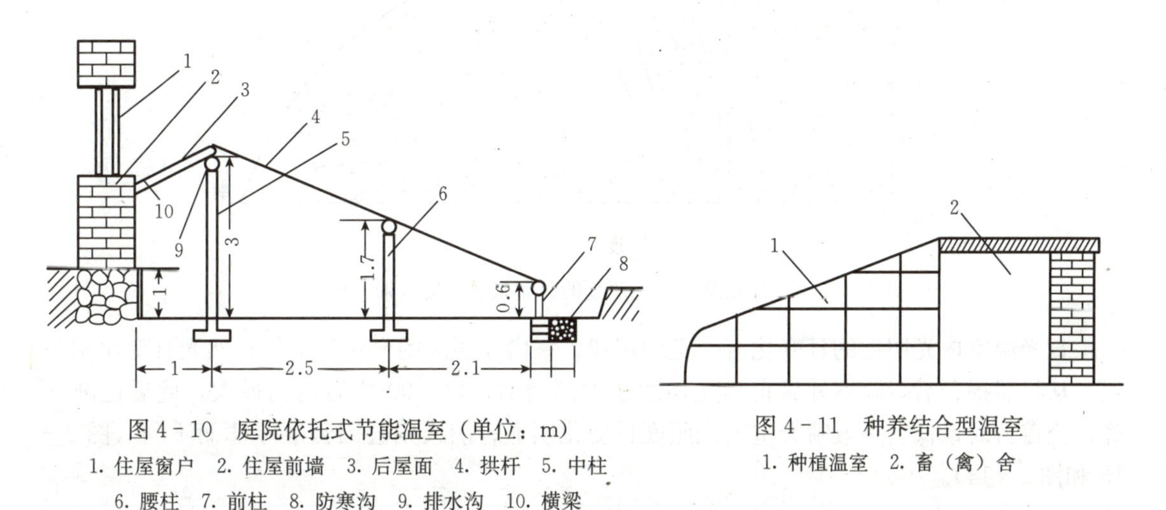

图 4-10 庭院依托式节能温室（单位：m）

1. 住屋窗户 2. 住屋前墙 3. 后屋面 4. 拱杆 5. 中柱 6. 腰柱 7. 前柱 8. 防寒沟 9. 排水沟 10. 横梁

图 4-11 种养结合型温室

1. 种植温室 2. 畜（禽）舍

用这种温室养鸡、猪、牛等畜禽，不但能充分利用动物放出的大量热，还能利用动物排出的二氧化碳，对温室内的植物起到了二氧化碳施肥的作用，从而提高作物的产量。还可以结合沼气池进行无害化处理和废物循环利用。

任务二 日光温室的性能

【教学要求】 本任务主要学习日光温室内的环境特点及相关的变化规律。

【教学目的】 要求学生了解日光温室的环境特点。

【教学材料】 日光温室、温湿度测量仪器等。

【教学方法】 多媒体教学、现场教学。

日光温室的性能主要是指温室内的光照度、温度、空气湿度等小气候，它既受外界环境条件的影响，也受温室本身结构的影响。现以日光温室为例介绍其性能。

一、光照

日光温室的光照条件主要包括光照度、光照时数和光质。

1. 光照度 日光温室光照度主要受前屋面角度、透明屋面大小的影响。在一定的范围内，前屋面角度越大，透明屋面与太阳光线所成的入射角越小，透光率越高，光照度越强。

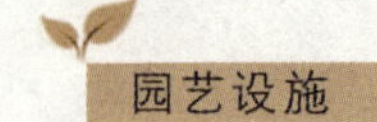

因此，冬季太阳高度角低，光照度减弱。春季太阳高度角升高，光照度加强。

日光温室内的光照度分布具有明显的水平差异和垂直差异（图4-12）。室内中柱以南为强光区，以北为弱光区。在强光区，光照度在南北水平方向上差异不大；在东西水平方向上主要是早晚受东西两山墙的遮阳影响；在垂直方向上，光照度自上向下递减较明显。室内光照度的分布还受种植作物影响。一般南排和作物群体的中上部光照度明显高于北排和作物群体的下部。

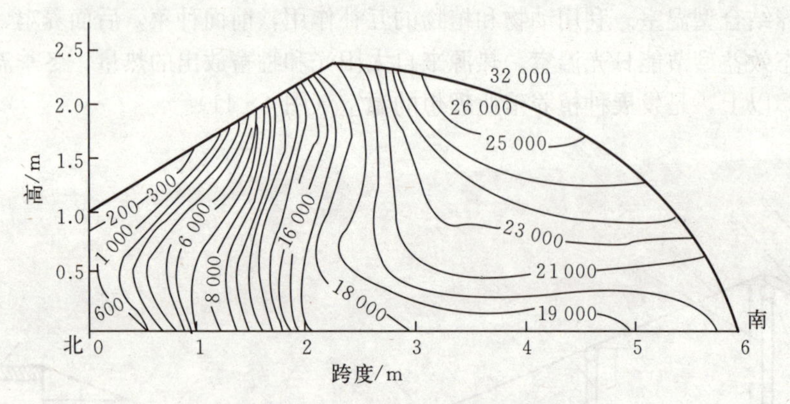

图4-12　日光温室内光照度的分布状况（凌云晰，1988）

日光温室内光照度的日变化有一定的规律。室内光照度的变化与室外自然光日变化相一致。从早晨揭苫后，随室外界自然光强的增加而增加，11：00前后达到最大，此后逐渐下降，至盖苫时最低。一般晴天室内光照度日变化明显；阴天则会因云层厚薄而不同（图4-13和图4-14）。

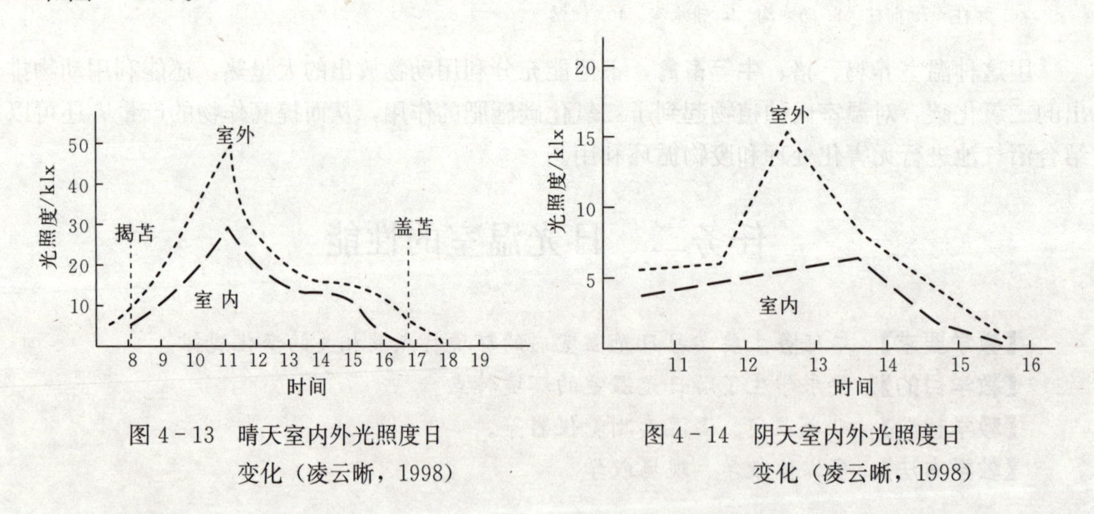

图4-13　晴天室内外光照度日变化（凌云晰，1998）

图4-14　阴天室内外光照度日变化（凌云晰，1998）

2. 光照时数　严寒季节，因保温需要，保温覆盖物晚揭早盖，缩短了日光温室内的光照时数；连阴雨雪天气或大风天气，不能揭开草苫也大大缩短了光照时数。进入春季后，光照时数逐渐增加。在辽宁南部的冬季，12月每天光照时数约为6.5 h，1月为6～7 h，2月为9 h，3月为10 h，4月为13.5 h。

3. 光质　塑料薄膜对紫外线的透过率比较高，有利于植株健壮生长，也促进花青素和维生素C的合成，因此园艺作物产品维生素C含量及含糖量高。果实花朵颜色鲜艳，外观品质好。但不同种类的薄膜光质有差异，PE薄膜的紫外线透过率高于PVC薄膜。

二、温　　度

1. 气温的日变化　日光温室内气温的日变化与外界基本相同，白天气温高，夜间气温低。通常在早春、晚秋及冬季的日光温室内，晴天最低气温出现在揭苫后 0.5 h 左右，此后温度开始上升，上午每小时平均升温 5～6 ℃；最高气温通常出现在晴天 13:00 左右。14:00后气温开始下降，14:00—16:00 平均每小时降温 4～5 ℃，盖草苫后气温下降缓慢，从 16:00 到第二天 8:00 降温 5～7 ℃（图 4－15）。阴天室内的昼夜温差较小，一般只有 3～5 ℃，晴天室内昼夜温差明显大于阴天。

2. 气温的分布　日光温室内气温存在明显的水平差异和垂直差异。从气温水平分布上看，白天南部高于北部；夜间北部高于南部。夜间东西两山墙根部和近门口处，前底角处气温最低。从气温垂直分布来看，在密闭不通风情况下，气温随室内高度增加而增加。中柱前距地面 1 m 处，向前至前屋面薄膜，向前约 1.5 m 区域为高温区。一般水平温差为 3～4 ℃，垂直温差为 2～3 ℃。

3. 地温的变化　日光温室内的地温虽然也存在着明显的日变化和季节变化，但与气温相比，地温比较稳定。从地温的日变化看（图 4－15），日光温室上午揭草苫后，地表温度迅速升高，14:00 左右达到最高值。14:00—16:00温度迅速下降，16:00 左右盖草苫后，地表温度下降缓慢。随着土层深度的增加，日最高地温出现的时间逐渐延后，一般距地表 5 cm 深处的日最高地温出现在 15:00 左右，距地表 10 cm 深处的日最高地温出现在17:00左右，距地表20 cm 深处的日最高地温出现在18:00左右，距地表 20 cm 以下深层土壤温度的日变化很小。从地温的分布看，温室周围的地温低于中部地温，而且地表的温度变化大于地中温度变化，随着土层深度的增加，地温的变化越来越小。地温变化滞后于气温，相差 2～3 h。晴天白天浅层地温最高，随着深度增加而递减，晴天夜间以 10 cm 地温最高，由此向上向下递减；阴天时，深层土壤热量向上传导，深层地温高于浅层地温。

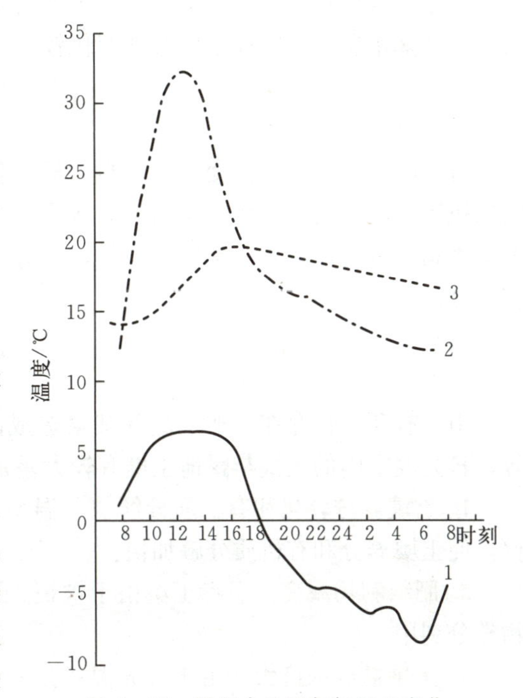

图 4－15　温室内地温与气温日变化

1. 室外气温　2. 室内气温　3. 室内 15 cm 地温

三、湿　　度

湿度包括空气湿度和土壤湿度两个方面。

1. 空气湿度

（1）空气湿度大，日变化剧烈。为加强保温效果，日光温室常处于密闭状态，气体交换不足，加上白天土壤蒸发和植物蒸腾，使空气湿度过高。白天，室内温度高，空气相对湿度通常为60%～70%，夜间温度下降，相对湿度升高，可达到100%。阴天因气温低，空气相对湿度经常接近饱和或处于饱和结露状态。

(2) 局部差异大。日光温室局部差异大于露地，这与温室容积有关。容积越大湿差越小，日变化也越小；容积越小，湿差越大，日变化也越大。

(3) 作物易沾湿。由于空气相对湿度高，温室内不同部位空气温度也不同，导致作物表面发生结露，覆盖物及骨架结构凝水，室内产生雾霭，造成作物沾湿，容易引发多种病害。

2. 土壤湿度 室内土壤湿度在每次浇水后升高到最大值，之后因地表蒸发和植物蒸腾作用，土壤湿度逐渐下降。至下次浇水之前土壤湿度至最低值。由于日光温室土壤靠人工灌溉，不受降水影响，因此土壤湿度变化较小。

四、气体条件

日光温室内气体条件变化与塑料大棚相似，在密闭条件下CO_2浓度过低，易造成作物CO_2饥饿，必要时可进行人工增施CO_2气肥。同时也存在NH_3、NO_2、SO_2、C_2H_4等有害气体积累。因此，需要经常通风换气，一方面补充CO_2不足，另一方面排放积累的有毒有害气体。

五、土壤环境

由于有覆盖物存在，加上高效栽培造成的施肥量过大，栽培季节长，连作栽培茬次多等，日光温室内的土壤与露地土壤有较大差别。

1. 土壤养分转化和有机质分解快 温室内温度和湿度较露地高，土壤中微生物活动旺盛，使土壤养分和有机质分解加快。

2. 肥料利用率高 温室土壤由于被覆盖而免受雨水淋洗和冲刷，肥料损失小，便于作物充分利用。

3. 土壤盐分浓度大 由于日光温室是一个相对密闭的空间，自然降水受阻，土壤中的盐分失去降水的淋溶作用而大量积累；设施内温度高，作物生长旺盛，土壤水分自下而上的蒸发和作物蒸腾作用比露地强，根据“盐随水走”的规律，也加速了土壤表层积累较多的盐分；在设施栽培条件下，为了追求高产，施肥量往往是露地作物栽培的几倍，远远超过作物的需求量，使大量剩余肥料及其副成分在土壤中积累，成为土壤盐分的主要来源；在生产中为防止温室内湿度增加和地温下降，人们长期采用“小水勤浇”和滴灌等灌溉方式，不能把多余的盐分带到土壤深层，也在一定程度上增加了盐分在表层的积累。

任务三　日光温室的规划与建造

【教学要求】 本任务主要学习日光温室的规划与建造。
【教学目的】 要求学生了解日光温室的规划方法，掌握高效节能日光温室建造技能。
【教学材料】 日光温室、日光温室模型图片及图纸、仿真软件、材料样品、测量仪器等。
【教学方法】 多媒体教学、现场教学、现场建造。

一、日光温室的规划

（一）节能薄膜日光温室建造原则

节能薄膜日光温室是我国北方设施栽培的主要形式之一，目前已得到广泛应用。节能薄膜日光温室不同于大型温室的建造原理和环境理论，在进行节能薄膜日光温室设计时不能全盘照搬大型温室，一般应遵循以下几个原则。

1. 采光合理、充足 太阳光不仅是热量的来源，而且也是生物能量的来源。没有光和热，植物就不能进行光合作用、呼吸作用、物质的运输和积累等生命活动。因此，合理地利用自然光能，使温室内的光照满足蔬菜生长发育的要求，是节能薄膜日光温室设计的首要原则。

2. 保温好，节约能源 节能薄膜日光温室在北纬37°～46°地区冬季进行栽培生产，如果保温性能不好，势必大量消耗能源，这样使蔬菜生产成本增加，效益降低，严重的甚至亏本。因此，节能薄膜温室必须根据当地的自然条件，加强保温，以节约能源，增加效益。

3. 建筑结构合理，坚固适用，成本低、见效快 通过采用先进科学的温室采光设计理论，精心分析与计算，确定在不同纬度地区优化的采光屋面角度和优化的采光屋面形状，使薄膜日光温室的结构更加合理。同时还要进行力学性能分析，做到坚固适用。在此基础上，建筑材料应就地取材，降低造价，以提高经济效益。

4. 设计时可参考的规范性文件

GB/T 51183—2016《农业温室结构荷载规范》

JB/T 10594—2006《日光温室和塑料大棚结构与性能要求》

JB/T 10595—2006《寒地节能日光温室建造规程》

GB 50007—2011《建筑地基基础设计规范》

GB 50003—2011《砌体结构设计规范》

GB 50005—2003《木结构设计规范》

GB 50017—2017《钢结构设计规范》

GB 50010—2010《混凝土结构设计规范》

GB 5084—2005《农田灌溉水质标准》

GB 50300—2013《建筑工程施工质量验收统一标准》

GB 50133—2008《民用建筑照明设计标准》

GB/T 13869—2017《用电安全导则》

QB/T 2472—2000《农业用软聚氯乙烯压延拉幅薄膜》

（二）场地的选择

园艺设施建筑场地的选择与设施结构性能、环境调控、作物生长、经营管理等方面关系很大，在建造前场地的选择应考虑以下几方面。

1. 光照 光照不仅影响光合作用，也是热能的主要来源，为了充分采光，要选择南面开阔、地势高燥向阳、无高大建筑物和树木遮阳的平坦矩形地块。向南或东南有<10°的缓坡地较好，有利于春季升温和设置排灌系统。

2. 风 微风可使空气流通，但大风会降低温度，损坏保护设备，为了减少放热和风压对结构的影响，要选择避风向阳地带。冬季有季候风的地方，最好选在迎风面有丘陵、山地、防风林或高大建筑物等挡风的地方；在城市或农村宜将温室建在城市南面或村南、村东，不宜与住宅区混建，还要注意避开河谷、山川等造成风道、雷区、雹线等灾害地段。

3. 土壤 为适宜作物的生长发育，应选择土壤肥沃疏松、有机质含量高、无盐渍化和其他污染源的地块。一般要求壤土或沙壤土，最好3～5年未种过瓜果、茄果类蔬菜，前作以大田作物为主的地块，以减少病虫害发生。为使基础牢固，要选择地基土质坚实的地方，否则修建在地基土质松软如新填土的地方或沙丘地带，基础容易下沉，避免因加大基础或加固地基而增加造价。

4. 水 园艺设施主要是利用人工灌水，要选择靠近水源、水量丰富，水质好，pH中性或微酸性，无有害元素污染，冬季水温高（最好是深井水）的地方。为保证地温，有利地温回升，要求地下水位低，排水良好。设施浇灌最好建造水塔，设置自动上水装置，保证给水，方便浇灌。每个设施内均应有单独的蓄水池，便于储水困水。

5. 交通与电力 为了便于运输、销售，应选离公路、市场、村庄、电源等较近的地方。这样不仅便于管理、运输，而且方便组织人员实施对各种灾害性天气采取措施。

日光温室规划中要充分考虑电力总负荷充足，以确保温室用电的可靠性和安全性，大型温室基地，一般要求有双路供电系统。

日光温室群位置最好能靠近有大量有机肥供应的场所，如工厂化养鸡场、养牛场等。为了节约能源，降低生产开支，有条件时应该尽量选择有工厂余热或地热的地区建造日光温室。

6. 无污染 日光温室区位置要避免建在有污染源的下风向，如果土壤、水源、空气受到污染，会给生产带来很大危害。

（三）场地调查与地质勘探

1. 场地调查 对场地的地形、大小和有无障碍物等进行调查，特别要注意与邻地和道路的关系。先看场地是否能满足需要，其次要看场地需要平整的程度，以及有无地下管道等障碍、前作、土质。此外，还要调查供水、送电、交通、市场、劳动力等情况。

2. 地基调查 地基的情况与建筑物基础有密切的关系，地基的调查要在施工前进行，一般在场地的某点，挖进基础深度的2倍深，用场地挖出的土壤样本，分析地基土壤构成和下沉情况以及承载力等。一般园艺设施地基的承载力在50 t/m² 以上；黏质土地基较软，约为20 t/m²，不适宜作为建造的场地。

（四）日光温室的设计

日光温室主要作为冬季、春季生产应用，建一次少则使用3～5年，多则8～10年甚至更长，所以在规划、设计、建造时，都要在可靠、牢固的基础上实施。日光温室由后墙、后屋面、前屋面和两山墙组成，各部分的长宽、大小、厚薄和用材决定了它的采光和保温性能，其合理结构的参数具体可归纳为“五度、四比、三材”。

1. 五度 即角度、高度、跨度、长度和厚度，主要指各个部位的尺寸大小。

（1）角度。包括前屋面角、后屋面角及方位角。

a. 前屋面角度。前屋面（又称前坡）角度指温室前屋面底部与地平面的夹角，屋面角决定了温室采光性能，屋面角的大小决定太阳光线照到温室透光面的入射角

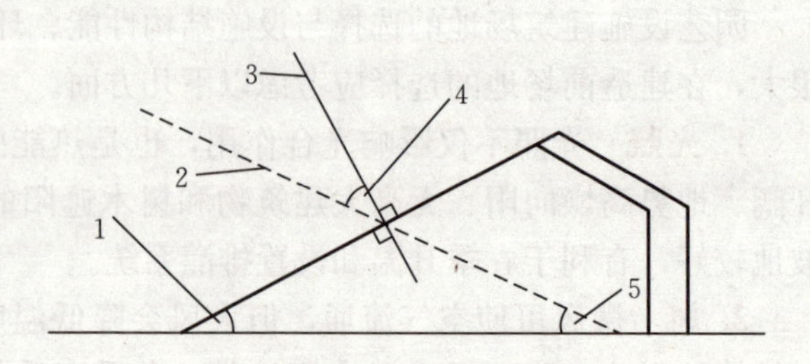

图4-16　入射角与屋面角

1. 屋面角　2. 入射线　3. 法线　4. 入射角　5. 太阳高度角

(图 4-16)，而入射角又决定太阳光线进入温室的透光率。入射角愈大，透光率就愈小。

从吸收率、透射率和反射率三者的关系来看：覆盖材料选定后，其对太阳辐射的吸收率可以看成一个定值，那么透射率的大小主要由反射率的大小决定，反射率越小，透射率就越大。屋面角的大小主要影响太阳直射光在采光屋面上的入射角（与屋面垂线的交角）的大小，总的趋势是设施的透光率随着太阳光线入射角的增大而减少。但它们二者不是呈简单的反比关系，见图 4-17。

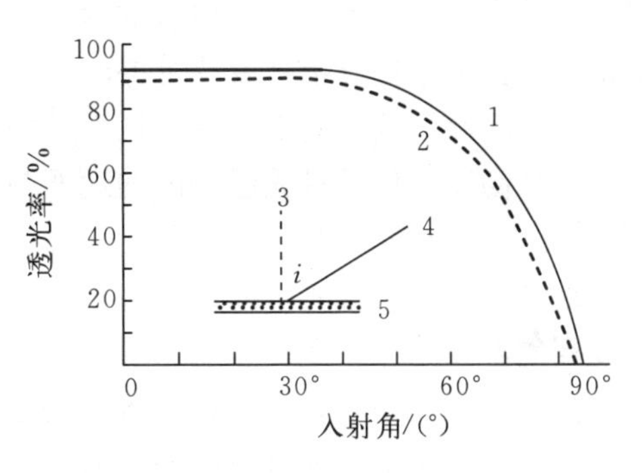

图 4-17　玻璃与塑料薄膜的透光率与入射角的关系

1. 玻璃　2. 透明聚氯乙烯薄膜　3. 覆盖物表面垂线　4. 入射光线　5. 透明覆盖物　*i*. 入射角

由图 4-17 可知，当入射角为 0°时，透射率达到 90%；入射角在 0°～40°（或 45°），透射率变化不大；入射角大于 40°（或 45°）后，透射率明显减小，大于 60°后，透射率急剧减小。

对于北纬 32°～43°地区而言，要保证冬至（太阳高度角最小日）日光温室内有较大的透光率，其温室前屋面角（屋脊至透明屋面与地面交角处的连线）应确保在 20.5°～31.5°以上。所以，日光温室前屋面角地面处的切线角度应为 60°～68°。

此外，温室前屋面的形状以自前底脚向后至采光屋面的 2/3 处采用圆拱形坡面，后部 1/3 部分采用抛物线形屋面为宜。这样，6 m 跨度、3 m高的温室可保证前屋面底脚处切线角可达到 65°以上，距前底脚 1 m 处切线角达 40°以上，距前底脚 2 m 处切线角为 25°左右。冬季温室内大部分光线是靠距温室前底脚 2 m 范围内进入温室的，因此争取这一段有较大的角度对提高透光率有利。

b. 后屋面角。后屋面角是指温室后屋面与后墙顶部水平线的夹角。日光温室后屋面角的大小，对后部温度有一定的影响，屋面角过小则后屋面平坦，靠近后墙部在冬至时常见不到阳光，影响热量的储蓄；屋面角过大，阳光直射时间长，对后部温度升高有利，但是后屋面过陡，不但铺箔抹泥不方便，卷放草苫也困难。后屋面角以大于当地冬至正午时刻太阳高度角 5°～8°为宜。例如北纬 40°地区，冬至太阳高度角为 26.5°，后屋面仰角应为 31.5°～33.5°。温室屋脊与后墙顶部高度差应为 80～100 cm，以保证寒冷季节有更多的直射光照射到后墙及后屋面上，增加墙体及后屋面蓄热和夜间保温。

c. 方位角。方位角系指一个温室的方向定位，目前单面温室都坐北朝南，方位角不外乎正南、南偏西或南偏东，偏转的角度多为 5°～7°，提早接受较强光照，以充分利用上午的阳光。确定方位角应以太阳光线最大限度地射入温室为原则，以面向正南为宜。温室方位角向东或向西偏斜 1°，太阳光线直射温室的时间出现的早晚相差约 4 min，偏东 5°则提早 20 min左右，偏西 5°则延迟 20 min 左右。方位角究竟怎么样为好，是以进入温室的太阳辐射能作为比较和衡量的依据，在不同地区有所区别。有些地区，如华北，主张温室的方位南偏东 5°～7°，以充分利用上午的阳光，避免西北寒风的侵袭，这称为“抢阳”；也有些地区，如东北，则主张温室的方位南偏西 5°～7°，以便更多地利用下午的阳光。就一天之中温室内光量的总和而言，方位偏东几度或偏西几度，差异不大。究竟是偏东好，还是偏西好，要看当地气候条件。如果当地早晨晴天多、少雾、气温不太低，拉开棉被或草苫后屋面不结冰，室温随即上升，以抢阳为好，而且上午光质好、光量充沛，植物同化能力强，有利于光合作用，如北京地区就是这样。但有的地区就不同，如东北地区，冬季早晨比晚间寒冷得多，且常常有雾，上午揭开棉被或草苫的时间很晚，温室方位即使偏东也达不到充分利用早晨阳光的目的。因此，这样的地区多采用南偏西5°～7°。

（2）高度。包括日光温室内的地面与室外地坪高差、脊高、后墙高度和温室内地坪高度（温室深度）。在北纬37°～44°地区，常将室内地坪与室外地坪定为相同高度。建于北纬44°以北地区的温室，宜将室内地坪降低0.3～0.5 m，即采用半地下式温室，利于温室的保温和提高地温。

温室的脊高和后墙高度，直接影响温室的采光、保温和造价。脊高是指温室屋脊到地面的垂直高度。温室高度直接影响前屋面的角度和温室空间大小。跨度相等的温室，降低高度会减小前屋面角度和温室空间，不利于采光和作物生育；增加高度会增加前屋面角度和温室空间，有利于温室采光和作物生育，但温室过高，不仅会增加温室建造成本，而且还会影响保温。脊高降低，降低造价，保温好，但不利于采光。因此，确定温室的脊高，必须兼顾采光和保温这两方面的影响，对不同的纬度、不同的冬季环境温度和日照条件的地区，按照冬季日光温室栽培植物的生理要求，以最大限度吸收太阳能、加强保温和就地取材为原则，应用太阳能理论和导热理论，采用逐时累计的方法对不同温室采光面吸收的太阳能和温室耗热量计算，提出合理的数学模型，确定优化准则，编制计算程序，经过计算，在满足约束条件下进行技术参数优化。这样就完成了温室的优化结构设计。后墙高应与温室的脊高相匹配，优化的结果即温室脊高和后墙高参考表4-1。

表4-1　不同纬度地区日光温室优化设计的脊高与后墙高参考值

地理纬度（北纬）/(°)	脊高/m	后墙高/m
37	2.5～2.7	1.3～1.6
38	2.7～2.9	1.6～1.9
39	2.9～3.1	1.9～2.1
40	2.8～3.0	1.7～2.0
41	2.7～3.0	1.7～2.0
42～43	2.4～2.8	1.6～2.0
44～46	2.6～3.0	1.7～2.0
46以北地区	2.6左右	1.6左右

（3）跨度。日光温室的跨度是指从温室北墙内侧到南向透明屋面前底脚间的水平距离。温室跨度的大小，对于温室的采光、保温、作物的生育以及人工作业等都有很大的影响。在温室高度及后屋面长度不变的情况下，加大温室跨度，会导致温室前屋面角度和温室相对空间的减小，从而不利于采光、保温、作物生育及人工作业。

目前认为日光温室的跨度以6～8 m为宜，若生产喜温的园艺作物，北纬40°～41°以北地区以采用6～7 m跨度最为适宜，北纬40°以南地区可适当加宽。

（4）长度。长度是指温室东西山墙间的距离，以50～60 m为宜，也就是一栋温室净栽培面积为350 m^2 左右。如果太短，不仅单位面积造价提高，而且东西两山墙遮阳面积与温室面积的比例增大，影响产量，一般最短的温室也不能小于30 m。但过长的温室往往温度不易控制，并且每天揭盖草苫占时较长，不能保证室内有充足的日照指数。另外，在连阴天过后，也不易迅速回苫，所以最长的温室也不易超过 100 m。温室过长，作业时跑空的距离增加，也会给管理上带来不便。

（5）厚度。厚度包括 3 个方面的内容，即墙体、后屋面和草苫的厚度，厚度的大小主要决定保温性能。墙体的厚度根据地区和用材不同而有不同要求。单质土墙厚度以比当地冻土层厚度增加 30 cm 左右为宜。在黄淮区土墙应达到 80 cm 以上，东北地区应达到 1.5 m 以上，有时以推土机建墙，压路机压实的，下部厚达 2 m 以上。在北纬 40°以上的地区目前均由复合保温材料来代替以往的单质体。砖结构的空心异质材料墙体厚度应达到 50～80 cm，才能起到吸热、贮热、防寒的作用。后屋面为草坡的厚度，要达到 40～50 cm，对预制混凝土后屋面，要在内侧或外侧加 25～30 cm 厚的保温层。草苫的厚度要达到 6～8 cm，即 9 m 长、1.1 m宽的稻草苫的质量要在 35 kg 以上，1.5 m 宽的蒲草苫要达到 40 kg 以上。

2. 四比 即指各部位的比例，包括前后屋面比、高跨比、保温比和遮阳比。

（1）前后屋面比。指前坡和后屋面垂直投影宽度的比例。在日光温室中前坡和后屋面有着不同的功能。温室的后屋面由于有较大的厚度，起到贮热和保温作用；而前坡面覆盖透明覆盖物，白天起着采光的作用，但夜间覆盖较薄，散失热量也较多，所以，它们的比例直接影响着采光和保温效果。从保温、采光、方便操作及扩大栽培面积等方面考虑，前后屋面投影比例以 4.5∶1 左右为宜，即一个跨度为 6～7 m 的温室，前屋面投影占 5～5.5 m，后屋面投影占 1.2～1.5 m。

（2）高跨比。即指日光温室的高度与跨度的比例，二者比例的大小决定屋面角的大小，要达到合理的屋面角，高跨比以 1∶2.2 为宜。兼顾保温方面的考虑，跨度为 6 m 的温室，高度应为 2.6 m 左右；跨度为 7 m 的温室，高度应为 3 m 以上。

（3）保温比。指日光温室内的贮热面积与放热面积的比例。在日光温室中，虽然各围护组织都能向外散热，但由于后墙和后屋面较厚，不仅向外散热少，而且可以贮热，所以在此不作为散热面和贮热面来考虑，则日光温室内的贮热面为温室内的地面，散热面为前屋面，故保温比就等于土地面积与前屋面面积之比：

日光温室保温比 R＝日光温室内土地面积 S/日光温室前屋面面积 W

保温比的大小说明了日光温室保温性能的大小，保温比越大保温性能越高，所以要提高保温比，就应尽量扩大土地面积，而减少前屋面的面积，但前屋面又起着采光的作用，还应该保持在一定的水平上。根据多年来日光温室开发的实践及保温原理，以保温比值等于 1 为宜，即土地面积与散热面积相等较为合理，也就是跨度为 7 m 的温室，前屋面拱杆的长度以 7 m 为宜。

（4）遮阳比。指在建造多栋温室或在高大建筑物北侧建造时，前面地物对建造温室的遮阳影响。为了不让南面地物、地貌及前排温室对建造温室产生遮阳影响，应确定适当的无阴影距离。如在下面△ABC 中，∠BAC 为当地冬至正午的太阳高度角 A，直线 BC 为温室前面地貌的高度 d，则后排温室与前排温室屋脊垂点的距离应不小于 b，见图 4－18。

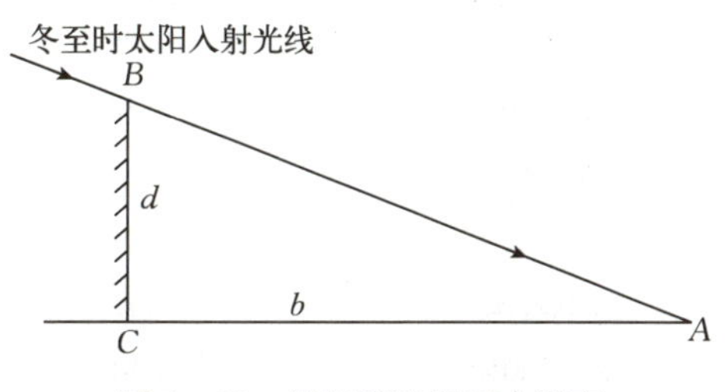

图 4－18 温室无遮阳最小距离

3. 三材 三材指建造温室所用的建筑材料、透光材料及保温材料。

（1）建筑材料。建筑材料的选择主要视投资大小而定，投资大时可选用耐久性的钢结构、水泥结构等，投资小时可采用竹木结构。不论采用何种建材，都要考虑有一定的牢固度和保温性（表4-2、表4-3和表4-4）。

表4-2 几种建筑用砖的技术性能

名称	尺寸/mm	容重/(kg/m³)	砖最低强度(MU)	导热系数λ[kJ/(cm²·h·℃)]	耐水性	耐久性
普通黏土砖	240×115×53	1 800	10	2.93	好	好
灰沙砖	240×115×53	1 900～2 000	10	3.14	较差	较差
矿渣砖	240×115×53	2 000	10	2.72	较好	较差
粉煤灰砖	240×115×53	1 500～1 700	7.5	1.67～2.60	较差	较差
空心砖	240×115×53	1 000～1 500	2.0	1.67～2.30	好	好

表4-3 常用温室筑墙材料的热工参考指标

筑墙材料名称	容重/(kg/m³)	导热率λ/[W/(m·℃)]	比热容 c/[J/(kg·℃)]	蓄热系数 S(Z=24 h)/[W/(m²·℃)]
夯实草泥或黏土墙	2 000	0.93	837.36	10.58
草泥	1 000	0.35	1 046.70	5.12
土坯墙	1 600	0.70	1 046.70	9.19
重砂浆黏土砖砌体	1 800	0.81	879.23	9.65
轻砂浆黏土砖砌体	1 700	0.76	879.23	9.00
石块容重为2 800 kg/m³的石砌体	2 680	3.20	921.10	23.96
石块容重为2 000 kg/m³的石砌体	1 960	1.13	921.10	12.10

表4-4 钢架结构温室常用建筑材料的导热率λ[W/(m·℃)]

材料名称	导热率	材料名称	导热率
碳素钢材	53.5	草泥	0.35
混凝土板	1.40	土坯墙	0.70
干木板	0.06	珍珠岩散料	0.06
聚氯乙烯	0.13	空气（20℃）	0.02
聚乙烯	0.34	矿渣棉	0.05
干木屑	0.07	干土	0.23
平板玻璃	0.79	湿土	0.66
黏土砖砌体	0.81	稻壳	0.20
油毡纸	0.17	碎稻草	0.05
芦苇	0.14	普通建筑砖	0.29
黏土墙	0.93	干沙	0.33

(2) 透光材料。日光温室的透光材料是指前屋面采用的塑料薄膜，主要有聚乙烯和聚氯乙烯两种。近年来又开发出了乙烯-醋酸乙烯共聚膜，具有较好的透光和保温性能，且质量轻，耐老化，无滴性能好。

(3) 保温材料。指各种围护结构所用的保温材料，包括墙体保温、后屋面保温和前屋面保温。

① 墙体保温材料。墙体为土墙时，主要是通过增加土墙的厚度来增加保温，早期的节能日光温室，最厚的墙体可达 2.0 m。墙体采用砖石结构时，除通过增加厚度提高保温性能外，最好的方式是采用复合墙体，即两层墙内部填充保温材料，如煤渣、锯末、苯板等。

EPS 膨胀聚苯板简称苯板，是采用聚苯乙烯泡沫塑料板，作为民用建筑物的外保温材料，目前已大量使用在高效节能日光温室的复合墙体的内夹层中。它具有良好的防水及抗风压、抗冲击性能，技术成熟、施工方便，性价比较高；但一次性投入较大。

② 后屋面保温材料。早期土木结构的节能日光温室的后屋面保温材料主要采用秫秸、芦苇、稻草等。砖石、钢架结构的节能日光温室主要采用珍珠岩、苯板等为保温材料。

③ 前屋面保温材料。对于前屋面的保温，主要是采用草苫加纸被进行保温，也可进行室内覆盖。对冬、春多雨的黄淮区，可用防水无纺布代替纸被，用两层 300 g/m^2 的无纺布也可达到草苫的覆盖效果。但随着日光温室的大面积发展，草苫的供应越来越紧张，而且草苫本身也确实存在着自身难以克服的缺点：自重大，收放时间长，作业劳动强度大，难以实现机械化作业；防水性能差，遇水后材料导热率激增，几乎失去了保温效果，且自身质量成倍增加，给温室骨架造成很大压力；在多风地区或遇风条件下，由于本身的孔隙较多，其单独使用的保温性能有限，应与其他密封材料配合使用。棉被是高寒地区高效节能日光温室早期使用的首选保温材料，其保温效果要比草苫好。一般在缝制棉被时要在外侧用一层防水材料，以防淋湿棉絮。标准棉被一般用棉花 2 kg/m^2，厚 3～4 cm，宽 2～3 m，长比前屋面采光面弧长多出 0.5 m 以上，以便密封和与卷帘机的卷杆连接。在一些半农半牧区，也有用羊毛代替棉絮做日光温室保温被的。不论是棉絮还是羊毛，用在日光温室作保温被制作时一般都是使用非商品性材料或工业产品的下脚料，以降低成本。除上述传统的保温被外，当前使用最广泛的有两种类型材料：①用针刺毡作保温芯，两侧加防水保护层；②用发泡聚乙烯材料。前者便宜，可充分利用工业下脚料，实现了资源的循环利用，是一种环保性材料。但这种材料由于原材料来源不同，产品的性能差异较大，尤其是缝制保温被时产品的表面有很多针眼，这些针眼有的可能做了防水处理，但大部分产品没有进行防水处理，或者即使在产品出厂前进行了防水处理，经过一段时间使用后，由于保温被经常被卷放和拉拽，所以针眼处的防水基本不能完好保持。

由于保温被针眼处的渗水，在遇到下雨或下雪天时，雨水或雪水很容易进入保温被的保温芯，使保温芯受潮降低其保温性能，而且由于缝制保温被的针眼较小，所以进入保温芯的水汽很难再通过针眼排出，而保护保温芯的材料又是比较密实的防水材料，因此，长期使用后保温被将会由于内部受潮而失去保温性能，或者内部受潮发霉，完全失去其使用功能。这一点一定要注意。此外，保温被在产品出厂时保温芯是比较蓬松的，保温性能好，但经过一段时间的使用后，由于卷帘机的挤压和拉拽，蓬松的保温芯经常会变得密实，或者将厚度均匀的保温芯拉成了厚度不均匀，甚至出现孔洞，造成保温被局部保温性能下降。这种类型的保温被常用的防水材料有帆布、牛津布、涤纶布等，其防水性能是通过进行材料表面防水处理后获得的。

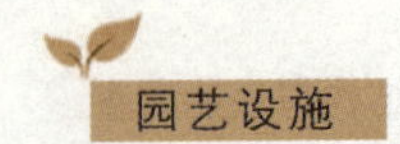

为了增强保温被的保温效果，除必需的保温芯和防水层外，还有在二者之间增加无纺布、塑料膜等材料的，也有在保温被的内侧粘贴铝箔用以阻挡室内长波辐射。总之，这种类型的材料在市场上的品种很多，产品的性能和价格差异也很大。温室生产者在选择这种类型材料时一定要认准核心材料的性能。

发泡聚乙烯材料保温被是一种轻型闭孔自防水材料。材料在发泡过程中形成的内部孔隙是形成保温性能的主要原因。因为在小空间内静止的空气具有良好的保温性能。由于材料内部孔隙相互不连通，所以，外部水分很难直接进入材料内部，也就克服了上述保温芯材料受潮性能下降的问题，同时也省去了材料的防水层，实现了材料的自防水。这种材料发泡后质量较小、不受潮，卷放省力，因此对卷帘机功率的要求也相应降低。这种材料由于质量小，抗风能力较差，必须配置压被线才能保证刮风时保温被不被掀起。但这种材料目前价格较高，大面积推广受限。

一般在温室保温被材料类型选定后，其保温性能的好坏将主要取决于保温芯的厚度。日光温室前坡面保温材料厚度的选择原则上要求与温室后墙和后屋面的保温性能相匹配，这样温室在各个方向的散热能够保持一致，室内温度才能均匀。但由于前坡面保温材料受材料导热率所限，一般前坡面保温材料的热阻远不及墙体保温材料热阻，致使透过前坡面的夜间温室散热量仍占温室总散热量的绝大多数。为了尽可能缩小温室内的温差，要求温室前坡面夜间覆盖的保温材料的热阻应达到墙体总热阻的 2/3 以上。

总之，对新型前屋面保温材料的研制和开发目前主要侧重于便于机械化作业、便宜、质量轻、耐老化、防水等指标的要求，在保温性能上，要注意应达到当地的保温要求。

（五）附属设施设计

生产性建筑规模较大时，生产上必须有相应的附属建筑物。这些建筑物如锅炉房、水井（水泵室）、变电所、作业室、仓库、煤场、集中控制室等的建筑面积，应根据园艺设施的栽培面积及各种机械设备的容量而定。在计划时，安装机械的房屋面积要宽松些，以便操作和维修保养；有时还需要建造办公室、田间实验室、接待室、会议室、休息室、更衣室、值班室、浴室、厨房、厕所等，这些房子可以单独修建，也可以一室多用。

（六）节能日光温室群的规划

1. 确定大小适度的建设规模 日光温室主要生产蔬菜和水果，是典型的超时令商品生产，而且多以外销为主，因此，必须发挥批量商品竞争优势，吸引外地客商，开辟外地市场，才能提高效益。这就要求在建造温室群时，要根据当地的生产、经济等各方面的条件来确定大小适度的规模。

2. 辅助设施建筑组成及布局 一定规模的温室群，除了温室种植区外，还必须有相应的辅助设施才能保证温室的正常、安全生产。这些辅助设施主要有水暖电设施、控制室、加工室、保鲜室、消毒室、仓库及办公室等。在进行总体布置时，应优先考虑种植区的温室群，使其处于场地采光、通风等最佳位置。辅助设施的仓库、锅炉房、水塔等应建在温室群的北面，以免遮阳；烟囱应布置在其主导风向的下方，以免大量烟尘飘落于覆盖材料上，影响采光、加工、保鲜室及仓库等。既要保证与种植区的联系，又要便于交通运输。

3. 确定前后排温室的距离 建造温室群时，要确定好每栋温室之间的距离。确定前后排温室间距的原则是，在后排温室采光不受影响的前提下，尽量缩小间距。两排温室间距过大，浪费了土地；间距过小，前排温室会对后排温室造成遮阳。

计算前后排温室间距的方法是，根据温室的高度（加上卷起草苫的高度，一般按 0.5 m 计算）、当地地理纬度和冬至日正午的太阳高度角。

例如：温室高 3.5 m，卷起草苫后为 4.0 m，在北纬 40°，冬至日正午太阳高度角为 26.6°，其正切值为 0.5，后屋面的水平投影为 1.5 m，后墙底宽 1.0 m，代入公式：

$$S=4.0\ \text{m}\div 0.5-1.5\ \text{m}-1.0\ \text{m}+1.5\ \text{m}=7.0\ (\text{m})$$

S=7.0 m，即后排温室的前底角至前排温室的后墙根应为 7.0 m。

4. 温室大棚方位走向 在温室群的总平面布置中，合理选择温室的建筑方位也是很重要的。温室的建筑方位通常与温室的造价没有关系，但是它与温室形成的光照环境优势，以及总经济效益都有非常密切的关系。所谓温室的建筑方位，就是温室屋脊的走向，朝向为南的温室，其建筑方位为东西方向。种植用的温室，由于举架高，应建在场地的最北侧，温室前面建大棚，大棚南面或两侧建中棚，场地最南面建造温室或阳畦、小棚等。这种从北向南高度依次地规划，不但操作管理方便，而且可以防止互相遮光，能有效地利用日光和土地面积。

5. 园区道路管线布局 温室大棚建设规划中，道路及管线设施的建设是其重要的组成部分之一。温室工程中道路的布局应在坚持合理、高效、经济的原则下，根据具体地形地块以及温室群的总体安排，考虑道路出入、结构、红线、路面净宽、行驶速度及交通方式等方面内容。如地形平坦、规则，集中布局的温室群工程的道路系统，一般采用直线式布局，道路宽度应能允许小型车辆顺利通行，一般为 3 m 左右，场地内速度应控制在 10 km/h 内，路面做简易铺装即可；而地势复杂、分区分块建设的温室群工程的道路系统，可结合地形安排曲线式布局，在各分块中间有直线布局，道路宽度根据实际情况和需要确定。同时管线的铺设应结合整体工程和场地的道路交通设计，尽量安排在阴影范围内，在节约用地的前提下，保证生产、流通以及安全对道路、管线设施的数量和规格的要求。

二、日光温室的建造

（一）建筑材料参考用量及参数指标

早期或不发达地区的节能型日光温室，多为采用竹木或竹木与钢筋混凝土预制件建筑的简易温室，结构合理，材料以就地取材为主，主要优点是成本低，但使用年限短，需经常维修。以下介绍几种日光温室建筑材料参考用量及参数指标。

1. 竹木结构日光温室 现以海城市圆拱形竹木结构温室各种用料为例来计算各种用料（表 4-5）。

表 4-5 海城竹木结构日光温室用料（张福墁，2000）

名称	规格	单位	数量
柁	长 4 m，粗 0.12 m	根	34
中柱	长 2.5 m，粗 0.1 m	根	34
檩子	长 3.3 m，粗 0.1 m	根	132
柁支柱	长 1.1 m，粗 0.1 m	根	34
前支柱	长 1～1.5 m，粗 0.08 m	根	68
竹片	长 5 m，宽 0.06 m	片	120

（续）

名称	规格	单位	数量
塑料薄膜	厚 0.08 mm	kg	65～80
秫秸		捆	1 980
纸被	6 m×1.8 m	块	66
草苫	6 m×1.5 m	块	80

中柱、柁和檩也可用钢筋混凝土预制件。中柱断面为 12 cm×12 cm，柁的断面要达到 18 cm×12 cm（立屋架时要求立放到中柱和后墙上），檩的断面要达到 14 cm×12 cm（要求立放在柁上）。在钢筋配组上，柁的受力筋（后墙至中柱之间的底筋和中柱到柁尖端的顶筋）要用 ϕ12 mm 的钢筋，顶筋用一根 ϕ8 mm 的钢筋，箍筋（套子）用 ϕ4 mm 的冷拔钢丝，两个箍筋间距 20 cm。檩的两根底筋用 ϕ8 mm 的钢筋，一个顶筋为 ϕ6 mm 的钢筋。中柱为 4 根 ϕ6 mm 的钢筋。预制各种构件时，可用 C30 混凝土浇筑。

2. 砖木结构温室主要用料参考用量 以建 55 m 长，使用面积 333 m² 砖木结构的立窗式节能日光温室为例，主要用料数量如下。

烧结普通砖：7.8 万块。

基础毛石：19 m³。

水泥：2.5 t。

河沙：13 m³。

檩木：60 根，长 3.1 m，ϕ150 mm。

柱子：18 根，长 2.2 m，ϕ100 mm；18 根，长 3.0 m，ϕ120 mm。

前支柱：54 根，长 1.6 m，ϕ60 mm。

棚杆：54 根，长 6 m，ϕ60 mm。

椽子：200 根，长 2 m，ϕ80 mm。

通风窗：板材，0.8 m³。

门窗料：板材 0.5 m³。

苇子：5 000 kg 棉被 21 个、棚膜 80 kg、8 号线 60 kg。

3. 钢架结构温室主要用料参考 以建 55 m 长、作业间面积 32 m²、使用面积 333 m² 的钢架结构温室为例，主要用料数量如下。

烧结普通砖：9 万块。

基础毛石：40 m³。

碎石：20 m³。

水泥：21t。

河沙：120 m³。

工程沙：120 m³（其中，中沙 100 m³）。

三合土：35 m³（炉碴 60%、珍珠岩 30%、白灰 10%）。

油毡：342 m²

沥青：1 t。

扒板：10 m³（房盖、通风窗用）。

苯板：23 m^3。

棉被：长 8 m×宽 3 m 规格，21 个。

∠50×50 角钢：6.26 m×3.7 kg=23.5 kg。

∠30×30 角钢：3.8 m×1.37 kg=5.2 kg。

ϕ0.6 寸*管材：5.7 m×1.8 kg=10.3 kg。

ϕ16 mm 圆钢：4.7 m×1.58kg=7.5 kg。

ϕ14 mm 圆钢：14 m×1.21 kg=17 kg。

3 mm 钢板：0.14 m^2×3 kg=4.2 kg。

14 mm 螺纹钢：1.2 m×1.4 kg=1.68 kg。

∠50×50 角钢：1.6 m×3.7 kg=6 kg。

ϕ0.6 寸管材：2 m×1.8 kg=3.6 kg。

大、中号钉子：0.5 kg。

铁线：22 号 15 kg，8 号 1 kg。

单个拱架质量：81.68 kg，温室全长 55 m，共用 54 付钢架，总计 4.4 t。

（二）日光温室的建造

修建日光温室多在雨季过后进行，上冻前完成，否则因墙体没有全干透，一方面扣膜后湿度大，升温慢，作物易感病，温室性能降低；另一方面，上冻后墙体会膨胀，缩短温室使用寿命。根据设计要求选定场地和备料，然后按下列顺序施工。

1. 修筑墙体

（1）确定方位。首先要确定好墙基的走向，即选准南北方向基线。由于受到磁偏角的影响以及易受干扰的原因，一般不推荐使用指南针来确定方向。可采用如下方法。

第一种方法：在准备修筑墙基的位置垂直立一根木杆，计算出当地正午时间，在当地正午 12：00 时，木杆阴影所指的方向为正南正北。

第二种方法：利用新星来确定南北方向。如可以先在地上确定一点，然后用测量仪器或其他方法将这一点与北极星的连线投影在地面，就是南北方向。

第三种方法：是利用现代科技成果，即利用卫星定位系统和相关仪器来确定南北方向。

以上述方法确定的南北基线为准，根据所处的地域特点来选择正南、偏西或偏东的基础线。

（2）钉桩放线。确定好温室方位后，先整平土地再钉桩放线。确定出后墙和山墙的位置，关键是要将 4 个屋角做成直角。钉桩时可用勾股定理验证：从后墙基线一端定点用绳子量 8 m 长，再拉向山墙基线一侧量 6 m 长，然后量这两点的斜线，若长度为 10 m 即为直角，否则调整山墙基线位置，调整好后钉桩放线，确定出后墙和山墙的位置。

（3）筑墙基。对温室基础要求与所处的地理纬度、建造场地地质条件有关。在北纬 43°以北地区，由于冰冻线的影响，一般需要埋深 60～80 cm 墙基础，宽度应稍大于墙体的宽度。挖平夯实后先铺上 30 cm 厚的砂垫层，这样可以防止由于冻、融交替而引起墙身开裂。再用石头或砖砌成高 60 cm 的墙基。一般在北纬 42°以南地区，若场地平整，地紧实度较高，没有湿陷土等，则基础可砌二皮砖或直接在地面上砌墙。

---

* 寸为非法定计量单位，1 寸=0.03 m。——编者注

(4) 筑墙体。后墙及两侧山墙保温的好坏即热阻的大小，直接影响温室的总耗热量和能源消耗。分砖墙和土墙两种。

传统温室墙体采用土筑或实心砖墙，以前的塑料日光温室多数为土筑墙，分为夯土墙和草泥垛墙两种方法。夯土墙是用 5 cm 厚的木板夹在墙体两侧，向两木板间填土，边填边夯，不断把木板抬高，直到夯到规定高度。另一种是把麦秸铡成 15～20 cm 长，掺入黏土中，掺和好后，用钢叉垛墙，每次垛墙高度为 1 m 左右，分两次垛成。不论夯土墙还是草泥垛墙，后墙顶部外侧都要高于内侧 40 cm，使后墙与后屋面连接处严密。墙体最好做成下宽上窄的梯形。温室后墙和山墙要有地基，地基深度要和当地冻土层相等，宽度要比墙略宽。

资金充足多用砖墙，为提高保温性能，砖墙要砌成空心墙，里墙砌筑 24 cm 厚的墙，外侧砌筑 12 cm 厚的墙。两道墙的距离因地区纬度而定，如北纬 40°地区墙体总厚度为 1 m，则里外墙距离为 64 cm。为了便于春夏季通风，后墙每 3 m 设一通风口，通风口距地 1 m，高宽各 40 cm 或 50 cm，提前做成特制的预制板装入通风口中。砖墙外侧勾缝，内侧抹灰，内外墙间填干炉灰渣、锯末、珍珠岩等保温材料，墙顶预制板封严，防止漏进雨水。在预制板上沿外墙筑 50～60 cm 高的女儿墙（图 4-19）。山墙按屋面形状砌筑，填炉渣后也要用预制板封顶。也有采用 37 cm 厚的墙外侧培土的方法来提高墙体保温性的。多用于高纬度地区，有的温室采用半地下式，这时可将挖出的土方堆在后墙外侧，来增加厚度，这样既保温又不增加造价。

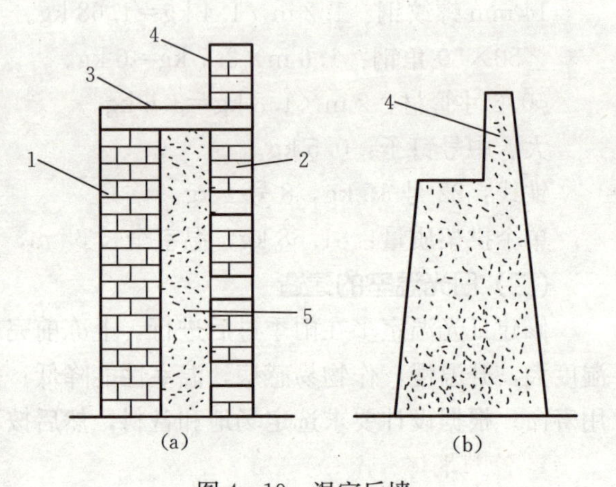

图 4-19 温室后墙

(a) 砖墙 (b) 土墙

1. 内墙 2. 外墙 3. 预制板 4. 女儿墙 5. 保温材料

要想增加保温性能，单纯采用增加厚度的方法不经济，近几年来新建的墙体多采用异质复合结构，即带有保温层的组合墙体。主要材料为烧结普通砖、水泥、沙、聚苯板等，墙体以及后坡选材宜用导热率小的材料。两侧采用一砖或半砖实心墙体，中间用聚苯板（也称为 PS 板）作为保温材料，聚苯板的厚度可根据当地情况确定，一般为 50～200 mm。

例如，采用两侧一砖，中间夹有 160 mm 厚的 PS 板，其热阻 R 约为 4.75 ℃/W。采用内侧一砖，外侧半砖，中间夹有 150 mm 厚的 PS 板，其热阻值 R 约为 4.24 ℃/W。由此可见，其热阻值比普通砖墙要大得多，其保温效果明显提高，这对节约能源、减少运行费用、降低成本具有重要意义。

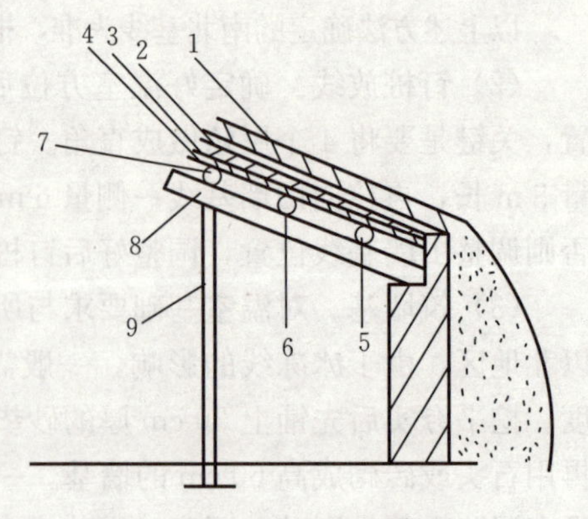

图 4-20 温室后屋面结构

1. 玉米秸 2. 乱草 3. 草泥 4. 箔 5. 前檩 6. 中檩 7. 后檩 8. 柁 9. 立柱

2. 立屋架 土木结构温室，整个温室质量都压在屋架上，要求既要坚固耐久又不能粗大遮光。后屋面骨架由立柱、柁、檩构成（图 4-20）。前屋面由立柱、横梁、竹片或竹竿（拱杆）构成。土木结构温室立柱，大多采用一定粗度的硬杂木，要求不朽、无虫蛀。安装立柱要高矮一致，排成一条直线，一般每 3 m 设一立柱，立柱深入土中 50 cm，向北倾斜 85°，下端设砖石柱基，为防止埋入土中部分腐烂，最好用沥青涂抹。在立柱上安柁，柁头伸出中柱前 20 cm，柁尾担在后墙顶的中部。柁面找平后上脊檩、中檩和后檩。利用秫秸、玉米秸或芦苇以及板皮作箔，扎成捆摆在檩木上，上端探出脊檩外 10～15 cm，下端触到墙头上，秸秆要颠倒摆放挤紧，上面压 3 道横筋绑缚在檩木上，然后用麦秸、乱草等把空隙填平，抹 2 cm 厚的草泥。上冻前再抹第二遍草泥，草泥要干时再铺一层乱草，再盖玉米秸。采用聚苯板做保温层，聚苯板厚度可由各地根据当地的地理位置而确定。使用钢架的一般在钢拱架上铺一层 25 mm 厚的硬木板，然后铺一层油毡防潮，油毡上铺 200 mm 厚的 PS 板防寒层，上面再铺一层油毡防水，最后用 40 mm 厚的水泥砂浆抹平。温室后坡保温的好坏也将影响温室的耗热量，因此应高度重视施工质量。

前屋面为拱圆式设两道横梁，前面的一道横梁设在距前底脚 1 m 处，后一道横梁设在前柱和中柱之间，横梁下每 3 m 设一支柱，与中柱在一条线上。横梁上按 75～80 cm 间距设置小吊柱，用竹片做拱杆，上端固定在脊檩上，下端固定在前底脚横杆上，中部由两排 20 cm 长的小吊柱支撑。

前屋面为斜面式的琴弦式温室，在前底脚每 3 m 钉一木桩，上边设一道方木或圆木横梁，横梁中间再用两根立柱支撑，构成 80 cm 高前立窗，每 3 m 设一木杆或竹竿的加强梁，梁上端固定在脊檩上，下端固定在前立窗上。在骨架上按间距 30 cm 东西向拉 8 号铁丝，铁丝两端固定在东西山墙外地锚上，用紧线钳拉紧铁丝。在铁丝上按间距 75～80 cm 铺 ϕ2.5 cm的竹竿，用细铁丝拧在 8 号铁丝上。

钢拱架多采用钢筋拱架，上弦多采用 ϕ14～16 mm 的钢筋，下弦用 ϕ12～14 mm 的钢筋，拉花用 ϕ8～10 mm 的钢筋，拱架间距 0.9～1 m，拱架间采用三道水平拉杆，材料采用 ϕ10 mm 的钢筋即可，与钢架大棚相似。

3. 覆盖棚膜 选无风的晴天覆盖薄膜。

（1）棚膜的准备。棚膜宽度要比其实际坡长余出 1.5 m，以便埋入土中和固定在脊檩以上的后屋顶处，并留出放风口的重叠部分。膜长要比温室长 2 m（包括山墙），以便将棚膜固定在墙外侧（包卷木条）。薄膜一般截成三幅，各幅幅宽：上幅宽 1.2 m，下幅宽 1.8 m，中幅为实际棚膜宽度减去上、下幅宽之和。各放风口处都要粘入一条细绳，便于经常拉动放风，并防止膜边磨损漏风。

（2）压膜材料的准备。拱圆形温室采用大棚专用压膜线，也可采用聚丙烯压膜线，或用 8 号铁丝外缠塑料做压膜线。用 8 号铁丝按温室长度加 1 m 准备公用地锚线。先在每间温室埋设一个地锚，地锚露出地上部分拧成一个圈，将公用地锚线穿过各间的地锚后在东西两侧固定。顶部将压膜线拴在固定于后屋面处的公用 8 号铁丝上，铁丝两端固定在东西山墙外侧的木桩上。

（3）覆膜。从下部开始。把带线绳的膜边向上，下部预留出 30 cm，对直拉紧，而后在东西端各卷入一根细竹竿，在山墙外固定。依次往上盖好中段和上段棚膜，在上段棚膜与脊檩结合处用草泥封好，压在后屋面前沿上，将底角膜下端埋入土中。再于每两根拱杆间拴一根压膜线，压膜线上端固定在后屋面上事先准备好的固定位置，下端固定在前底脚预埋的地锚上，压膜线必须压紧，才能保证大风天薄膜不受损坏。

斜面式温室覆盖薄膜不用压膜线，在薄膜上用 ϕ1.5 cm 左右的细竹竿作压杆，同薄膜下的竹竿相对应，用细铁丝穿过薄膜拧在拱杆上，屋顶和前底脚处的薄膜埋在土中，东西墙外用木条卷起，用铁丝拧在 8 号铁丝上。

4. 培防寒土和挖防寒沟 覆盖薄膜以后，在北纬 40°以北地区，需要在后墙外培土，培土厚度相当于当地冻土层厚度，从基部培到墙顶以上。在高纬度地区，由于室外温度低，冻土层深，为更好地防止温室内热量通过地面传至室外而影响温室地温，还需要在温室外面的四周设置防寒沟，以加强温室的保温。在前底脚外挖 30～50 cm 宽、50～80 cm 深的防寒沟，为便于放置拱架，内侧沟壁最好砌一层砖，然后用旧薄膜衬垫内壁，内填隔热物，锯末、马粪、禽粪、稻壳、麦糠等均可，效果都非常好。这些有机隔热物 1～2 年就须更换一次，否则会降低防寒效果。如果使用有机肥作为隔热材料，当保温失效后被更换出来时已经完全腐熟，是非常好的有机肥料。将隔热物踏实后再用薄膜包好沟口，再用 100 mm 厚的自然轻土夯实做成向南倾斜的缓坡，便于排出积水，防止隔热物受潮而失效。防寒沟内也可以在经防潮处理后，填入聚苯板、珍珠岩等，上面用砖石和水泥等封好，不进行更换而永久使用，但这样成本较高。

5. 安门 温室的出入口正着温室内的过道处，要预先在山墙处留出高 1.7～1.9 m、宽 70～90 cm 的门洞口，上有过梁，然后装上门框和门。

6. 建作业间 在温室的一侧，建一工作间，其高度不应超过温室脊高。作业间一般开间宽 2.5～3.0 m，进深 4 m，高度以不挡温室采光为原则。作业间既可防止冷风直接吹入温室，又可供人员休息用，还可放置工具和部分生产资料。

7. 防寒覆盖物 高效节能型日光温室冬季，白天覆盖单层膜，夜晚为了加强保温，以免白天贮存的热能过快散失掉，高寒地区外面覆盖单层棉被或防寒毡，也可用双层草苫、单层草苫加纸被，内挂二层膜等措施。其他地区也必须用草苫覆盖。稻草苫的保温效果好于蒲席，一般厚约 7 cm，覆盖时要互相压茬 20 cm，顺序由东向西覆盖，西面压东面，可防止西北风透入膜内。

8. 安装辅助设备

(1) 灌溉系统。日光温室的灌溉以冬季早春寒冷季节为重点，不宜利用明水灌溉，最好采用管道灌溉或滴灌。在每栋温室内安装压力水源，直接进行灌水或安装滴灌设备。地下水位比较浅的地区，可在温室内打小井，安装小水泵抽水灌溉。不论采取哪种灌溉系统，都应在田间规划时确定，并在建造温室施工前建成。

(2) 卷帘机。利用卷帘机揭盖草苫，可以在很短时间内完成草苫的揭盖工作。卷帘机分为人工卷帘和电动卷帘两种。使用卷帘机的温室长度以 50～60 m 为宜。

(3) 反光幕。节能日光温室栽培畦的北侧或靠后墙部位张挂反光幕，可利用反光，改善后部弱光区的光照，有较好的增温补光作用。

(4) 蓄水池。节能日光温室冬季灌溉由于水温低，灌水后常使地温下降，影响作物根系正常发育。在日光温室中建蓄水池用于蓄水灌溉，可避免用地下水灌溉引起的不良后果（用明水灌溉的地区尤为重要）。采用 1 m 宽、4～5 m 长、1 m 深的半地下式蓄水池，内用防水水泥砂浆抹平，防止渗漏，池口白天揭开晒水，夜间盖上，既可提高水温又可防水分蒸发。

相关知识

我国日光温室产业的发展历史

我国日光温室发展可以分为初创时期、大规模发展初期、全面提升与发展期和现代化发展期4个阶段。

日光温室初创时期可以追溯到20世纪初，辽宁省海城市感王镇和瓦房店市复州城镇开始利用日光温室生产冬春鲜细蔬菜。直到20世纪30年代后期传到鞍山郊区。这一时期日光温室主要是土木结构玻璃温室，山墙和后墙用土垒成或用草泥垛成，后屋面用柁和檩构成屋架，柁下用柱支撑，3 m一柁，故3 m一开间；屋架上用秫秸和草泥覆盖，前屋面玻璃覆盖，晚间用纸被、草苫保温。这一生产方式一直延续到20世纪80年代初期。

日光温室大规模发展初期是自20世纪80年代初期至末期。这一时期首先是从辽宁省海城市感王镇和瓦房店市复州城镇的农家庭园开始的，逐渐发展到农田。此时的日光温室结构主要采用竹木结构，拱圆形或一坡一立式，典型结构有海城感王式、瓦房店琴弦式和鞍Ⅰ型日光温室。日光温室前屋面覆盖材料开始由玻璃改为塑料薄膜，其中海城感王式和鞍Ⅰ型日光温室被称为第一代普通型日光温室，到20世纪80年代末期，已推广第一代普通型日光温室2万 hm^2。

全面提升与发展期起始于20世纪90年代，直到21世纪初期。这一时期大面积推广第一代和第二代节能型日光温室，其中前期大面积推广了以瓦房店琴弦式和鞍Ⅱ型为代表的第一代节能型日光温室，各地在这一类型的基础上研发出其他适于当地的类型；后期大面积推广了以辽沈Ⅰ型为代表的第二代节能型日光温室，同样各地在这种类型的基础上研制出其他适于当地的类型。这一时期使日光温室实现了两个飞跃，一是面积上的飞跃，全国推广面积达到50万 hm^2；二是日光温室结构性能和配套技术上的飞跃，实现在最低气温−25 ℃地区少加温生产喜温果菜并获得产量上的突破，解决了长期困扰我国北方地区冬季鲜细菜供应问题，同时增加农民的收入，成为许多地区的支柱产业。

日光温室现代化发展期起始于21世纪初，预计这一时期需要15～20年完成。目前已经研制出第三代节能型日光温室，开始了日光温室环境控制自动化和蔬菜生产标准化、无害化、机械化等研究。这一时期将完成日光温室环境控制自动化，园艺作物生产机械化、规范化、无害化、标准化，产品质量优质化的技术创新研究与普及。

［资料来源：李天来，2005. 我国日光温室产业发展现状与前景［J］. 沈阳农业大学学报，36（2）：131-138.］

项目小结

本项目主要介绍了生产上常用的日光温室的结构、性能及设计建造，通过学习，可了解日光温室的基本类型结构及性能，掌握节能日光温室的简单设计、建造所需的材料的初步估计、日光温室的建造季节和实施步骤，并能对日光温室的结构类型与所处环境的适应性做出正确的判断。

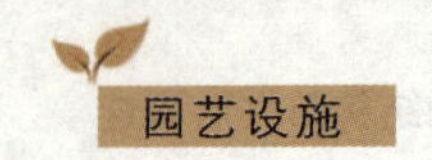

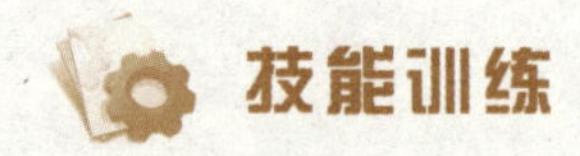

技能训练

技能训练一　日光温室结构观察

一、实训目的

通过实训，了解当地温室的主要类型，学会判断所观察温室的类型，完成对温室主要结构参数的测量。

二、材料与用具

1. 材料　皮尺、钢卷尺、量角仪、铅笔及记录本等。

2. 场地　科研、生产基地。

三、实训内容与方法

1. 温室的类型观察。通过参观、访问等方式，尽可能多地观察、了解各种类型的日光温室，所用的建筑材料，温室所在地的环境、整体规划等情况。

2. 对当地主要的日光温室类型进行观测、调查并完成表 4－6。

表 4－6　当地日光温室类型结构调查统计

调查内容		Ⅰ	Ⅱ	Ⅲ	Ⅳ
整体内容	所在地点				
	方位				
	长度/m				
	温室间距/m				
	跨度/m				
	脊高/m				
后墙及山墙	高度/m				
	厚度/m				
	材料及结构				
后屋面	宽度/m				
	厚度/m				
	投影长度/m				
	仰角/(°)				
前屋面	形状				
	宽度/m				
	投影长度/m				
	接地倾角/(°)				
	主采光面角度/(°)				
	骨架材料				
	防寒覆盖材料				

（续）

调查内容		Ⅰ	Ⅱ	Ⅲ	Ⅳ
立柱高度	后柱/m				
	中柱/m				
	前柱/m				
栽培作物种类					
其他					

四、考核标准

1. 日光温室结构特点描述是否正确。

2. 测量的相关数据是否正确。

五、课后作业

完成实训报告，绘出当地主要日光温室类型的结构图，并对所调查的温室做出综合评价。

技能训练二　日光温室的设计和规划

一、实训目的

通过实训，掌握日光温室设计的方法和步骤；能够画出单栋日光温室的简单断面图、平面图等，并对重要部位做出标注和说明。

二、材料与场地

1. 材料　比例尺、直尺、量角器、铅笔、橡皮等绘图用具，也可以利用计算机辅助制图软件。

2. 场地　校内、外实训基地。

三、实训内容与方法

（一）建造日光温室所在地的概况调查

调查内容：日光温室所在地的地理纬度，年平均最低温度、极端最低温度、极端最高温度，冬至日太阳高度角，冬季常年主导风向，春季常年主导风向等。

（二）日光温室的规划设计

根据给定的使用用途、每栋温室规模、资金投入水平，以保温、透光好，生产面积利用率高，节约能源，坚固耐用，成本低，操作方便为目标，确定结构类型和主要建材。

（三）设计步骤

1. 选择适宜的类型，确定温室大小（长、宽、高）。

2. 温室的保温条件与温室容积大小、墙厚度、覆盖物种类及温室严密程度有关。光照条件优劣除受外界阴、晴、雨、雪条件变化影响外，还与透明屋面与地面的交角的大小、后屋面仰角，前后屋面比例，阴影的面积及温室方位等有关。室内利用率大小则受温室空间大小，保温程度和作物搭配等影响，根据修建温室场地、生产要求、经济和自然条件，选择适宜的类型和确定温室大小（长、宽、高）。

3. 在坐标纸上按一定比例画出温室的宽度，再按生产目的和前后比例定出中柱的位置和高度；钢骨架温室没有中柱，也需确定屋脊到地面垂直高度及后屋面投影长度。结合冬、春太阳高度的变化确定透明屋面的角度，从便于操作管理及保温需要确定后墙高度和厚度。温室的构架基本完成后，进一步做全面修改到合理为止。

4. 确定通风面积、拱杆（或钢架）的间距和通风窗的大小及位置。

5. 确定基础深度及温室用材。

6. 平面设计。要画出墙的厚度、柱子的位置（钢架温室可以无柱）、工作间的大小及附属设备、门的规格及位置等。

7. 写出建筑材料、透明覆盖材料及外保温覆盖材料的种类、规格和数量，配套设施设备（卷帘机、卷膜器等）的类型和配置方式，工作间的大小，门的规格及位置。

四、考核标准

1. 所画日光温室结构是否合理。
2. 各部位名称标注是否正确。

五、课后作业

1. 认真绘出所设计温室的断面图、平面图、立体图，并写出设计说明和使用说明。
2. 写出所设计的一栋温室用材种类、规格和数量，以及经费概算。

复习思考

1. 日光温室的基本结构主要包括哪几部分？
2. 节能日光温室的主要结构类型有哪些？
3. 影响日光温室内光照度的因素有哪些？
4. 日光温室的土壤环境有哪些特点？
5. 建造节能薄膜温室要遵循哪些基本原则？
6. 节能日光温室设计的“五度”指的是什么？
7. 节能日光温室设计的“四比”指的是什么？
8. 节能日光温室如何修筑围护墙体的基础？
9. 节能日光温室对防寒沟有哪些要求？

项目五　现代化温室的结构与性能调查

【项目导读】　本项目主要介绍现代化温室的结构、性能及其在生产中的应用。
【项目目标】　通过学习让学生掌握现代化温室的主要设备及其功能，为今后在生产中应用和管理温室奠定基础。
【项目考核】　现代化温室的组成部分、辅助设备及其功能。

任务一　现代化温室的结构

【教学要求】　本任务主要学习现代化温室的结构，可以结合本地的具体情况选择相应的设施设备，理论联系实际学习。
【教学目的】　掌握目前现代化温室的主要结构。
【教学材料】　基地的现代化温室。
【教学方法】　多媒体教学、现场教学。

一、现代化温室的概念

现代化温室是目前栽培设施最高级类型，指不受自然气候的影响，环境可自动化调控，能全天候进行园艺作物生产的大型连接屋面温室。现代化温室一般多为铝合金或镀锌钢材结构温室，以玻璃、塑料薄膜以及硬质板材等为采光材料，设有通风设施，增加了加温、降温、补光、二氧化碳施肥、自动化灌溉设施、电控操作及监测装置等附加的先进设备。

现代化温室在我国发展经历了3个阶段。①起步阶段（1972—1977年）。1972年10月，中国农业科技工作者考察朝鲜平壤龙城现代化大型温室蔬菜农场，深受启发，1977年3月，中国第一栋自行设计建造的大型玻璃蔬菜温室在玉渊潭建成，面积1.9 hm^2。该温室采用燃油加温，电动开窗通风，建成后投入黄瓜、番茄生产使用，玉渊潭温室的建成标志着我国发展现代化温室的起步阶段已经完成，为我国发展现代化大型温室起到了率先示范作用。②探索阶段（1978—1994年）。1979年9月北京四季青公社从日本“久保田”引进的四栋2.2 hm^2现代化大型温室建成，这是我国引进的第一座国外大型现代化温室。温室配有保温遮光幕布、喷滴灌与补充二氧化碳设备、锅炉和地热线取暖，可实现四时段实施变温管理，计算机控制系统有自动装置，性能基本同荷兰温室；但屋面玻璃钢（FRA）覆盖材料老化快，透光率降低迅速。随后自建或从荷兰、美国、保加利亚、意大利等国家引进了现代化温室，用于蔬菜生产，此阶段发展的大型蔬菜温室应用于蔬菜生产均未达到发展的初始目标而告终，仅起到了探索作用。③提升阶段（1995年至今）。1995年，以色列赠送北京中以示范农场的1.24 hm^2大型连栋薄膜温室建成投产。其特点是投资相对少、保温好、节能源，跨度为28 m，高6 m；薄膜覆盖，透光性好，保温好；锅炉加温，遮阳网和电风扇降温，光、温、湿、灌水、施肥等计算机自动控制。上海从荷兰、以色列引进 16 hm^2 的现代化温室，我国温室发展进入快速提升阶段，其结构和性能及自动化控制程度进一步提升，保温性能好。进入 21 世纪农业物联网技术在现代化温室的应用，温室的管理能力得到了进一步的提升。

二、现代化温室的类型

我国现代化温室主要包括屋脊形连栋温室和拱圆形连栋温室两种。屋脊形连栋温室主要以玻璃作为透明覆盖材料，这种温室大多数分布在欧洲，以荷兰面积最大，居世界之首，日本也设计建造一些屋脊形连接屋面温室，但覆盖材料为塑料薄膜或硬质塑料板材。拱圆形屋面连栋温室主要以塑料薄膜为透明覆盖材料，这种温室主要在法国、以色列、美国、西班牙、韩国等国家广泛应用。我国目前自行设计建造的现代化温室也多为拱圆形连接屋面温室，屋脊形连接屋面温室在生产中应用较少。

屋脊形和拱圆形现代化温室的基本规格分别见表 5-1 和表 5-2。

表 5-1　屋脊形现代化温室的基本规格

温室类型	长度/m	跨度/m	脊高/m	骨架间距/m	生产或设计单位
SRP 型	42	8	4.08	3.0	日本
LHW 型	42	12	4.93	3.0	日本
荷兰芬洛 A 型		3.2	3.05～4.95	3.0～4.5	荷兰
荷兰芬洛 B 型		6.4	3.05～4.95	3.0～4.5	荷兰
荷兰芬洛 C 型		9.6	4.20～4.95	3.0～4.5	荷兰

表 5-2　拱圆形现代化温室的基本规格

温室类型	长度/m	跨度/m	脊高/m	骨架间距/m	生产或设计单位
GLW8340 型	40～60	8.0	5.0	4.0	上海勤农温室设备有限公司
GLP8432 型	32～60	8.0	5.5	4.0	上海晟农温室有限公司
华北型	33	8.0	4.5	3.0	中国农业大学
法国温室		8.0	5.4	4.2	法国里歇尔（Richel）
以色列温室		9.0	6.0	4.0	以色列 AVI

三、现代化温室的结构

（一）屋脊形连接屋面温室

荷兰芬洛（Venlo）型玻璃温室是屋脊形连栋温室的典型代表。这种温室的骨架采用钢架和铝合金构成，透明覆盖材料为 4 mm 厚的平板玻璃。芬洛型温室是我国引进玻璃温室的主要形式，是荷兰研究开发后流行全世界的一种多脊连栋小屋面玻璃温室。温室单间跨度一般为 3.2 m 的倍数，如 6.4 m、9.6 m、12.8 m，近年也有 8 m 跨度的；开间距为 3 m、4 m 或 4.5 m，檐高 3.5～5.0 m。每跨由 2 个或 3 个双屋面的小屋脊直接支撑在桁架上，小屋脊跨度为 3.2 m，矢高 0.8 m。根据桁架的支撑能力，可组合成 6.4 m、9.6 m、12.8 m 的多脊连栋型大跨度温室。覆盖材料采用 4 mm 厚玻璃，透光率大于 92%。开窗设置以屋脊为分界线，左右交错开窗，每窗长 1.5 m，一个开间（4 m）设两扇窗，中间 1 m 不设窗，屋面开窗面积与地面积比率（通风比）为 19%。若窗宽从传统的 0.8 m 加大到 1.0 m，可使通风比增加到 23.43%，但由于窗的开启度仅为 0.34～0.45 m，实际通风比仅为 8.5%和 10.5%（图 5 - 1）。

图 5 - 1　芬洛型玻璃温室

芬洛型温室在我国尤其是我国南方应用的最大缺点是通风面积过小。由于其没有侧通风，且顶通风比仅为 8.5%或 10.5%。在我国南方地区往往通风量不足，夏季热蓄积严重，降温困难。近年来，我国针对亚热带地区气候特点对其结构参数加以改进、优化，加大了温室高度，檐高从传统的 2.5 m 增高到 3.3 m，甚至 4.5 m、5 m，小屋面跨度从 3.2 m 增加到 4 m，间柱的距离从 4 m 增加到 4.5 m、5 m，并加强顶侧通风，设置外遮阳和湿帘-风机降温系统，屋顶采用全敞开式，可以从屋脊部打开天窗，开启度可达到垂直，即整个屋面的开启度可从完全封闭直到全部开放状态，增加了降温效果，提高了在亚热带地区的效果（图 5 - 2）。

全开型玻璃温室应配备物候仪（图 5 - 3）、计算机自动管理系统等，在风速过大、下雨等情况下会自动关闭天窗，以防止天窗损坏。

图 5 - 2　全开型玻璃温室

图 5 - 3　全开型玻璃温室的物候仪

（二）拱圆形连接屋面温室

目前我国引进和自行设计的拱圆形连接屋面温室较多，这种温室的透明覆盖材料采用塑料薄膜或硬质塑料板材，因其质量较小，所以可大量减少结构安装件的数量，增大薄膜安装件的间距。如内部柱间距为 4 m 时，拱杆间距分别为 1 m 或 2 m。跨度有 6.4 m、7.5 m、8 m、9.6 m 等多种规格，肩高在 1.7 m 以上。进一步方便了栽培作业。框架结构比玻璃温室简单，用材量少，建造成本低。

1. 里歇尔温室　该类型温室是法国里歇尔温室公司研究开发的一种塑料薄膜温室（图 5 - 4），在我国引进温室中所占比例最大。一般单栋跨度为 6.4 m 或 8 m，檐高 3.0～4.0 m，开间距 3.0～4.0 m，其特点是固定于屋脊部的天窗能实现半边屋面开启通风换气，也可以设侧窗卷膜通风。该温室的通风效果较好，且采用双层充气膜覆盖，可节能 30%～

40%。构件比玻璃温室少，空间大，遮阳面少，根据不同地区风力强度大小和积雪厚度，可选择相应的结构类型。

2. 卷膜式全开放型塑料温室 这是一种拱圆形连栋塑料温室，这种温室除山墙外，顶侧屋面均可通过手动或电动卷膜机将覆盖薄膜由下而上卷起，达到通风透气的目的。可将侧墙和单侧屋面或全屋面的覆盖薄膜全部卷起，成为与露地相似的状态，以利夏季高温季节栽培作物。由于其通风口全部覆盖防虫网而有防虫效果，我国国产塑料温室多采用这种形式。其特点是成本低，夏季接受雨水淋溶可防止土壤盐类积聚，简易、节能，利于夏季通风降温，例如上海市农业机械研究所研制的 GSW7430 型连栋温室和 GLZRW7.5 智能型温室等，均是一种顶高 5 m、檐高 3.5 m、冬夏两用、通气性能良好的开放型温室。塑料薄膜连栋温室见图 5-5。

图 5-4 里歇尔塑料温室

图 5-5 塑料薄膜连栋温室

四、现代化温室的组成

（一）骨架结构

各种不同类型的现代化温室，其开间、跨度、肩高等都不尽相同，温室整体都是由数量不同的单元组成的，如图 5-6 所示。在实际建造过程中，都存在着温室高大化的趋势，因此，这里介绍的为常规尺寸。

跨度：指温室的最终承力构架在支撑点之间的距离。通常，温室跨度规格尺寸为6.0 m、6.4 m、7.0 m、8.0 m、9.0 m、9.6 m、10.8 m、12.8 m。

开间：指温室最终承力构架之间的距离。通常开间规格尺寸为 3 m、4 m、5 m。

肩高：也称檐高，指温室柱底到温室屋架与柱轴线交点之间的距离。温室肩高规格尺寸为 3.0 m、3.5 m、4.0 m、4.5 m 等。

脊高：指温室柱底到温室屋架最高点之间的距离。通常为檐高和屋盖高度的总和。

屋脊型玻璃温室的屋面角一般为 22°左右。

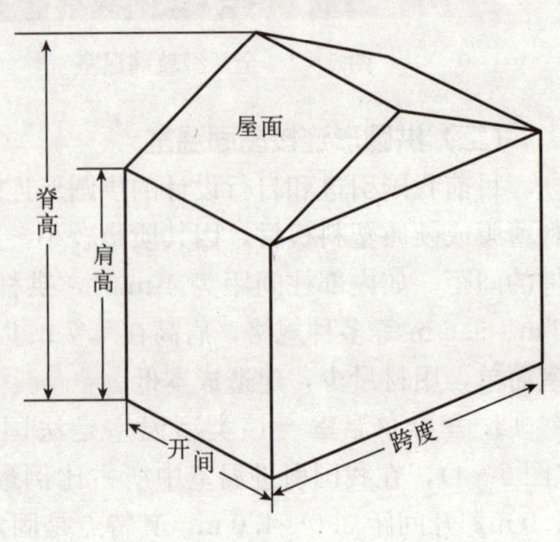

图 5-6 现代化温室单元示意

现代化温室都是由一个单元组成的，温室的长度为 $N*$ 开间数，如果温室是采用自然通风的，一般长度不宜大于 40 m；温室的宽度为 $M*$ 跨度，M 通常多为 3、5、7，温室面积控制在 2 000 m^2 以下为宜。如果温室采用强制通风、湿帘降温等措施，应以长度不超过 60 m、面积在 6 000 m^2 以下为宜。

1. 基础 框架结构的组成首先是基础，它是连接结构与地基的构件，它将风荷载、零载、作物吊重、构件自重等安全地传递到地基。基础由预埋件和混凝土浇筑而成，塑料薄膜温室基础比较简单，玻璃温室较复杂，且必须浇注边墙和端墙的地固梁。

2. 骨架 骨架有两类：一类是柱、梁或拱架，都用矩形钢管、槽钢等制成，经过热浸镀锌防锈蚀处理，具有很好的防锈能力；另一类是门窗、屋顶等，为铝合金型材，经抗氧化处理，轻便美观、不生锈、密封性好，推拉开启省力。目前，大多数荷兰温室厂家都采用铝合金型材和大型玻璃。也有公司用薄壁型钢，但外层为镀锌、铝和硅添加剂组成的复合材料。该涂层的化学成分为55%铝、43.4%锌、1.6%硅添加剂。该构件结合了铝合金型材耐腐蚀性强、钢镀锌件强度高的优点。排水槽又称“天沟”，它的作用是将单栋温室连接成连栋温室，同时又起到收集和排放雨水的作用。排水槽自温室中部向两端倾斜延伸，坡降多为0.5%。连栋温室的排水槽在地面形成阴影，约占覆盖地面总面积的5%。因此，要求在保证结构强度和排水顺畅的前提下，排水槽结构形状对光照的影响尽可能小。为防止冬寒季夜晚覆盖物内表面形成冷凝水而滴到作物上或增加室内湿度，在排水槽下面还安装有半圆形的铝合金冷凝水回收槽，将冷凝水收集后排放到地面，或将该回收槽同降水回收等相连接，直接排到室外或蓄水池。

（二）覆盖材料

理想的覆盖材料应具有透光性好、保温性好、坚固耐用、质地轻、便于安装、便宜等的特点。屋脊形连栋温室的覆盖材料主要为平板玻璃（欧洲应用比较多）、塑料板材（FRA板、PC板等，美国、加拿大应用比较多）和塑料薄膜（亚洲、以色列、西班牙等应用比较多）。寒冷、光照条件差的地区，玻璃仍是较常用的覆盖材料，保温性和透光率都较好，但价格高，约是薄膜的5倍，且易损坏，维修不方便。玻璃质量大，要求温室框架材料强度高，也增加了投资。塑料薄膜价格低廉，易于安装，质地轻，但不适于屋脊形屋面，且易污染老化，透光率差，故屋脊形连接屋面温室少用。近年来新研究开发的聚碳酸酯板材（PC板），兼有玻璃和薄膜两种材料的优点，且坚固耐用、不易污染，是理想的覆盖材料，但其昂贵，还难以大面积推广。

任务二 现代化温室配套设备

【教学要求】 本任务主要学习现代化温室的配套设备及其性能特点，可以结合基地的现代化温室进行教学。

【教学目的】 通过学习让学生掌握现代化温室的主要配套设备及其功能，为今后生产管理现代化温室奠定基础。

【教学材料】 基地的现代化温室。

【教学方法】 多媒体教学、现场教学。

现代化温室的配套设备很多，主要包括通风、降温、加温、灌溉、自动化控制系统等，随着今后科技的进一步发展及人们对作物生长习性的更深了解，相信今后会有更多的设备应用在现代化温室上。本任务主要介绍目前生产应用较为普遍的配套设备。

一、通风系统

现代化设施配有自然通风和强制通风两种装置，自然通风有侧窗通风、顶窗通风或两者兼有 3 种类型。通风窗面积是自然通风系统的一个重要参数，顶窗加侧窗通风效果比只有侧窗好。在多风地区，如何设计合理的顶窗面积及开度十分重要，因其结构强度和运行可靠性受风速影响较大，设计不合理时易被损坏，并限制其空气交换潜力的发挥。顶窗开启方向有单向和双向两种，如图 5－7 所示。双向开窗可以更好地适应外界条件的变化，也可较好地满足室内环境调控的要求。图 5－8 所示为塑料连栋温室卷帘式顶通风位置。

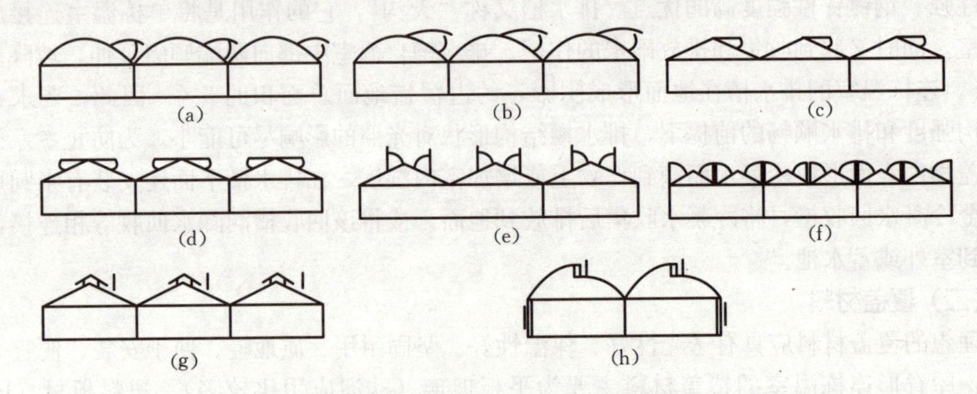

图 5－7　温室天窗位置设置的种类

(a) 谷肩开启　(b) 半拱开启　(c) 顶部单侧开启　(d) 顶部双侧开启　(e) 顶部竖开式　(f) 顶部全开式　(g) 顶部推开式　(h) 充气膜叠层垂幕式开启

图 5－8　卷帘式顶通风

强制通风系统：在自然通风不能满足对温室内环境调节的需求时，可采用风机强制通风，如图 5－9 所示。风机包括风扇及内循环机，风扇一般安放在大棚的一侧，夏季降温使用。内循环机通常悬挂于设施的上部位置，如图 5－10 所示，其目的主要有两个：①促进温室内外气体交流，降低温室内的温度；②促使温室内部气体循环，使温室内的温、湿度分布均匀，在二氧化碳施肥时，能促进二氧化碳充分扩散。

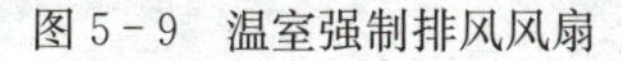

图 5-9　温室强制排风风扇

图 5-10　温室内循环风机

二、帘幕系统

帘幕系统主要指温室的遮阳网覆盖系统，如图 5-11 所示的温室内覆盖和图 5-12 所示的温室外覆盖。它具有双重功能，夏季可遮挡阳光，降低温室内的温度，一般可遮阳降温 7 ℃左右；冬季可增加保温效果，降低能耗，提高能源的有效利用率，一般可提高 6～7 ℃。帘幕材料有多种类型，较常用的为遮阳网及保温帘，遮阳网有外遮阳与内遮阳两种，外遮阳系统主要是指覆盖在现代化温室顶部的遮阳网系统，由传动装置、金属结构网架、托膜线等组成。外遮阳网一般距离屋脊 50 cm 左右，多沿屋脊方向开闭。内遮阳系统通常由 1～2 层白色或银灰色遮阳网组成，可根据具体气候条件覆盖一层或两层。内遮阳网系统，在夏季可起到遮光降温的作用，在冬季夜间覆盖则可起到一定的保温作用。

图 5-11　现代化温室内齿条传动式双层白色遮阳网覆盖

图 5-12　塑料连栋温室与棚长方向平行的外遮阳网覆盖

三、加温系统

目前冬季加温多采用集中供热、分区控制方式，主要有热水管道加温和热风加温两种系统。

1. 热水管道加温系统　由锅炉、锅炉房、调节组、连接附件及传感器、进水及回水主管、温室内的散热管等组成。温室散热管道有圆翼型和光滑型两种；设置方式有升降式和固定式之分；按排列位置可分垂直排列和水平排列两种方式，如图 5-13 和图 5-14 所示。

图 5-13 安装在温室侧面的垂直加温管道

图 5-14 安装在育苗床下面的水平加温管道

热水加温系统在我国通常采用燃煤加热，其优点是室温均匀，停止加热后室温下降慢，水平式加温管道还可兼作温室高架作业车的运行轨道；缺点是室温升高慢，设备材料多，一次性投资大，安装维修费时费工，燃煤排出的炉渣、烟尘污染环境，需要占用土地。

2. 热风加温系统 利用风机将热风炉所产生的热量以热风的形式，通过送风管道送到温室各部进行加温的方式。该系统由热风炉、送风管道（一般用 PE 膜做成）、附件及传感器等组成。目前热风机主要有燃油热风机和电热风机两类，如图 5-15 所示。

(a)

(b)

图 5-15 电热风机的风扇（a）和加热片及出风口（b）

热风加温系统采用燃油或电源加热，其特点是室温升高快，但停止加热后降温也快，且易导致叶面积水，加温效果不及热水加温系统。热风加温系统还有节省设备资材、安装维修方便、占地面积少、一次性投资小等优点，适于面积小、加温周期短、局部或临时加温需求大的温室选用。温室面积规模大的，应采用燃煤锅炉热水加温方式。

四、降温系统

1. 喷淋降温系统 喷淋降温系统通过高压陶瓷柱塞泵将净化过的水加压至1～7MPa，再通过高压管路将加压的水输送到特殊的喷嘴进行雾化，并以3～10 μm的超微雾粒子喷射到设施的空间内，超微雾粒子在空气中吸收热量，汽化、蒸发，达到降低设施空气温度的作用，如图5-16所示。

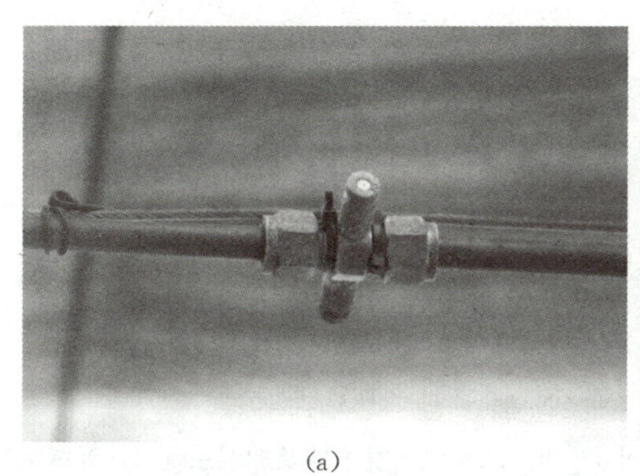

(a)

(b)

图5-16 高压雾化喷头（a）和微雾降温增湿系统（b）（江苏绿港）

2. 湿帘降温系统 湿帘降温系统也称“湿帘+风机”降温，如图5-17所示。它的工作过程是，在门、窗密闭的设施内，当启动风扇时，使设施内外形成负压，迫使室外的热空气通过湿帘进入设施内。当室外的热空气经过布满冷水的湿帘时，冷水由液态转化成气态的水分子，吸收空气中大量的热能，从而使空气的温度迅速下降，与设施内的热空气混合后，通过风机排出室外，从而达到降低设施内空气温度的作用。

为了保证“湿帘+风机”降温效果，通常将湿帘安放在设施的北面，风机安放在设施的南面，湿帘与风机间的距离以40～50 m为宜。

(a)

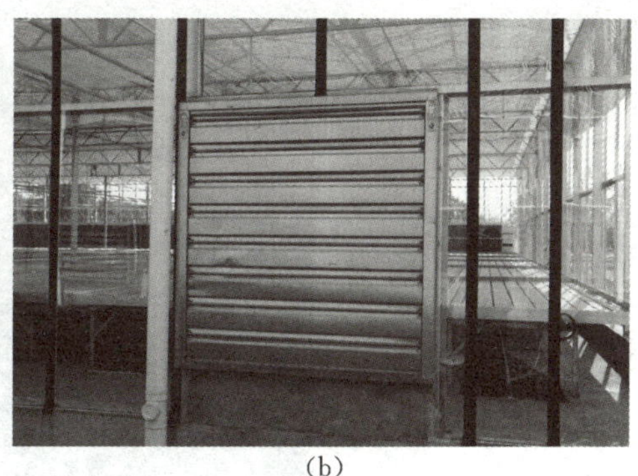

(b)

图5-17 湿帘（a）和风机（b）

五、二氧化碳施肥系统

现代化温室环境相对封闭，二氧化碳浓度白天低于外界，为增强温室作物的光合作用，需补充二氧化碳，进行气体施肥。二氧化碳施肥的方法很多，有化学反应法、燃烧法（燃油、燃气等)、二氧化碳钢瓶等。大型温室多采用二氧化碳发生器，将煤油或天然气等碳氢化合物通过充分燃烧产生二氧化碳。也可将二氧化碳的贮气罐或贮液罐安放在温室内，如图5－18所示，直接输送二氧化碳到温室中。二氧化碳一般通过电磁阀、鼓风机和管道输送到温室各个部位。为了控制二氧化碳浓度，需在室内安置二氧化碳气体分析仪等设备。

图5－19所示为江苏绿港二氧化碳施肥和温室加温系统，设备主要由锅炉、循环加热管道、二氧化碳发生器等组成，主要功能是将设施加热过程中产生的二氧化碳进行综合利用。

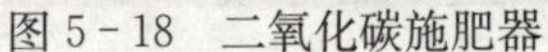
图5－18　二氧化碳施肥器

图5－19　二氧化碳发生器及加温系统（江苏绿港）

六、灌溉和施肥系统

灌溉和施肥系统包括水源、贮水及供给设施、水处理设施、灌溉和施肥设施、田间网络、灌水器如滴头等。其中，贮水及供给设施、水处理设施、灌溉和施肥设施构成了灌溉和施肥系统的首部，首部设施可按混合灌原理制作成一个系统。在土壤中栽培时，作物根区土层下需铺设暗管，以利于排水。在无土栽培时，可采用肥水回收装置，将多余的肥水收集起来，重复利用或排放到温室外面。图5－20所示为现代化温室中常用的行走式灌溉和施肥车，它具有洒水施肥均匀、高效的特点。

图5－20　现代化温室行走式灌溉和施肥车

在灌溉和施肥系统中，肥料均匀注入水中非常重要。目前采用的施肥器主要有文丘里注肥器、比例式施肥器等。

文丘里注肥器是根据流体力学的文丘里原理设计而成的文丘里注肥器进行施肥的一种方法。也就是利用输液管某一部分截面变化而引发的水的速度变化，使管道内形成一定负压，将液体肥料带入水中，随水进行施肥。比例式肥料器是通过水流流过柱塞或转子，将液体肥料带入水中，注肥比率可以进行准确控制。

灌溉和施肥系统设有电子调节器及电磁阀，通过时间继电器，调整成时间程序，可以定时、定量地进行自动灌水。如果是无土栽培，则可以定量灌液，并能自动调节营养液中各种元素的浓度。在寒冷季节，可以根据水温控制混合阀门调节器，把冷水与锅炉的热水混合在一起，以提高水的温度。图 5－21 所示为施肥机及肥料母罐。

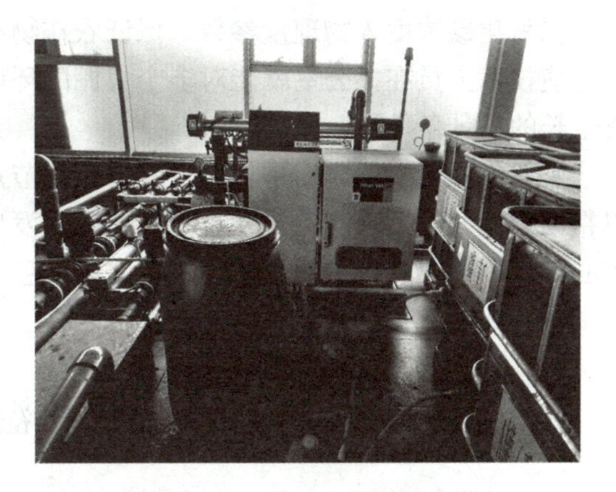

图 5－21　施肥机及肥料母罐

七、补光系统

温室补光可以起调节作物生长周期和促进光合作用的目的。对于调节作物生长周期的补光，其光照度要求相对较弱，一般来说达到50～100 lx 就可以了；在阴雨天用于促进光合作用时，光照度要求相对较高，应达到该作物的光补偿点以上，因此在设计时，一般要求设施内人工光照的光照度在 10 000 lx 以上，并可实现分区控制，调节光强。

目前用于补光的光源主要有钠灯、金卤灯、荧光灯、LED 灯等，可根据投资能力进行选择。此外，在安装设计时，钠灯、金卤灯等放热量和功率较大的灯，应与作物间保持一定的距离，在防止灼伤作物的同时，扩大受光面积。对于荧光灯、LED 等功率较小、放热少的灯源，安装时可离作物近一些，以提高光能利用率。

此外，由于各种不同的光源其产生光波不一样，为了达到模拟太阳光波的效果，生产上也常将多种光源组合使用，图 5－22 所示为高压钠灯和荧光灯组合光源。

图 5－22　高压钠灯和荧光灯组合光源

八、计算机环境测量和控制系统

计算机环境控制系统，是创造符合作物生育要求的生态环境，从而获得高产、优质产品不可缺少的手段。调节和控制的气候目标参数包括温度、湿度、二氧化碳浓度和光照度等。针对不同的气候目标参数，通过各种仪器仪表实时显示或作为自动控制的参变量参与到自动控制中的物联网。可以为温室精准调控提供科学依据，达到增产、改善品质、调节生长周期、提高经济效益的目的。

现代化温室控制系统，运用物联网系统的温度传感器、湿度传感器、pH 传感器、光照度传感器、二氧化碳传感器等设备，检测环境中的温度、相对湿度、pH、光照度、土壤养

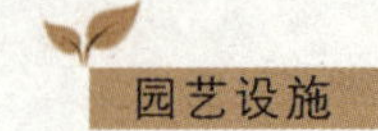

分、二氧化碳浓度等物理量参数，保证农作物有一个良好的、适宜的生长环境，远程控制的实现使技术人员在办公室就能对多个大棚的环境进行监测控制。采用无线网络来测量获得作物生长的最佳条件。

农业物联网一般应用是将大量的传感器节点构成监控网络，通过各种传感器采集信息，以帮助农民及时发现问题，并且准确地确定发生问题的位置，这样农业将逐渐地从以人力为中心、依赖于孤立机械的生产模式转向以信息和软件为中心的生产模式，从而大量使用各种自动化、智能化、远程控制的生产设备。

任务三　现代化温室的规划与建造

【教学要求】 本任务主要学习现代化温室的规划与建造，了解现代化温室规划所包含的具体内容和相关要求。

【教学目的】 让学生通过学习，掌握现代化温室规划的具体要求，并能编制规划。

【教学材料】 基地温室及相关资料。

【教学方法】 现场教学、多媒体教学。

现代化温室的规划涉及当地气候条件、框架结构要求、相关辅助设备等。下面以GWS-9.6-5.0拱形连栋薄膜温室设计方案，说明现代化温室的具体规划。

一、现代化温室的规划

1. 温室项目方案设计综合说明

（1）工程实施地点。温室建在什么地方，即具体的地点名称。

（2）当地气候特征。主要包括温室建造地的纬度、年降水量、光照条件、年温度情况等。

（3）总体设计方案说明。GWS-9.6-5.0双拱形连栋薄膜智能温室项目所要求规划建设的单位，以及建设地点、温室长度、跨度和总面积，相关建设用途。

温室配置的相关设备包括顶部电动卷膜顶通风系统、外遮阳系统、内遮阳系统、内保温幕帘系统、湿帘风机强制降温系统、热风机加温系统、微循环风机系统、灌溉系统、降水回收系统、电气控制系统，在通风、温度、光照等方面均能进行控制和调节。

- 温室类型：双拱形连栋薄膜温室。
- 温室具备良好的自然通风性能。
- 温室能全方位提供栽培作物生长所需的光照和适宜的温度。
- 具有优良的建造性能价格比和经济的运行费用。

2. 温室立面及结构尺寸（以下数据为举例说明）

- 跨度：9.6 m。
- 跨数：3跨。
- 间距：4.0 m。
- 间数：9间。
- 肩高：5.0 m。

- 顶高：6.25 m。
- 外遮阳高：6.70 m。
- 单座温室面积：9.6 m×3 跨×4.0 m×9 间=1 036.80 m^2。
- 合计温室总面积：1 036.80 m^2×2 座=2 073.60 m^2。

3. 温室设计达到的力学指标（以下数据为举例说明）

- 风载：≥0.55 kN/m^2。
- 雪载：≥0.25 kN/m^2。
- 最大排水量：140 mm/h。
- 作物载荷：0.15 kN/m^2。
- 加温温差 ΔT：20 ℃。

二、现代化温室的建造

（一）温室基础部分

1. 场地准备 温室建设场地在地下 1 m 深范围内应无较大石块；地下管线、地下设施等障碍物，并按温室建设的要求做到四通一平，即通水、通电、通路、通排水，土地平整；如有特殊地形应提供详细地质资料及准确地形图，以便在基础设计和计算时给予全面考虑并制订出安全可靠的基础处理方案。

2. 温室基础 对项目场地进行地质勘探，确定地基层容许承载力、地下水位、基础埋置深度等。

基础包括（以 GWS-9.6-5.0 拱形连栋膜温室为例介绍）：

（1）温室内部立柱独立基础。采用 C20 钢筋混凝土预制基础，基础尺寸为 180 mm（长）×180 mm（宽），800 mm（高），埋入尺寸为 400 mm（长）×400 mm（宽）×700 mm（深）的基坑内；底部垫厚为 100 mm 素混凝土；独立基础高出水平±0.00 向200～270 mm。

（2）温室四周圈梁基础。采用 C25 混凝土圈梁基础，规格为 250 mm（高）×180 mm（宽）；四周基础高出水平±0.00 向 200～270 mm。

（3）温室外散水坡。在温室外设计有宽 500 mm、厚 50 mm 的 C15 混凝土散水坡。

（4）温室内道路。为便于操作，在温室内南面设计有宽 2.0 m、厚 80 mm 的主干道，温室北边设计有宽 1.0 m、厚 60 mm 的通道。

（二）温室主体钢架部分

温室结构采用 PKPM 系统软件中的 STS 钢结构设计软件设计，并通过三维计算分析验证。

1. 温室钢结构材料选用标准及要求 温室所有钢结构材料选用符合国际标准的 Q235 优质碳素钢；钢结构部件防腐处理均按《金属覆盖层 钢铁制品热镀锌层 技术要求及试验方法》（GB/T 13912—2012）经热镀锌处理；工厂化生产，现场组装；连接固定件主要使用符合《六角头螺栓》（GB 5782—2016）（采用 8.8 级）的 M8、M10、M12 六角螺栓和符合《Ⅰ型六角螺栓》（GB 6170—2015）标准的相应螺母，均经热浸镀锌防腐处理。

2. 温室钢结构主要材料 钢结构主要包括边立柱、中立柱、拱杆、水平桁架、纵梁、天沟，均为热浸镀锌。

材料技术说明如下（以下数据为举例说明）：

立柱：采用□100 mm×50 mm×2.50 mm矩形管材。

拱杆：采用□50 mm×30 mm×1.80 mm矩形管材。

纵梁：采用 ϕ40 mm×1.50 mm圆管。

水平桁架：采用□50 mm×30 mm×2.00 mm矩形管材。

斜拉筋：采用 ϕ12 mm钢筋。

天沟：冷弯热镀锌钢板制作，厚2.5 mm；温室天沟设计按照双向坡度建造，坡度为0.25%，天沟与天沟连接使用专用天沟粘贴剂。天沟的设计既满足了大降水量的排水要求又考虑到了操作工人安装和维修工作的方便。

卡槽：采用铝合金卡槽。

冷凝水回收槽：为了有利于植物生长，防止病虫害，在所有天沟下都安装有铝合金U形冷凝水回收槽，并配有托架和带PE软管的末端出水口，以更好地降低湿度，冷凝水通过水管排到温室外。

3. 温室钢结构主要安装尺寸（以下数据为举例说明）

立柱间距：纵向（南北）为4.00 m，横向（东西）为9.60 m。

拱杆间距：1.33 m。

天沟间距：4.80 m。

（三）温室覆盖材料部分

温室的覆盖材料全部采用PEP长寿无滴薄膜，薄膜厚度为0.15 mm，初始透光率不低于85%；厂家提供3年以上的使用寿命。

（四）设施的配套装置

1. 温室顶部通用系统 为了尽可能利用自然通风资源，选择合理的结构；温室的顶部双侧沿长度方向，采用电动卷膜通风设施，顶部卷膜通风口的宽度为1 000 mm，选用国产优质卷膜电机；传动部件中的金属部件，均为热镀锌防腐件。卷管直径为 ϕ25 mm、管壁厚1.5 mm的热镀锌管；采用手控电动控制。

2. 温室平移门 两座温室共设计四道门，门的位置设计在温室的侧墙主干道位置；上部覆盖材料采用厚6.00 mm的园艺用阳光板，下部覆盖材料采用铝合金隔热板，门框采用铝合金型材制作，上滑轮式安装，门洞宽2.0 m、高2.0 m。

3. 外遮阳系统 在夏季，由于进入温室的太阳辐射热负荷太高，温室虽然经过通风，但温室内的高温、低湿环境对植物的生长还是不利的。当使用外遮阳系统时，由于阻隔了大部分太阳辐射进入温室，在具有良好通风的温室中可将室内温度控制到只比室外气温低2～4 ℃。

外遮阳移动方向沿屋脊方向，3.8 m行程；遮阳网采用斯文森OLS60型黑白双色遮阳网，遮阳率为70%，质保期3年，寿命5年；采用PET外用托压膜线，间距50 cm。

采用国产优质TU-25齿条与A型齿轮传动，配国产DWFH80减速机组及传动装置。

传动装置中的传动轴、支架、推拉杆、牵引杆等均为热镀锌件。外遮阳网式安装架固定于温室屋面上的金属结构网架上，金属网架固定于天沟上，其中，网架立柱采用50 mm×40 mm×2.00 mm镀锌钢管，横向连接杆采用50 mm×40 mm×2.00 mm镀锌钢管，纵向连接杆采用50 mm×40 mm×2.00 mm镀锌钢管，拉膜梁采用70 mm×50 mm×2.00 mm镀锌钢管；为保证天沟的排水，主立柱与天沟采用架空铰接技术；外遮阳安装高度为6.75 m，每座温室采用一套系统运行，采用手动电动控制；外遮阳固定边安装在横挡南端，遮阳网向南展开。

4. 内遮阳系统 温室作为教学用温室，为了便于更好地控制温室的光照度，温室内设计内遮阳系统。

温室内遮阳安装在桁架的上弦。这一系统既可在白天起到遮阳作用，寒冷的夜晚起到减少热量损失的作用，还可起到控制湿度的作用。

内遮阳网沿屋脊方向移动，行程约为 3.80 m；采用斯文森 XLS15 铝箔保温幕，节能率为 45%，遮阳率为 55%；采用国产 PET 托压膜线，铝合金型材牵引杆；采用国产优质齿轮、齿条及减速机组及传动装置传动。

每座温室内遮阳选用一套传动装置，内遮阳的启闭，采用手动电动控制；内遮阳固定边安装在横挡北端，遮阳网向北展开。

5. 内保温帘幕系统 为了作物冬天保温的需要，温室内设计内保温帘幕系统。温室内保温帘幕安装在桁架的下弦，在寒冷的夜晚既可起到减少热量损失还可起到控制湿度的作用。

内保温帘幕沿屋脊方向移动，行程约为 3.80 m；采用上海农园生产的保温幕；采用国产 PET 托压膜线，热镀锌型材牵引杆；采用国产优质齿轮、齿条及减速机组及传动装置传动。

每座温室保温帘幕选用一套传动装置，保温帘幕的启闭采用手动电动控制；内保温帘幕固定边安装在横挡南端，保温帘幕向南展开，为了保温幕活动边的密封，内保温帘幕固定边向北伸出 50 mm。

6. 湿帘-风机降温系统 湿帘选用瑞典蒙特（Nunters）空气处理设备（北京）有限公司生产的“赛代克”（CELdek）湿帘，安装在密闭温室南面山墙上，高度为 1.80 m，厚度 100 mm，长度为 26.8 m；风机采用国产山东杰诺生产的，单台风机流量不小于 40 000 m^3/h，抗外风；风机装在温室北面山墙上，每座温室共安装 6 台；风机抽风时，室内产生负压，迫使室外未饱和的空气流经湿帘多孔湿润表面时，空气中大量显热转化为潜热，从而迫使进入室内空气的干球温度降低 4～7 ℃，并源源不断地引入室内，从而降低温室内环境的温度。

湿帘安装框架采用专用铝合金型材，安装高度为 500 mm，所有进、出水管件均采用 PVC 水管；每座温室湿帘控制采用两套水泵和供水系统，分别独立控制；在有外遮阳情况下，该系统具有良好的降温效果。

温室山墙立面水帘外部，装有侧面电动卷膜窗，侧卷膜窗高度为 1.80 m，湿帘外卷膜窗的启闭采用手动电动控制。

7. 微风循环系统 为使温室温度、湿度分布均匀，在温室内每跨 9.60 m 内布置 2 排低噪声轴流风机，每排 2 台，每台风量为 3 000 m^3/h 左右；采用隔行反向串联布置与对吹方式，每座温室共配置环流风机 12 台。

8. 热风机加温系统 本温室采用热风机加热方式，以电能为热源，其中一栋温室设置两台 10 kW 的电热风机，同时配备相应的塑料管道。

9. 雨水回收系统 为了更好地利用自然水源，项目场地内设计了降水回收系统，将温室屋面的降水经过管道回收到园区原有蓄水池。为了便于检修，在温室接至地面 ϕ110 mm 支管离水平向上 300 mm 处设计有排水检察口。

10. 电器控制系统 本温室供电系统采用 TN－C－S 系统，温室内部 N 线与 PE 线分开敷设，温室内所有电线均按套管布置。移动设备用电系统具有漏电保护；为了便于操作，每

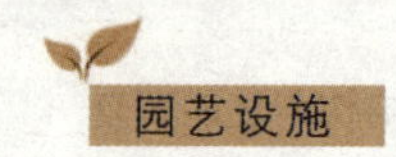

座温室南北走道各配备3套防潮型插座。

(1) 控制要求。本电器控制系统主要对温室的所有电路系统进行控制，它具有热过载断路双重保护，接地电阻不大于4 Ω。

(2) 基本材料。电气控制系统主要由控制柜以及100 A三相电流表、电线、电缆等组成，其中电线、电缆均采用上海电缆厂和上海塑胶线厂产品。每座温室各布置一台控制柜，实现对本温室范围的所有电动系统控制；温室控制箱安置在温室内；温室控制箱按照控制对象分别设为手动、自动或停止。

11. 微喷和滴灌系统 微喷和滴灌系统共用一套主管和支管。主管用 ϕ75 mm的PPR管，主管长约150 m。进入温室的支管用 ϕ50 mm的PPR管，长约120 m，ϕ50 mm转 ϕ25 mm三通100只，ϕ25 mm水阀100只，并预留好出水口。配备7.5 kW的卧式水泵、4 kg的自动压力罐以及水阀。

任务四　现代化温室的性能及应用

【教学要求】 本任务主要了解现代化温室的性能及应用，便于生产中合理的推广应用。

【教学目的】 掌握目前现代化温室的性能及应用。

【教学材料】 基地的现代化温室。

【教学方法】 多媒体教学、现场教学。

一、现代化温室的性能

现代化温室的环境不受自然条件的限制，可自动化调控，实现园艺作物的周年生产。其性能与普通温室比较，透光率高，光照时间也比较长，且光照分布比普通温室要均匀得多。现代化温室由于采用先进的加温手段，改善了温室覆盖材料，改进了抗风结构，因此其温度比普通温室要容易调控得多，不论什么样的天气、什么季节、什么时间，都可随时满足植物正常生长发育所需的温度。同时，现代化温室的高度也有所增高，高度的增加是为了增加空间，以容纳更多的悬挂机具；另一个原因在于现代化温室增高后，增加更多的缓冲空间，因此温室内部温湿度的变化更加缓和，气候更加稳定。

现代化温室在最寒冷的冬季，夜间最低温度也不会低于15 ℃。由于气密性好，尤其采用双层充气膜和使用湿帘降温系统的现代化温室，温室内的空气湿度都比较大，在密闭条件下可达饱和。同时，由于现代化温室多采用无土栽培，这样就避免了重茬和土壤内存留病害等问题。

现代化温室有非常大的跨度。大跨度温室是相对于小跨度温室而言的，早期的温室由于受到材料、工艺、施工技术的限制，通常跨度为6～10 m；由于新材料、新工艺的引进与转化，现代化生产温室的跨度通常增至8～12 m，一些大的花卉销售展厅和生态餐厅均采用15 m以上的网架结构。如此大的跨度有利于提高机具作业的便利性和温室面积的利用率；对于生态或景观温室，大的跨度有利于园林环境的布置和自然环境的创造。

1. 温度环境 现代化温室可根据作物的生长需要，创造适宜的温度条件，在最寒冷的冬、春季节通过加温系统，不论晴朗天气还是阴雨雪天气，都能保证园艺作物正常生长发育所需的温度，12月至翌年1月，夜间最低温不低于15℃。地温也能达到作物要求的适温范围和持续时间。炎热夏季，采用外遮阳系统和湿帘风机降温系统，保证温室内达到作物对温度的要求，现代化温室在夏季室外温度达38℃时，室内温度不高于28℃。

采用热水管道加温或热风加温，加热管道可按作物生长区域合理布局，除固定的管道外，还有可移动升降的加温管道，因此温度分布均匀，作物生长整齐一致。此种加温方式清洁、安全，没有烟尘或有害气体，不仅对作物生长有利，也保证了生产管理人员的身体健康。因此，现代化温室可以完全摆脱自然气候的影响，一年四季全天候进行园艺作物生产；反季节栽培，高产、优质、高效。但温室加温能耗很大，燃料费用高，大大增加了成本。双层充气薄膜温室夜间保温能力优于玻璃温室，采用中空玻璃或阳光板，导热率最小，故保温能力最优，但建造成本也最高。

2. 光照环境 现代化温室全部由塑料薄膜、玻璃或PC板透明覆盖物构成，全面进光，采光好，透光率高，光照时间长，而且光照分布比较均匀。所以这种全光型的大型温室，即便在最冷、日照时间最短的冬季，仍然能正常生产喜温瓜果、蔬菜和鲜花，且能获得很高的产量。

双层充气薄膜温室由于采用双层充气膜，因此透光率较低，北方地区冬季室内光照较弱，对喜光的作物生长不利。温室内配备人工补光设备，可在光照不足时进行人工补光，使作物优质高产。

3. 湿度环境 连栋温室空间高大，作物长势强，代谢旺盛，作物叶面积指数高，通过蒸腾作用释放出的大量水汽进入温室空间。在密闭情况下，水蒸气经常达到饱和。但现代化温室有完善的加温系统，加温可有效降低空气湿度，比日光温室因高湿环境给作物生育带来的负面影响小。夏季炎热高温时，现代化温室内有湿帘风机降温系统，使温室内温度降低，而且还能保持适宜的空气湿度，为园艺作物尤其是一些高档蔬菜、花卉创造了良好的生态环境。

4. 气体环境 现代化温室的二氧化碳浓度明显低于露地，不能满足作物的生长需要，白天光合作用强时常发生二氧化碳亏缺。据上海测定，引进的荷兰温室中，白天10:00—16:00时二氧化碳浓度仅有0.024%，不同种植区有所差别，但总的趋势一致，所以需补充二氧化碳进行气体施肥，可显著提高作物产量。

5. 土壤环境 国内外现代化温室为解决温室土壤的连作障碍、土壤酸化、土传病害等一系列问题，越来越普遍地采用无土栽培技术，尤其是花卉生产，已少有土壤栽培。果菜类蔬菜和鲜切花生产多用基质栽培。水培主要生产叶菜，以生菜面积最大。无土栽培克服了土壤栽培的许多弊端，同时通过计算机自动控制，可以为不同作物、不同生育阶段，以及不同天气状况下，准确地提供作物所需的大量营养元素及微量元素，为作物根系创造了良好的土壤营养及水分环境。国内外现代化温室的蔬菜或花卉高产样板，几乎均出自无土栽培技术。现代化温室是非常先进、非常完善、非常高级的栽培设施，机械化、自动化程度很高，劳动生产率很高。

二、现代化温室的应用

（一）在园艺作物生产中的应用

目前，我国现代化温室主要应用于工厂化育苗和高附加值的蔬菜、花卉作物生产上。如喜温果菜类蔬菜、高档鲜切花、盆栽观赏植物、苗木生产及育苗等。我国引进和自行建造的现代化温室除少数用于培育林业上的苗木以外，绝大部分用于园艺作物育苗和栽培，而且以种植花卉、瓜果和蔬菜为主。一些温室运用生物技术、工程技术和信息管理技术，以程序化、机械化、标准化、集约化的生产方式，采用流水线生产工艺，充分利用温室的空间，加快作物的生长，使产量比一般温室提高10～20倍，充分显示了现代化设施栽培的先进性和优越性。

近年来，现代化温室在我国出现了迅猛发展的势头，主要用于高档花卉（图5-23）、蔬菜（图5-24）等园艺作物的育苗和栽培，如苏州维生种苗、上海源怡、浙江虹越、森禾等育苗企业，上海孙桥引进荷兰温室生产高档蔬菜，深圳青长蔬菜有限公司和北京顺鑫长青蔬菜有限公司引进加拿大HYDRONOV公司的深池浮板种植技术，进行水培莴苣生产，已经实现了温室蔬菜生产的工业化。但与发达国家相比，我国在科研力度上还有一定的差距，在利用方面还存在普及率低、运行成本高、利用效果不佳等问题。因此，结合我国各地的实际情况，借鉴国外先进经验，通过温室结构、环境控制等研发出具有中国特色的现代化温室，必将成为我国设施生产的发展目标。

图5-23　现代化温室种植花卉

图5-24　现代化温室种植蔬菜

（二）在休闲农业中的应用

随着我国现代农业科技的进步，温室设施在我国的农业生产中已经得到广泛应用，随着温室种类的不断发展与功能的不断延伸，各类以温室设施为载体、以恒温环境为卖点、以全时休闲度假为理念的温室产品正在成为乡村旅游发展的一个新的增长点。现代化温室为乡村旅游与农业休闲化的发展提供了新的发展方向，注入了新的活力。农业观光项目的建设，对于发展农业高科技，推广作物新品种具有重要意义，而建设观光休闲型温室，更兼有科普教育、休闲体验的功能。图5-25所示为利用温室建设的生态餐厅。

图5-25　现代化温室内的生态餐厅

综合型现代化温室通常以乡村环境、田园风光为大背景，内部空间的功能设置可以由农业向复合型休闲、会议度假、康疗体检等延伸，形成一站式温室休闲综合体的概念。综合型温室是在温室中人为制造大自然环境，山水、瀑布、花草、果木等映入眼帘，由于温室内环境的可控制性，可种植不同气候地区的以及反季节植物，提供田园农业游、园林观光游、水果蔬菜采摘等务农体验游活动，以及以现代高科技农业展示、科普教育等为主题的农业科技游。

相关知识

物联网技术在智能温室中的应用

物联网技术是各种感知技术、现代网络技术和人工智能与自动化技术的聚合与集成应用。

在温室环境里，单栋温室可利用物联网技术，成为无线传感器网络一个测量控制区，采用不同的传感器节点和具有简单执行机构的节点，如风机、低压电机、阀门等工作电流偏低的执行机构，构成无线网络，来测量基质湿度、成分、pH、温度以及空气湿度、气压、光照度、二氧化碳浓度等，再通过模型分析，自动调控温室环境、控制灌溉和施肥作业，从而获得植物生长的最佳条件。

对于温室成片的农业园区，物联网也可实现自动信息检测与控制。通过配备无线传感节点，每个无线传感节点可监测各类环境参数。通过接收无线传感汇聚节点发来的数据，进行存储、显示和数据管理，可实现所有基地测试点信息的获取、管理和分析处理，并以直观的图表和曲线方式显示给各个温室的用户，同时根据种植植物的需求提供各种声光报警信息和短信报警信息，实现温室集约化、网络化远程管理。

此外，物联网技术可应用到温室生产的不同阶段。在温室准备投入生产阶段，通过在温室里布置各类传感器，可以实时分析温室内部环境信息，从而更好地选择适宜种植的品种；在生产阶段，从业人员可以用物联网技术采集温室内温度、湿度等多类信息，来实现精细管理，例如遮阳网开闭的时间可以根据温室内温度、光照度等信息来传感控制，加温系统启动时间可根据采集的温度信息来调控等；在产品收获后，还可以利用物联网采集的信息，把不同阶段植物的表现和环境因子进行分析，反馈到下一轮的生产中，从而实现更精准的管理，获得更优质的产品。

（摘自 360 百科）

项目小结

本项目介绍了现代化温室的类型、结构、性能和现代化温室内环境的主要特点。同时还介绍了现代化温室的主要配套设备以及现代温室在园艺植物生产和发展农业休闲观光中的应用。希望通过本项目的学习，掌握现代化温室在规划和建设中的要点，根据气候条件等选配相应的配套设备。

技能训练

技能训练　现代化温室结构、性能观察

一、实训目的

通过实训，了解当地现代化温室的主要结构、类型，掌握其性能特点，完成对现代化温

室主要结构参数的测量。

二、材料与用具

各种类型的现代化温室、皮尺、钢卷尺、温度计、湿度计、照度计、记录本等。

三、实训内容与方法

现代化温室的类型很多，按覆盖材料分为塑料薄膜、硬质塑料板材或玻璃；按照屋顶形状分为屋脊形连栋温室和拱圆形连栋温室。屋脊形连栋温室主要以玻璃作为透明覆盖材料，这种温室大多数分布在欧洲，以荷兰面积最大，居世界之首；拱圆形屋面连栋温室主要以塑料薄膜、硬质塑料板为透明覆盖材料，这种温室主要在法国、以色列、美国、西班牙、韩国等国家广泛应用。

1. 现代化温室类型结构的观察 通过参观、咨询等方式，观察了解当地各种类型现代化温室的类型、结构；重点调查现代化温室建造所用覆盖材料、屋顶结构、内部配套设施等。

2. 现代化温室性能的观察 通过访问、实地测量等方式，了解当地现代化温室的性能及在当地生产中的应用情况。

3. 现代化温室的测量 对当地主要现代化温室进行结构参数的实地测量并记录。

四、课后作业

1. 绘制当地现代化温室结构示意图。

2. 调查当地现代化温室的技术参数、性能及应用，同时对当地的现代化温室做出综合评价。

复习思考

1. 现代化温室主要类型有哪些？
2. 现代化温室有哪些主要的配套设备？各配套设备的主要功能是什么？
3. 现代化温室在园艺植物生产与休闲观光农业中有哪些应用？
4. 如何根据本地的气候条件选择现代化温室类型？
5. 在现代化温室规划中应注意哪些问题？

项目六　园艺设施的覆盖材料

【项目导读】 园艺设施的覆盖材料种类多，包括地膜、大棚膜、玻璃、遮阳网、保温被等。它们都有各自的特点和作用，在园艺生产上得到普遍的应用。

【项目目标】 了解设施覆盖材料的特性，在生产中能正确地选择和应用覆盖材料，实现优质高效的栽培目标。

【项目考核】 本项目主要考核学生认识覆盖材料的水平以及在生产中能正确地选择应用。

任务一　透明覆盖材料的特性与应用

【教学要求】 本任务主要学习透明覆盖材料的种类、性能及在生产中的应用。

【教学目的】 通过学习，掌握透明覆盖材料的主要特性，在生产中能正确地选择应用。

【教学材料】 薄膜、PC板、玻璃等。

【教学方法】 多媒体教学、现场教学。

一、地　膜

地膜覆盖是当代农业生产中比较简单有效的增产措施，已被很多国家广泛应用。我国于20世纪70年代末开始应用，覆盖的作物除蔬菜外，还有农作物、经济作物及果林苗木等。目前生产上应用的地膜大多为聚乙烯膜，要求薄膜有一定的强度，以适应覆盖时的拉力并耐风吹日晒，不易破损。地膜的种类很多，根据其性质和功能，可大致分为普通地膜、有色地膜和特殊功能性地膜等。

（一）普通地膜

普通地膜是指无色透明的聚乙烯薄膜，透明膜的透光率高，土壤增温效果好，早春可使耕层土温提高2～4℃，高温时期膜下地表温度高达50℃以上，春、秋均可用于覆盖。主要有以下几种。

1. 高压低密度聚乙烯（LDPE）地膜（简称高压膜）　该种地膜用LDPE树脂经挤出吹塑成型制得（图6－1），为蔬菜生产上最常用的地膜，厚0.014 mm±0.003 mm，幅宽有40～200 cm多种规格，每公顷用量120～150 kg（按70%的覆盖面积计算），主要用于蔬菜、瓜类、棉花及其他多种作物。该膜透光性好，地温高，容易与土壤黏着，适用于北方地区。

2. 低压高密度聚乙烯（HDPE）地膜（简称高密度膜）　该种地膜用HDPE树脂经挤出吹塑成型制得（图6－2），厚0.006～0.008 mm，用量为60～75 kg/hm^2，用于蔬菜、棉花、瓜类、甜菜，也适用于经济价值较低的作物，如玉米、小麦、甘薯等。该膜强度高、光滑，但柔软性差，不易黏着土壤，故不适于沙土地覆盖。其增温保水效果与LDPE基本相同，但透明性及耐候性稍差。

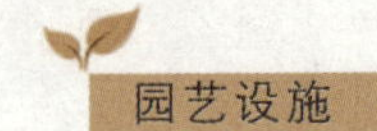

3. 线型低密度聚乙烯（LLDPE）地膜（简称线型膜） 该种地膜由 LLDPE 树脂经挤出吹塑成型制得（图 6-3），厚 0.005～0.009 mm，适用于蔬菜、棉花等作物。其除了具有 LDPE 的特性外，机械性能良好，拉伸强度比 LDPE 提高 50%～75%，伸长率提高 50%以上，耐冲击强度、穿刺强度、撕裂强度均较高。其耐候性、透明性均好，但易粘连。

图 6-1 高压低密度聚乙烯地膜

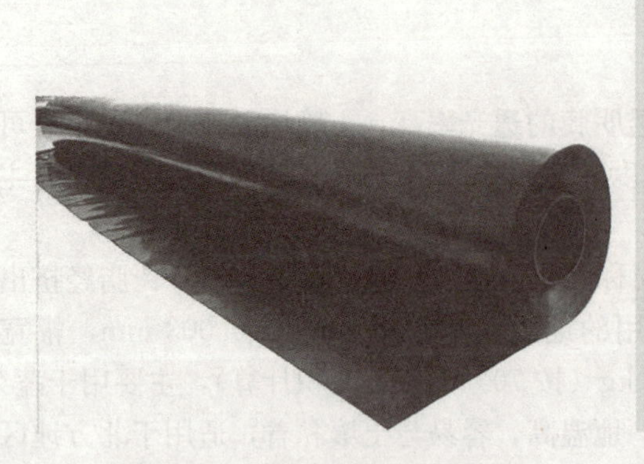

图 6-2 低压高密度聚乙烯地膜

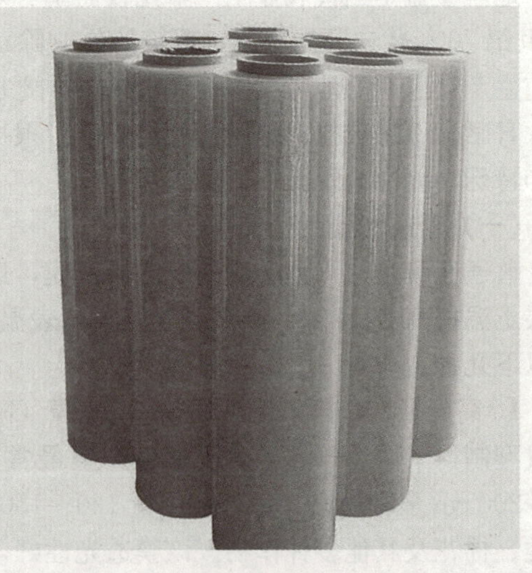

图 6-3 线型低密度聚乙烯地膜

（二）有色地膜

有色地膜是在聚乙烯树脂中加入有色物质，可以制成各种不同颜色的地膜，由于它们对太阳辐射光谱的透射、反射和吸收性能不同，因而对病虫草害、地温变化、近地面光照产生影响，进而对作物生长有不同的影响。有色地膜主要有以下几种。

1. 黑色膜 黑色膜是在聚乙烯树脂中加入2%～3%的炭黑，一般厚度为0.01～0.03 mm（图6-4），用量为105～180 kg/hm²，这种膜透光率仅为10%。目前国内已生产厚度为0.008～0.01 mm的黑色地膜。由于黑色地膜透光率更低，地膜覆盖下的杂草因光弱而黄化死亡。黑色地膜增温效果差，一般可使土壤增温1～3 ℃。由于黑色膜吸热，易老化，适宜夏天高温季节使用。

图6-4 黑色膜

2. 绿色膜 绿色膜不透紫外光，能减少红橙光区的透过率。绿色光谱不被植物所利用，因而能抑制杂草的生长，如图6-5所示。绿色地膜对土壤的增温作用不如透明地膜，但优于黑色地膜。一般1～10 cm土层可增温1～10 ℃，由于绿色颜料对聚乙烯有破坏作用，因而这种地膜使用时间短，并且在较强的光照下很快褪色。一般仅限于在蔬菜、草莓等经济价值较高的作物上应用。

图6-5 绿色膜

3. 银灰色地膜 在生产过程中，把银灰粉的薄层黏接在聚乙烯的两面，制成夹层膜，或在聚乙烯树脂中掺入2%～3%的铝粉制成含铝地膜（图6-6）。该种地膜具有隔热和反光作用，反光率不低于35%，对紫外线的反射率高达90%，能显著提高植株内的光照度。银灰色反光地膜的增温效果较差，覆盖后可比透明地膜土温低0.5～3 ℃；银灰色反光地膜具有驱避蚜虫的作用，因而能减轻蚜虫危害和控制病毒病的发生。这种地膜一般在夏季高温季节使用，在透明或黑色地膜栽培部位，纵向均匀地印刷6～8条宽2 cm的银灰色条带，同样具有避蚜、防病毒病的作用。

4. 双色条膜 为了弥补黑色膜的不足而制成双色膜。即采用一条宽10～15 cm透明膜，相接一条黑色膜或银灰色反光膜，如此两色相间成为双色条膜，它既能透光增温，又不影响根系生长，还有抑制杂草的作用，如图 6-7 所示。

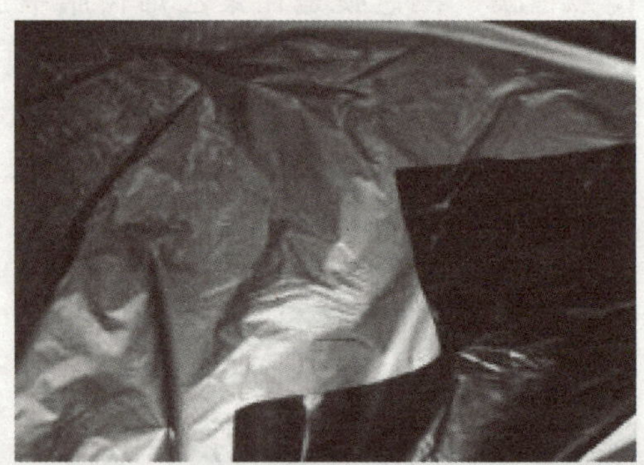

图 6-6　银灰色地膜

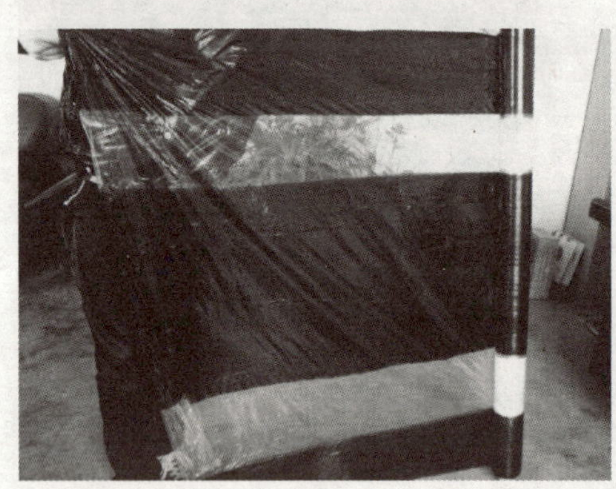

图 6-7　双色条膜

5. 双面膜　双面膜是一面为乳白色或银灰色，另一面为黑色的复合地膜，如图 6-8 所示。覆膜时乳白色或银灰色的一面向上，黑色的一面向下。它弥补了黑膜的缺点，一般可降低土温 0.5～5 ℃，多用于夏季覆盖。该种地膜有反光、降温、驱蚜、抑草的作用。

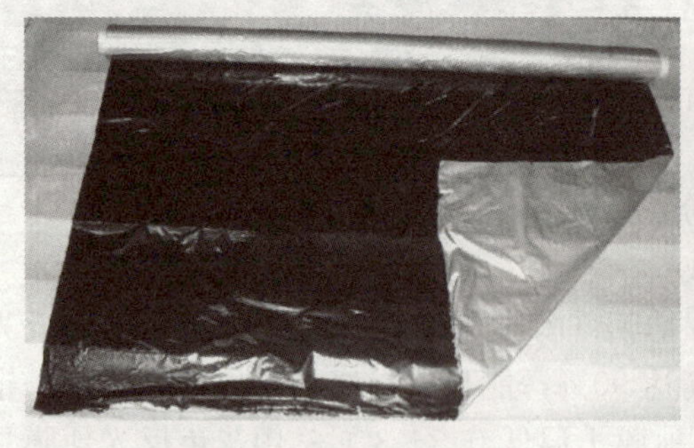

图 6-8　双面膜

（三）特殊功能性地膜

1. 除草膜　在聚乙烯树脂中加入适量的除草剂，经挤出吹塑制成。除草膜覆盖土壤后，其中的除草剂会迁移析出溶于地膜内表面的水珠之中，含药的水珠增大后会落入土壤中杀死杂草。除草地膜不仅降低了除草的投入，而且因地膜保护，杀草效果好，药效持续期长。因不同药剂适用不同的杂草，所以使用除草地膜时要注意各种除草地膜的适用范围，不要弄错，以免除草不成反而造成作物药害。图 6-9 为黑色和无色透明除草膜的应用。

图 6-9　除草膜的应用

2. 耐老化长寿地膜　在聚乙烯树脂中加入适量的耐老化助剂，经挤出吹塑制成（图 6-10），厚 0.015 mm，用量为 120～150 kg/hm^2。该膜强度高，使用寿命较普通地膜长 45 d 以上。适用于"一膜多用"的栽培方式，且便于旧地膜的回收加工利用，不致使残膜留在土壤中，但该膜价格较高。

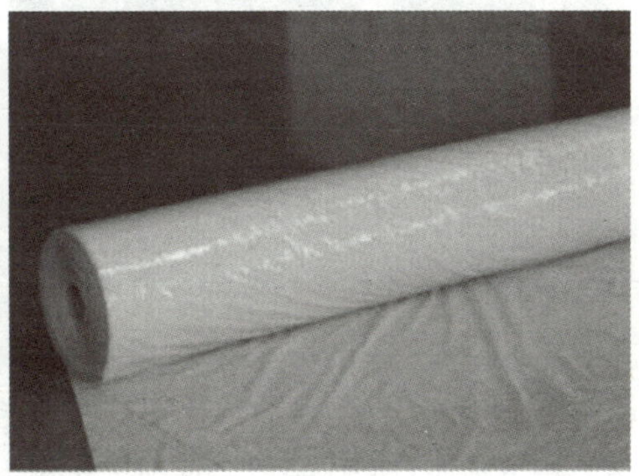

图 6-10　耐老化长寿地膜及其应用

3. 降解地膜　到目前为止，可控性降解地膜有 3 种类型。①光降解地膜。该种地膜是在聚乙烯树脂中添加光敏剂，在自然光的照射下，加速降解，老化崩裂。这种地膜的不足之处是只有在光照条件下才有降解作用，土壤之中的膜降解缓慢，甚至不降解，此外降解后的碎片也不易粉化。②生物降解地膜。该种地膜是在聚乙烯树脂中添加高分子有机物如淀粉、纤维素和甲壳素等或乳酸脂，借助于土壤中的微生物（细菌、真菌、放线菌）将塑料彻底分解重新进入生物圈。该种地膜的不足之处在于耐水性差，力学强度低，虽能成膜但不具备普通地膜的功能。有的甚至采用造纸工艺成膜，造成环境污染。③光生可控双降解地膜。该种地膜就是在聚乙烯树脂中既添加了光敏剂又添加了高分子有机物，从而具备光降解和生物降解的双重功能。地膜覆盖后，经一定时间（如 60 d、80 d 等），由于自然光的照射，薄膜自然崩裂成为小碎片，这些残膜可为微生物吸收利用，对土壤、作物均无不良影响。我国于 20 世纪 70 年代末引入降解地膜覆盖技术，20 世纪 80 年代中开始自行研制，已取得一定进展，生产出光解地膜、银灰色光解膜和光/生双解膜等多种降解地膜，用于棉花、烟草、玉米、花生和蔬菜等作物，并取得了一定的效果。图 6-11 所示为生产上应用的降解地膜。

图 6-11　降解地膜的应用

4. 有孔膜及切口膜　为了便于播种或定植，工厂在生产薄膜时，根据栽培的要求，在薄膜上打出 ϕ3.5～4.5 cm 的圆孔，用以播种。如果用于栽苗，则打出 ϕ10～15 cm 的定植孔，孔间距离可根据作物种类不同而有所差异。

5. 红外膜　在聚乙烯树脂中加入透红外线的助剂，使薄膜能透过更多的红外线，可使增温效果提高 20%（图 6-12）。

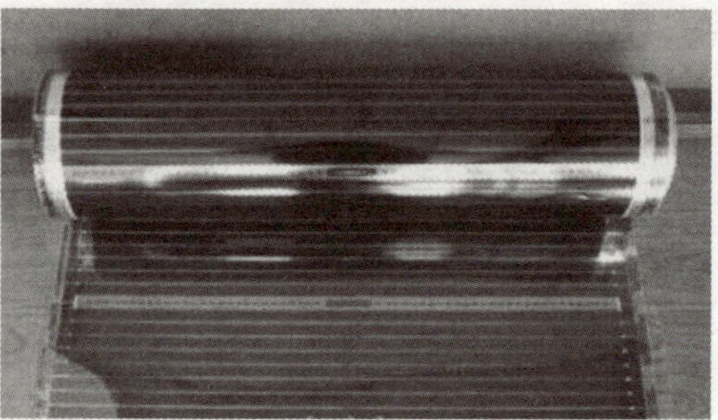

图 6-12　红外膜

6. 保温膜　以乙烯-醋酸乙烯共聚物树脂为载体，按下述原料配比制成：首先按比例为乙烯-醋酸乙烯共聚物树脂 40%～60%、无机保温剂 20%～30%、增溶剂 10%～15%、流滴剂 10%～15%，将 4 种物料进行充分混合后，使用双螺杆造粒机组制成乙烯-醋酸乙烯共聚物树脂专用保温母粒料；而后再按质量比例为乙烯-醋酸乙烯共聚物树脂 10%～25%、线型低密度聚乙烯 60%～80%、乙烯-醋酸乙烯共聚物树脂专用保温母粒料 10%～15%，将 3 种物料混匀后通过吹塑薄膜机组加工成型得到成品，如图 6-13 所示。此种地膜夜间保温性好，膜下地表昼夜温差较小，不结露，有利于农作物根系的正常生长，提高农作物的产量和品质。

图 6-13　保温膜

7. 浮膜　这是一种直接在蔬菜作物群体上用作天膜覆盖的专用地膜，如图 6-14 所示。膜上均匀分布着大量小孔，以利膜内外水、气、热交换，实现膜内温度、湿度和气体自然调节。这样既防御低温、霜冻，促进作物生长，又能防止高温烧苗，还能避免因湿度过大造成病害蔓延。

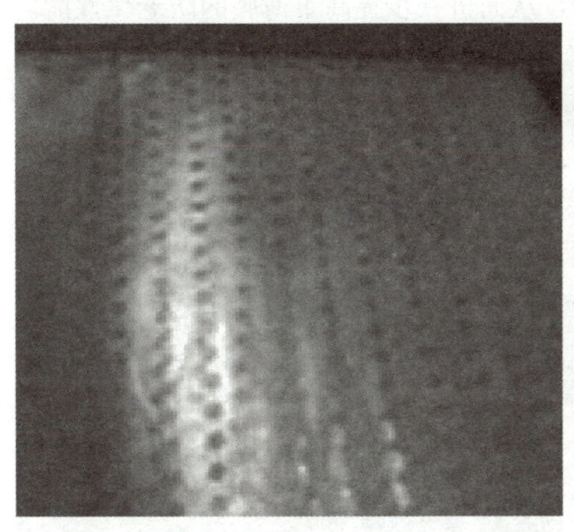

图 6-14 浮 膜

二、农用塑料薄膜

农用塑料薄膜是设施生产中最主要的透明覆盖材料，根据基础母料以及功能的不同，可分为聚氯乙烯（PVC）薄膜和聚乙烯（PE）薄膜，20 世纪 90 年代又研究开发出乙烯-醋酸乙烯（EVA）多功能复合膜。

（一）聚氯乙烯薄膜

聚氯乙烯薄膜是以聚氯乙烯（PVC）为母料压延而成的塑料薄膜，主要有以下几种。

1. 普通聚氯乙烯薄膜 是由聚氯乙烯树脂添加增塑剂经高温压延而成，如图 6-15 所示。它具有耐高温、日晒，夜间保温性比聚乙烯膜好，耐老化，雾滴较轻，薄膜撕裂和折断后，可用黏合剂黏合，修补方便。新膜具有较好的透光性，但随着使用时间的延长，增塑剂逐渐析出，膜表面有发黏感，因而吸尘性强，又很难清洗，降低透光率，且耐低温性较差，低温脆化度为−50 ℃，硬化度为−30 ℃。聚氯乙烯薄膜较适于风沙小、尘土少的地区，尤其适宜于要求夜间保温栽培的北方地区使用。普通聚氯乙烯薄膜曾广泛应用于覆盖塑料大棚，其厚度为 0.10～0.15 mm。目前仅用于中、小拱棚，厚度仅为 0.03～0.05 mm，密度为 1.25 g/cm^3，等量的覆盖面积比同厚的聚乙烯膜的用量多 24%。

2. 聚氯乙烯长寿无滴膜 在聚氯乙烯树脂中，添加一定比例的增塑剂、光稳定剂或紫外线吸收剂等防老化助剂和聚多元醇酯类或胺类等复合型防雾滴助剂压延而成。其有效使用期由普通聚氯乙烯的 6 个月提高到 8～10 个月。防雾滴剂能使薄膜表面发生水分凝结时不形成露珠附着在薄膜表面，而是形成一层均匀的水膜，水膜顺倾斜膜面流入土中。因此，可使透光率大幅度提高。而且由于没有水滴落到植株上，可减少病害发生。流滴持效期可达 4～6 个月。这种薄膜厚度在 0.12 mm 左右，在日光温室果菜类越冬生产上应用比较广泛，如图 6-16 和图 6-17 所示。

3. 聚氯乙烯长寿无滴防尘膜 在聚氯乙烯长寿膜的基础上，增加了一道表面涂敷防尘工艺，使薄膜外表面附着一层均匀的有机涂料，该层涂料的主要作用是阻止增塑剂和防雾滴剂向外表面析出。由于阻止了增塑剂向外表面析出，使薄膜表面的静电性减弱，从而起到防尘、提高透光率的作用。由于阻止了防雾滴剂向外表面迁移流失，从而延长了薄膜的无滴持效期。另外，在表面材料中还加入了抗氧化剂，从而进一步提高了薄膜的防老化性能。

图 6－15　普通聚氯乙烯薄膜的应用

图 6－16　聚氯乙烯长寿无滴膜

图 6－17　聚氯乙烯长寿无滴膜的应用

（二）聚乙烯塑料薄膜

聚乙烯塑料薄膜是以聚乙烯为母料吹塑而成的塑料薄膜，主要有以下几种。

1. 普通聚乙烯薄膜（PE）　该种薄膜是由低密度聚乙烯（LDPE）树脂或线型低密度聚乙烯（LLDPE）树脂吹塑而成，如图 6－18 所示。其透光性好（新膜透光率 80%左右），吸尘性弱，耐低温性能强，低温脆化度为－70 ℃，在－30 ℃时仍能保持柔软性。密度小，为 0.92 g/cm³。红外线透过率高达 70%以上。夜间保温性能差，不如 PVC 膜，雾滴性重，耐候性差，使用周期 4～5 个月，不耐晒，高温软化度为 50 ℃。因此不适用于高温季节的覆盖栽培，可用作早春提前和晚秋延后覆盖栽培。撕裂后不易黏合，目前尚无合适的修补黏合剂，并幅时只能热合，普遍应用于长江中下游地区，覆盖塑料大棚，厚度为 0.05～0.08 mm。而厚度为 0.03～0.05 mm 的普通聚乙烯薄膜，则广泛应用于覆盖中、小拱棚。

2. 聚乙烯长寿膜　该膜以聚乙烯为基础树脂，加入一定比例的紫外线吸收剂、防老化剂和抗氧化剂后吹塑而成，如图 6－19 所示。耐候性较好，使用寿命 12～18 个月。厚度为 0.08～0.12 mm，用膜量为 1 200～1 800 kg/hm²，幅宽有折径 1 m、1.5 m、2 m、3 m、

3.5 m不等。一次性投资虽然大一些，但使用寿命长，几乎可以用四茬作物，比普通 PE 膜较为经济，是目前设施栽培中重点推广的农膜品种，近几年应用面积迅速扩大。

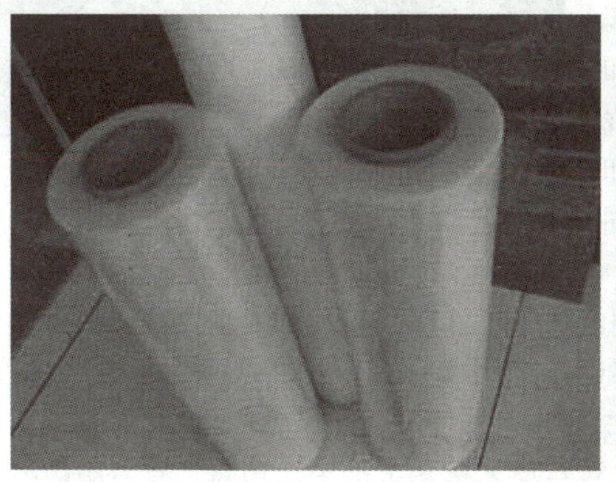

图 6-18 普通聚乙烯薄膜

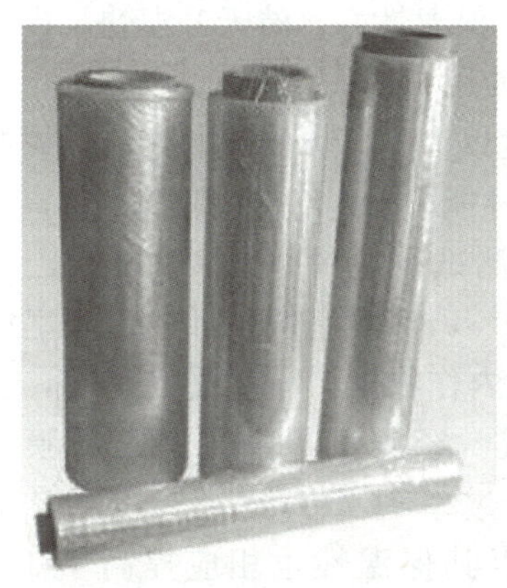

图 6-19 聚乙烯长寿膜

3. 聚乙烯无滴长寿膜 该种薄膜以聚乙烯为基础的树脂，加入防老化剂和防雾滴助剂后吹塑而成，如图 6-20 所示。它不仅延长了使用寿命，而且因薄膜具有流滴性提高了透光率。耐候性良好，使用期能达 1.5～2 年以上。无结露现象，无滴持效期可达到 150 d 以上，透光率较普通聚乙烯膜提高 10%～20%。厚度为 0.07～0.12 mm，用量为 1 000～1 950 kg/hm²，幅宽有折径 1 m、1.5 m、2 m、3 m、3.5 m 不等，即打开后单幅宽 2 m、3 m、4 m、6 m、7 m 均有。能适应各种棚型选用，还可以在温室内和大棚内当二道幕覆盖用。

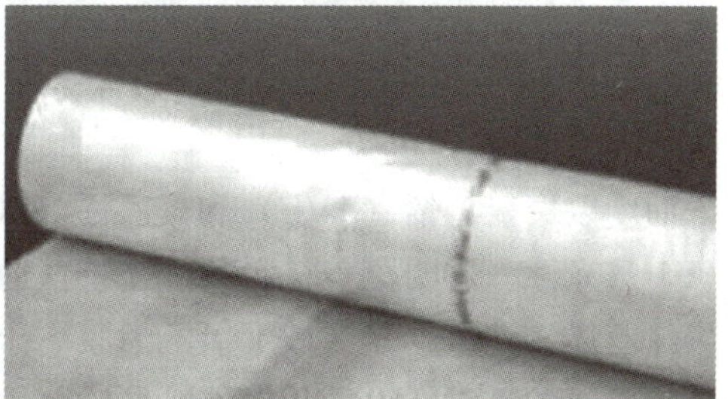

图 6-20 聚乙烯无滴长寿膜

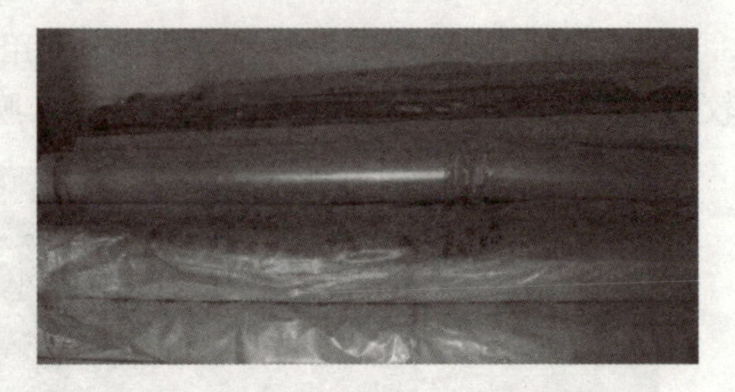

图 6-21　聚乙烯多功能复合膜

4. 聚乙烯多功能复合膜　该复合膜以聚乙烯为基础树脂，加入多种添加剂，如无滴剂、保温剂、耐老化剂等，使一种膜具有长寿、无滴、保温等多种功能，如图 6-21 所示。在加工工艺上，一种是将基础树脂与各种添加剂混合均匀后吹塑成薄膜。另一种是复合膜，例如三功能复合膜，采用三层共挤设备将具有不同功能的助剂（防老化剂、防雾滴剂、保温剂）分层加入制备而成。一般来说，将防老化剂相对集中于外层（指与外界空气接触的一层）使其具有防老化性能，延长薄膜寿命；防雾滴剂相对集中于内层（指与棚室内空气接触的一层），使其具有流滴性，提高薄膜的透光率；保温剂相对集中于中层，抑制棚室内热辐射流失，使其具有保温性。添加的保温剂是折光系数与聚乙烯相近的无机填料，具有阻隔红外线的能力。这种薄膜厚度为 0.08～0.12 mm，使用年限在 1 年以上，夜间保温性能优于聚乙烯膜，接近于聚氯乙烯膜，流滴持效期 3～4 个月。透光性、保温性好，晴天升温快，夜间有保温作用，适合大、中、小塑料棚、温室，也可作二道幕使用。

5. 薄型多功能聚乙烯膜　薄型多功能聚乙烯膜的厚度仅为 0.05 mm。以聚乙烯树脂为基础母料，加入光氧化和热氧化稳定剂提高薄膜的耐老化性能，加入红外线阻隔剂提高薄膜的保温性，加入紫外线阻隔剂以抑制病害发生和蔓延。经测试，这种薄型多功能聚乙烯膜透光率为 82%～85%，比普通的聚乙烯薄膜透光率（91%，实验室值）低，但棚室内散射光比例高达 54%，比普通聚乙烯膜高出 10%，使棚室内作物上、下层受光均匀，有利于提高整株作物的光合效率，促进生长和产量的形成。经测试，普通聚乙烯膜（厚 0.10 mm）在远红外线区域（7 000～11 000 nm）的透过率为 71%～78%，而厚度仅 0.05 mm的薄型多功能聚乙烯膜透过率仅为 36%，所以其保温性也相应提高了 1.0～4.5 ℃以上，如图 6-22 所示。

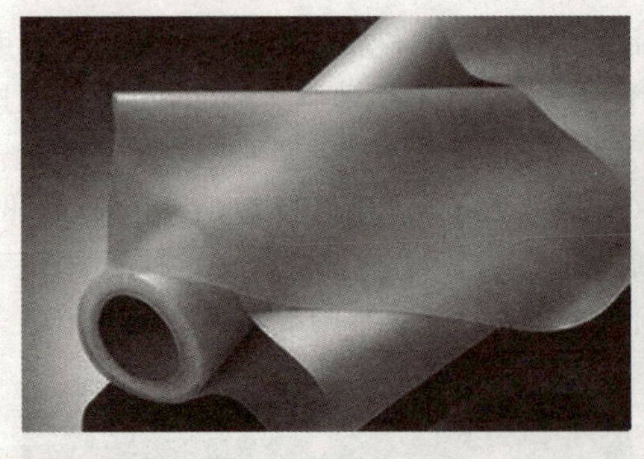

图 6-22　薄型聚乙烯多功能复合膜

下面就以聚氯乙烯（PVC）和聚乙烯（PC）两种薄膜的性能做简要比较。

（1）透光性。透明覆盖材料的透光特性通常表现为：在紫外线区，聚乙烯薄膜的透过率高于聚氯乙烯，在可见光区域聚氯乙烯膜高于聚乙烯膜，而在中远红外区域（热辐射部分）聚氯乙烯薄膜的透过率远低于聚乙烯薄膜（表 6-1），这表明聚氯乙烯对光合有效辐射的透过率高，增温性、保温性强。

表 6-1 两种塑料薄膜在不同光波区的透光率（%）

薄膜种类	PVC	PE
紫外线（≤300 nm）	20	55～60
可见光（450～650 nm）	86～88	71～80
近红外线（1 500 nm）	93～94	88～91
中红外线（5 000 nm）	72	85
远红外线（9 000 nm）	40	84

聚氯乙烯薄膜的初始透光性能优于聚乙烯薄膜。但聚氯乙烯薄膜使用一段时间以后薄膜中的增塑剂会慢慢析出，使其透明度降低，加上聚氯乙烯表面的静电性较强，容易吸附尘土，因此聚氯乙烯的透光率衰减得很快。而聚乙烯薄膜由于吸尘少，无增塑剂析出，透光率下降较慢。根据测定，新聚氯乙烯薄膜使用半年后，透光率由 80%下降到 50%，使用一年后下降到 30%以下，失去使用价值；新的聚乙烯薄膜使用半年后，透光率由 75%下降到 65%，使用一年后仍在 50%以上。

(2) 强度和耐候性。由表 6-2 可知，从总体上看聚氯乙烯薄膜的强度优于聚乙烯薄膜，又由于聚乙烯薄膜对紫外线的吸收率较高，容易引起聚合物的光氧化加速老化（自然破裂），普通聚乙烯薄膜的连续使用寿命仅 3～6 个月，普通聚氯乙烯薄膜则可连续使用 6 个月以上。所以聚氯乙烯的耐老化性能也优于聚乙烯。

表 6-2 两种农膜的强度指标

强度	PVC	PE
拉伸强度/MPa	19～23	<17
伸长率/%	250～290	493～550
直角撕裂/(N/cm)	810～877	312～615
冲击强度/(N/cm²)	14.5	7.0

(3) 保温性。聚氯乙烯薄膜在长波辐射区域的透过率比聚乙烯薄膜低得多，从而可以有效地抑制棚室内的热量以热辐射的方式向棚室外散逸，由此可知聚氯乙烯的保温性能优于聚乙烯。聚氯乙烯薄膜覆盖的棚室比聚乙烯薄膜覆盖的棚室内的气温白天高 3 ℃左右，夜间高 1～2 ℃。

(4) 其他性能。聚乙烯薄膜表面与水分子的亲和性较差，故表面易附着水滴，表面附着水滴多也是影响其透光性的原因之一。聚乙烯耐寒性强，其脆化温度为−70.0 ℃；聚氯乙烯薄膜脆化温度较高，为−50.0 ℃，而在温度为 20.0～30.0 ℃时则表现出明显的热胀性，所以往往表现昼松夜紧，在高温强光下薄膜容易松弛，容易受风害。聚氯乙烯的密度为 1.25 g/cm³，而聚乙烯的密度仅为 0.92 g/cm³。因此同样质量、同样厚度的两种薄膜，聚氯乙烯的面积要比聚乙烯少 29%。此外，聚氯乙烯可以黏合，铺张、修补都比较容易，但燃烧时有毒性气体放出，在使用时应注意。

(三) 乙烯-醋酸乙烯多功能复合薄膜

乙烯-醋酸乙烯多功能复合薄膜是以乙烯-醋酸乙烯共聚物（EVA）树脂为主体的 3 层

复合功能性薄膜，如图6-23所示。其厚度为0.10～0.12 mm，幅宽2～12 m。EVA树脂具有以下独特的性能。

图6-23　乙烯-醋酸乙烯多功能复合薄膜

1. 透光性　在短波太阳辐射区域，EVA膜的透过率在≤300 nm的紫外线区域，低于PE膜，在400～700 nm的光合有效辐射区域高于PE膜，与PVC膜相近；在长波辐射区域，EVA的透过率低于PE而高于PVC。一般来说，在700～1 400 nm的红外线区域，0.1 mm厚的PVC膜阻隔率为80%，EVA膜为50%，PE膜为20%。市场上现有的EVA膜在制备过程中添加了结晶改性剂，结晶性降低，从而使薄膜有良好的透明性，薄膜本身的雾度（即混浊程度）不高于30%，其初始透光率甚至不低于PVC膜。

2. 强度和耐候性　耐低温、耐冲击，因而不易开裂。EVA多功能复合膜由3层复合而成，外表层为LLDPE、LDPE或以VA含量低的EVA树脂为主，添加耐候、防尘等助剂，使其机械性能良好，耐候性强，能防止防雾滴助剂析出；EVA膜的强度优于PE膜，总体强度指标不如PVC。由于EVA树脂本身阻隔紫外线的能力较强，加之在成膜过程中又在其外表面添加了防老化助剂，所以其耐候性也较强。经自然暴晒8个月，纵、横向断裂伸长保留率仍可达95%，自然暴晒10个月，伸长保留率仍在80%以上。经实际扣棚13个月和18个月后均高于50%。使用期一般可达18～24个月。

3. 保温性　EVA树脂红外线阻隔率高于PE，低于PVC，保温性能较好，EVA多功能复合膜的中层和内层添加了保温剂，其红外线阻隔率还要高，有的可超过70%。在夜间低温时表现出良好的保温性，一般夜间比PE膜高1～1.5℃，白天比PE膜高2～3℃。

4. 防雾滴性　EVA树脂有弱的极性，因而与添加的防雾滴剂有较好的相容性，能有效地防止防雾滴助剂向表面迁移析出，因而延长了无滴持效期，无滴持效期在8个月以上，同时棚室内雾气相应减少。

总之，EVA多功能复合膜在耐候、初始透光率、透光率衰减、无滴持效期、保温等方面有优势，既解决了PE膜无滴持效期短、初始透光率低、保温性差等问题，又解决了PVC膜密度大、同样质量薄膜覆盖面积小、易吸尘、透光率下降快、耐候性差等问题。所以，该薄膜是较理想的PE膜和PVC膜的更新换代材料。

三、半硬质塑料膜与硬质塑料板

（一）半硬质塑料膜

半硬质塑料膜是指厚度为0.1～0.2 mm的硬质塑料片材，有不含可塑剂的硬质聚氯乙烯膜和硬质聚酯膜两种，如图 6－24 所示。聚酯膜能透过 320 nm 以上的紫外线，硬质聚氯乙烯膜中添加了紫外线吸收剂的，则对 380 nm 以下的紫外线几乎不透过。两种片材在可见光波段透光性一致，在红外线区域透过率极低，仅为 10%。由于聚酯膜中添入了界面活性剂，聚氯乙烯膜进行了防雾滴处理，所以两种硬质膜均有流滴性。聚酯膜附着尘埃以后透光率下降幅度小，不易断裂，而耐候性比聚氯乙烯膜好，保温性与聚氯乙烯薄膜相当，燃烧时有毒气释放，也较贵。

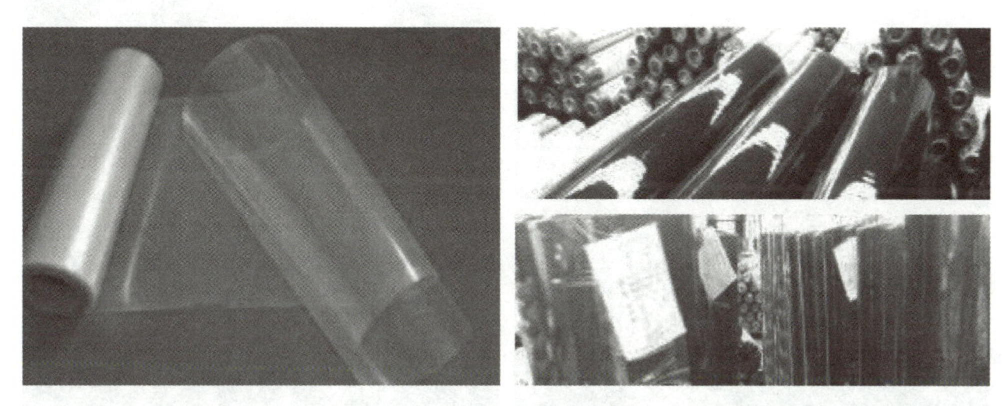

图 6－24　半硬质塑料膜

（二）硬质塑料板

硬质塑料板是指厚度在 0.2 mm 以上的硬质塑料板材。考虑到温度变化而引起的收缩以及散光性等，在园艺设施上所用的单层硬质塑料板材多为瓦楞状的波形板。

1. 种类　用作园艺设施覆盖材料的塑料板有玻璃纤维增强聚酯树脂板（FRP 板）、玻璃纤维增强聚丙烯树脂板（FRA 板）、丙烯树脂板（MMA 板）和聚碳酸酯树脂板（PC 板）。FRP、FRA 和 MMA 板又称玻璃钢。

FRP 板是以不饱和聚酯为主体，加入玻璃纤维增强而成，如图 6－25 所示。厚 0.7～0.8 mm，波幅为 32 mm，表面有涂层或覆膜（聚氟乙烯薄膜）保护，以抑制表面在阳光照射下发生龟裂，导致纤维剥蚀脱落，缝隙内滋生微生物和沉积污垢，而使透光率迅速衰减。使用寿命在 10 年以上。

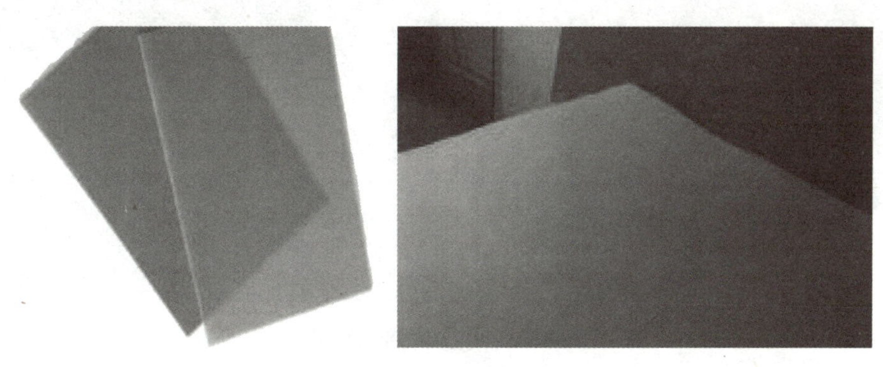

图 6－25　玻璃纤维增强聚酯树脂板

FRA 板是以聚丙烯树脂为主体，加入玻璃纤维增强而成，如图 6－26 所示。厚 0.7～0.8 mm，波幅为 32 mm。

由于紫外线对FRA板的作用仅限于表面，所以比FRP板耐老化，使用寿命可达15年，但耐火性差。

MMA板是以丙烯酸树脂为母料，不加玻璃纤维，如图6-27所示。MMA板较厚，厚度为1.3～1.7 mm，波幅为63 mm或130 mm。MMA板透光率高，保温性能强，污染少，透光率衰减缓慢，但热线性膨胀系数大，耐热性能差，价格高。

图6-26　玻璃纤维增强聚丙烯树脂板

图6-27　丙烯树脂板

园艺设施上常用的PC板有双层中空平板和波纹板两种类型，如图6-28所示。双层中空板的厚度为6～10 mm。波纹板的厚度为0.8～1.1 mm，波幅为76 mm，波宽18 mm。

PC板表面也有涂层以防老化，使用寿命在15年以上。强度高，抗冲击力是玻璃的40倍，是其他玻璃钢的20倍，透光率高达90%，且衰减缓慢（10年内透光率下降2%），保温性是玻璃的2倍，质量为玻璃的1/5，不易结露，阻燃，但防尘性差，热膨胀系数为7.0×10^{-5}m/(m·℃)，是玻璃的67.5倍，价格高。

图6-28　聚碳酸酯树脂板

2. 性能　FRA板紫外线区域透过率最高，其次是MMA板，而FRP板几乎不透过紫外线。在可见光区域三者的透光率都比较高，与玻璃接近，均为90%以上，三者在>5 000 nm的红外线区域几乎都不透过，其保温性能与玻璃相当。尤其是MMA板，不透过＞2 500 nm的红外线，加之它的导热性较低，保温性极佳，使用MMA板比使用其他塑料板可节能20%。

与玻璃相比，3种塑料板材散光性都比较强，因而棚室内的散射光比例较高。各种板材的透光率与入射角有关，当阳光入射角＜45°时，透光率变化很小；入射角＞45°时，若光线方向与波道垂直，则波形板比平板透光率高，若光线方向与波形板波道平行，则波形板透光率高于平板。3种塑料板的质量都比较小，所以用来充当覆盖材料可降低支架的投资费用。3种板材都有一定的卷曲性能，可弯成曲面，耐冲击力，耐雪压。但3种板的耐候性、阻燃性和亲水性都不如玻璃，应添加阻燃剂和防雾滴剂。

四、玻　　璃

在塑料薄膜问世之前，玻璃几乎是唯一的园艺设施透明覆盖材料。目前仍有一定的覆盖面积。用于园艺设施上的玻璃主要有3种：平板玻璃、钢化玻璃和红外线吸收（热吸收）玻璃。

（一）平板玻璃

1. 平板玻璃的透光性　平板玻璃的厚度为3 mm和4 mm，长300～1 200 mm，宽250～900 mm。

平板玻璃在330～380 nm的紫外线区域透过率达80%～90%，对＜310 nm的紫外线则基本不透过，热吸收玻璃对350～380 nm的紫外线区域透过率达40%～70%，对＜330 nm以下的则基本不透过。

在可见光波段，平板玻璃的透过率高达90%，热吸收玻璃则为70%～80%，＜4 000 nm的近红外区域玻璃的透过率仍很高，在80%以上，而热吸收玻璃透过率在70%以下，尤其1 000 nm处，仅50%。两种玻璃在＞4 000 nm的近红外区域，基本上都不透过。

玻璃的透光率与光线入射角的关系，入射角＜45°时透光率变化不大，＞45°时透光率明显下降，＞60°时透光率急剧下降。玻璃厚度对透光率的影响不大，随玻璃厚度的增加透光率略有下降。

2. 增温保温性　太阳辐射中的近中红外区辐射具有热效应，因此平板玻璃的增温性能强，而热吸收玻璃有效地削弱了近中红外辐射，从而降低了自身的增温能力，这有利于降低夏季室内的温度。远红外辐射又称热辐射，是园艺设施散热的重要途径，两种玻璃对该部分辐射的透过率极低，因此具有较强的保温性能。

3. 其他性能　玻璃在所有覆盖材料中耐候性最强，使用寿命达40年。其透光率很少随时间变化，防尘、耐腐蚀性都是最好的，亲水性、保温都很好，玻璃的线性热膨胀系数也较小，安装后较少因热胀冷缩损坏。但玻璃质量大，要求支架粗大，不耐冲击，破损时容易伤害操作人员和作物。因此，在冰雹较多的地区，有采用钢化玻璃的，钢化玻璃破碎时呈小碎块不易伤人，但破损后不能修补，且造价高，易老化，透光率衰减快。

（二）钢化玻璃和红外线吸收玻璃

1. 钢化玻璃　钢化玻璃是一种预应力玻璃，为提高玻璃的强度，通常使用化学或物理方法，在玻璃表面形成压应力，玻璃承受外力时首先抵消表层应力，从而提高了承载能力，增强了玻璃自身的抗风压性、寒暑性、冲击性等。钢化玻璃的强度较普通玻璃提高数倍，抗弯强度是普通玻璃的3～5倍，抗冲击强度是普通玻璃5～10倍，提高强度的同时也提高了安全性。钢化玻璃使用安全，其承载能力增大了，易碎性质也改善了，即使钢化玻璃破坏也呈无锐角的小碎片，对人体的伤害极大地降低了。钢化玻璃的耐急冷急热性质较普通玻璃提高了2～3倍，对防止热炸裂有明显的效果。但是钢化后的玻璃不能再进行切割，只能在钢化前就对玻璃进行加工至需要的形状，再进行钢化处理。钢化玻璃强度虽然比普通玻璃强，但在温差变化大时有自爆（自己破裂）的可能性，而普通玻璃不存在自爆的可能性。

2. 红外线吸收玻璃 红外线吸收玻璃是指能够透过红外波段电磁辐射的特种光学玻璃，可作为视窗、透镜等广泛应用于红外探测和红外热成像技术。国内红外线吸收玻璃领域，已通过改进设备和制备工艺，突破大尺寸红外玻璃的制备技术，开发出1～3 μm、3～7 μm和7～14 μm波段高透过率，适用更苛刻环境的新型红外特种玻璃。

五、新型多功能覆盖材料

1. 氟素膜（ETFE） 氟素膜由乙烯和氟素乙烯聚合物为基础物质制成（图6-29）。这种膜的特点是高透光和极强的耐候性，超防尘，不变色，其可见光透过率在90%以上，而且透光率衰减很慢，经使用10～15年，透光率仍在90%，抗静电性强，尘染轻。但其价格高，且废膜要由厂家回收后用专门方法处理。

图6-29 氟素膜

2. 调光薄膜

（1）漫反射膜。漫反射膜以聚乙烯为基础树脂加入一定比例的对太阳光漫反射晶核材料制备而成，如图6-30所示。阳光直射透过此膜时，在漫反射晶核的作用下，在棚室形成均匀的散射光，减少直射光的透过率，既可降低中午前后棚内高温峰值，减轻高温对作物的伤害，又有利于棚内植物生长的整齐一致。漫反射膜还具有一定的光转换能力，能把部分紫外线吸收转变成能级较低的可见光，紫外线透过率减少，可见光透过率略有增加，有利于作物对光合有效辐射的利用，减少病害的发生。这种膜保温性能好于PE和PVC普通农膜，阴天太阳光不是很强的时候，保温性能明显高于普通膜；晴天日射强烈的中午前后，由于漫反射对中红外区的阻隔，气温反而低于普通膜，而夜间因漫反射膜热辐射透过率低而使气温高于普通膜。

（2）转光膜。转光膜是以低密度聚乙烯（LDPE）树脂为基础原料，添加光转换剂后，吹塑成的一种新型塑料薄膜，如图6-31所示。这种薄膜具有光转换特性，该薄膜受到太阳

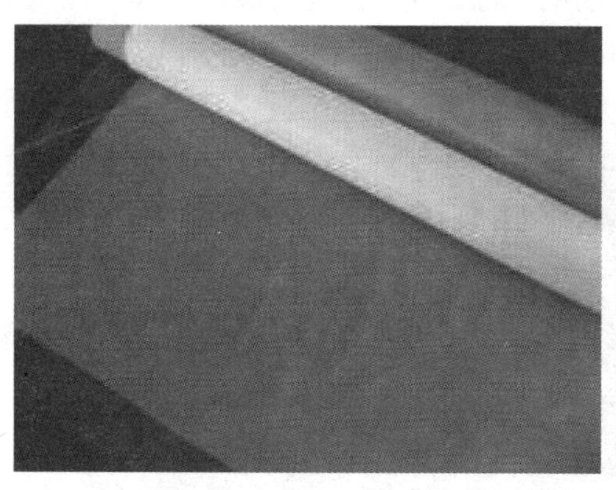
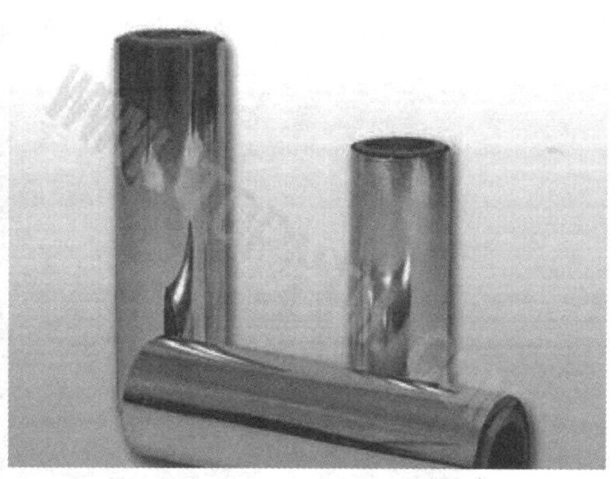

图 6-30　漫反射膜

光照射时可将吸收的紫外线（290～400 nm）区能量的大部分转化成为有利于作物光合作用的橙红光（600～700 nm），增强光合作用，并能提高棚室内气温和地温。转光膜比同质的功能性聚乙烯膜透光率高了 8%左右，有的转光膜在橙红光区高 9%～11%。转光膜的另一显著特点是保温性能较好，尤其在严寒的 12 月和翌年 1 月更显著，最低气温可提高2～4 ℃，有的转光膜阴天时或晴天的早晚，棚室内气温高于同质的聚乙烯膜；而晴天中午反而低于聚乙烯膜。使用转光膜的棚室内番茄、黄瓜等品质和产量有所提高。此种农膜还具有长寿、耐老化和透光率好等优点，一般厚度为 0.08～0.12 mm，幅度折径为 1～5 m。使用期限为2 年以上，透光率在 85%以上，在弱光下增温效果不显著。

图 6-31　转光膜

（3）紫色膜和蓝色膜。有紫色膜和蓝色膜两种，如图 6-32。一种是在无滴长寿聚乙烯膜的基础上加入适当的紫色或蓝色颜料，另一种是在转光膜的基础上添加蓝色或紫色颜料。两种薄膜的蓝、紫光透光率均增加。紫光膜适用于韭菜、茴香、芹菜、莴苣等，蓝色膜对防止水稻育秧时的烂秧效果显著。

今后研制薄膜的方向主要是开发功能性薄膜，以适应作物对环境的要求。如 R/FR 转换薄膜，在 R/FR 小的情况下，可促进植株的伸长，R/FR 大的情况下，抑制植株伸长。可以通过在薄膜中添加 R（红色光）、FR（远红外线）吸收色素，来调节薄膜对 R/FR 透过量的比例，以调节植物的生长。又有温变色薄膜，某些特殊的水溶性高分子化合物在加温过程中会变得白浊，温度变低时，又由白浊变得清澈，可以根据这一原理研制薄膜，使其高温时色泽白浊，降低光透过率，如此来调节室温和植物的叶温。此外，还有温诱变膜、光诱变膜，随温度、光照变化薄膜颜色发生变化，从而调节棚室内光、温环境。

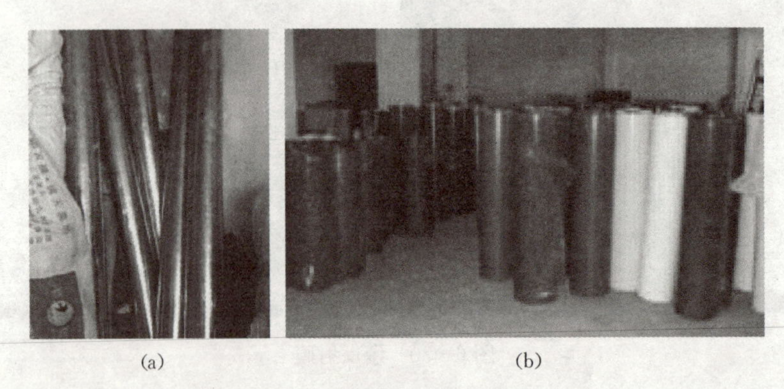

(a)　　(b)

图 6-32　紫色膜（a）和蓝色膜（b）

3. 玻璃纤维增强塑料温室覆盖膜　玻璃纤维增强塑料（GRP）膜具有良好的温热性与透光性，在弱光条件下，透光率增强，因而提高了室内温度，而在强光照条件下，透光率减小，抑制了室内高温的出现。另外，该膜还具有良好的防雾、防滴性能。图 6-33 所示为用于日光温室覆盖的 GRP 膜。

图 6-33　GRP 温室覆盖膜的应用

4. PO 系特殊农膜　系多层复合高效功能膜如图 6-34 所示，是以 PE、EVA 优良树脂为基础原料，加入保温强化剂、防雾剂、光稳定剂、抗老化剂、爽滑剂等系列高质量适宜助剂，通过二三层共挤工艺生产的多层复合功能膜。对 PE 及 EVA 树脂的缺点进行改性，使其性能互补强化，使用寿命 3～5 年。PO 系特殊农膜有较高的保温性和耐候性，具有高透光性，能达到 PVC 初始透光率水平，紫外光透过率高，密度小，不吸尘，抗风、抗雪压，有破洞不易扩大，不用压膜线，吸在肩部用卡槽压膜固定即可，省力且提高透光性，低温下农膜硬化程度低，燃烧不产生有害气体，安全性好。但其延伸性小，不耐磨，变形后复原性差，防流滴性差。此膜是当今新型覆盖材料发展的趋势。

5. 反光膜　反光膜有 3 种不同类型：①在 PVC 膜或 PE 膜成膜过程中混入铝粉；②铝粉蒸气涂于 PVC 膜或 PE 膜表面；③将 0.03～0.04 mm 厚的聚酯膜进行真空镀铝，光亮如镜面，又称镜面反射膜，如图 6-35 所示。反光膜有两个作用：①提高了对可见光的反射能

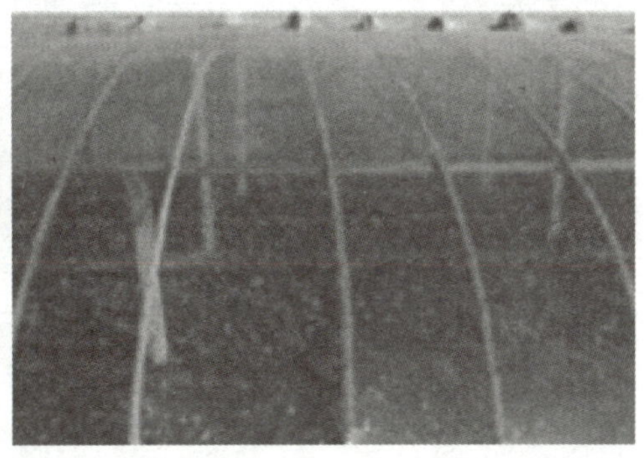

图 6-34 PO 系特殊农膜的应用

力，增加棚室内的光照；②铝箔的长波放射系数很小，可以阻挡热辐射的散失，有保温作用。例如，把镜面膜张挂于栽培畦或苗床北侧，由于反光作用，可在反射膜张挂高度的两倍距离内增加光照度，最高的可达 40%以上。张挂时必须平整，否则易形成凹面，使反射光集中于焦点处，引起作物灼伤。

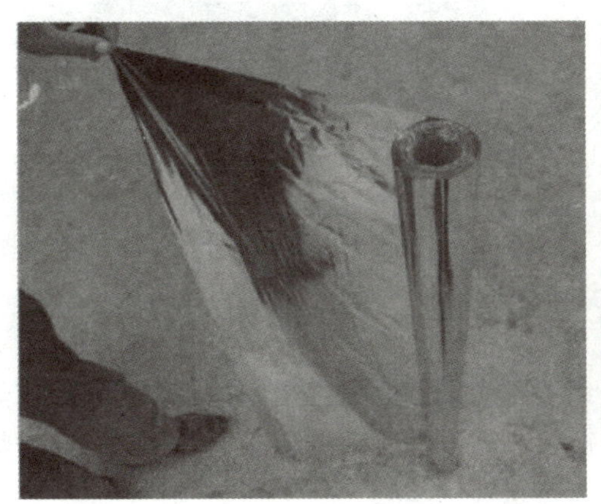

图 6-35 反光膜

任务二 半透明覆盖材料的特性与应用

【教学要求】 本任务主要学习半透明覆盖材料中的防鸟网和无纺布。

【教学目的】 通过学习让学生了解防鸟网和无纺布的作用及在生产中的正确应用。

【教学材料】 防鸟网、无纺布及相关的架材。

【教学方法】 多媒体教学、现场教学。

半透明覆盖材料主要起遮阳降温、防虫害、防雹灾、防暴雨、防鸟害等，同时还有保温作用，对生产无公害产品起着很重要的作用。半透明覆盖材料主要有遮阳网（图 6-36）、防虫网（图 6-37）、防鸟网和无纺布等。

图 6 - 36　遮阳网

图 6 - 37　防虫网

一、防 鸟 网

防鸟网是一种采用添加以防老化、抗紫外线等化学助剂的聚乙烯为主要原料，经拉丝制造而成的网状织物，具有拉力强度大、抗热、耐水、耐腐蚀、耐老化、无毒无味、废弃物易处理等优点。常规使用收藏轻便，正确保管寿命可达 3～5 年。

防鸟网覆盖栽培是一项增产实用的环保型农业新技术，通过覆盖在棚架上构建人工隔离屏障，将鸟类拒之网外，有效控制各类鸟类等的传播以及预防病毒病传播的危害，如图 6 - 38 所示。防鸟网还具有透光、适度遮光等作用，创造适宜作物生长的有利条件，确保大幅度减少菜田化学农药的施用，使产出农作物优质、卫生，为发展生产无污染的绿色农产品提供了强有力的技术保证。防鸟网又具有抵御暴风雨冲刷和冰雹侵袭等自然灾害的功能。

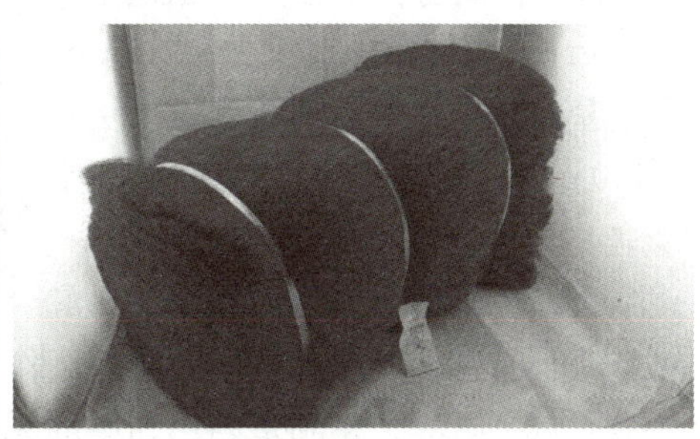

图 6-38　防鸟网的应用

防鸟网主要用于防止鸟类啄食作物果实，可以用于果树果实的防护，例如葡萄、樱桃、梨树、苹果等栽培时应用。

二、无 纺 布

无纺布是以聚酯为原料经熔融纺丝，堆积布网，热压黏合，最后干燥定型成棉布状的材料，如图 6-39 所示。因其无纺布工序，故称“无纺布”或“不纺布”，因其可使作物增产增收，又称为“丰产布”。无纺布具有防寒、保温、透光、透气、质量小、结实耐用、不易破损等优点，加厚的无纺布保温效果好，可用于多层覆盖，使用期一般 3～4 年，若使用保管得当，使用期可长达 5 年。

图 6-39　无纺布

1. 无纺布的种类和性能　目前应用于设施园艺的是长纤维无纺布。无纺布有白、黑、银灰 3 种颜色，通常用每平方米无纺布的克数表示无纺布的品名，目前国内外应用的无纺布主要有以下几种。

（1）20 g/m^2 无纺布。这是生产上应用较薄的一种，厚度为 0.09 mm，透水率为 98%，遮光率为 27%。用于蔬菜近地面覆盖或浮动覆盖，遮光及防虫栽培，也可用作温室内的保温幕，使蔬菜减轻冻害。

（2）30 g/m^2 无纺布。厚度为 0.12 mm，透水率为 98%，遮光率为 30%。用于露地小棚、温室、大棚内保温幕，夜间起保温作用，覆盖栽培蔬菜或用于遮阳栽培防热害。

（3）40 g/m^2 无纺布。厚度为 0.13 mm，透水率为 30%，遮光率为 35%。用于温室和大棚内保温幕，夜间有保温作用，也适于夏、秋季遮阳育苗和栽培。

(4) 50 g/m² 无纺布。厚度为 0.17 mm，透水率为 10%，遮光率为 50%。适用于温室和大棚内保温幕，或用于遮阳栽培效果更佳。

(5) 100 g/m² 无纺布。主要用于园艺设施外覆盖材料，可以替代草苫等。

2. 覆盖方式

(1) 浮面覆盖。将薄型无纺布（20～30 g/m²）直接覆盖于露地或设施内的栽培畦的畦面或植株上，起保温、保湿、防风、防寒等作用。

(2) 棚室内保温幕。在棚室内用加厚的无纺布（30～50 g/m²）作二道幕保温帘，可以有效地提高保温性能，节约能源消耗，还有一定的防病效果，常在现代化温室内应用，使用时白天应拉开，晚上则必须闭合严密。

(3) 外覆盖保温。采用 50～100 g/m² 无纺布，在棚室内的小棚上代替草帘作多层覆盖用，保温效果优于草苫。

3. 应用 多用于温室、大棚内二道幕、三道幕覆盖栽培和露地浮动覆盖栽培，具有保温节能、防霜防冻、降湿防病、遮阳调光、防虫和避免杂草等作用。对园艺植物育苗、提早和延后栽培、提高产量、改进产品品质具有重要作用。

任务三 不透明覆盖材料的特性与应用

【教学要求】 本任务主要学习生产上常用的不透明覆盖保温材料及其特点。

【教学目的】 通过学习让学生了解生产中常见的不透明覆盖材料及其性能，掌握根据本地气候条件正确选用的方法。

【教学材料】 草苫、保温被等。

【教学方法】 多媒体教学、现场教学。

在设施蔬菜生产中，除以上透光性材料、半透光性材料外，还有不透明覆盖材料即保温性材料，主要包括草帘和草苫、保温被、保温毯等。

一、草 苫

草苫以水稻秸秆为原料，用专用的草苫机器加工而成。草苫种类很多，长度有 6 m、8 m、10 m、15 m 等，完全根据客户的需要定制，宽度只有 1 m、2 m、1.5 m、2.0 m。草苫根据经数不同，厚度不同，产品的好坏层次不一，在经数和厚度上可以根据客户的需要来定制。

草苫已成为山东、河南乃至全国水稻产区和河北、山西、甘肃、内蒙古等省份的公路上的亮丽风景线。位于山东省济宁市任城区喻屯镇、河南省开封县的杜良乡以及河南原阳县太平镇等地是国内主要的草苫产地，由于气候原因，在这些地区产的稻草更耐用，所以草苫的使用时间也大大延长，成为全国各地大棚的主要采购地。在山东、河南这几个地区自 20 世纪 90 年代就已经开始发展新型的产业——草苫编制业，这是新农村经济发展的产物，把没地方放的废品变成农民的“宝贝”，把一堆可能烧成灰的废草变成温室大棚的保温材料。

草苫作为保温覆盖材料在我国设施栽培中应用很久，其保温效果分别为 1～2 ℃和 4～6 ℃，常作为中小拱棚和日光温室的覆盖材料，如图 6-40 所示。

图 6-40 草 苫

二、保 温 被

传统的保温覆盖材料很笨重，不易铺卷，进行铺卷操作时又易将薄膜污损，容易腐烂，寿命短，加之质量得不到保证，促使人们研究开发保温效果不低于蒲席、草苫，轻便、表面光滑、防水、使用寿命长的覆盖材料。

保温被是 20 世纪 90 年代研究开发出来的新型外保温覆盖材料。理想的保温被应同时具有保温性、透光性、防潮性、收放自如、使用寿命长等优点。温室种植业的快速发展，保温被也在逐渐被农户所接受。保温被作为大棚的“棉衣”，提高大棚温度的同时也在为冬季丰富人们的餐桌贡献一份力量。

保温被由内芯和外皮组成，内芯通常由针刺棉、纤维棉、废羊毛绒、塑料发泡片材等制成，具有一定的厚度和密度，外皮则由防雨绸、塑料薄膜、喷胶薄型无防布和镀铝反光膜等制成。在东北、内蒙古等严寒地区，以保温被充当覆盖材料，可使室温提高 7～8 ℃，高的达 10.0 ℃。具防腐、防雨、保温效果好和使用寿命长等优点。保温被的类型主要有以下几种。

1. 针刺毡保温被 “针刺毡”是用旧碎线（布）等材料经一定处理后重新压制而成的（图 6-41），其造价低，保温性能好。针刺毡保温被用针刺毡作主要防寒保温材料（还可以一面用镀铝薄膜与化纤布相间缝合作面料），采用缝合方法制成。这种保温被自身质量较复合型保温被大，防风性能和保温性能较好。它的最大缺点是防水性较差，在保温被收放保存之前，需要大的场地晾晒，只有晾干后才能保存。如果表面用牛津防雨布，就能防雨的保温被。

2. 复合型保温被 这种保温被采用 2 mm 厚蜂窝塑料薄膜 2 层、加 2 层无纺布，外加化纤布缝合制成（图 6-42）。它具有质量小、保温性能好的优点，适于机械卷放。它的缺点是里面的蜂窝塑料薄膜和无纺布经机械卷放碾压后容易破碎。

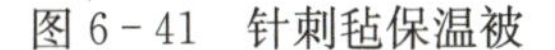

图 6-41 针刺毡保温被

图 6-42 复合型保温被

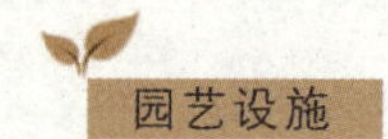

3. 腈纶棉保温被 这种保温被采用腈纶棉、太空棉作防寒的主要材料，用无纺布做面料，采用缝合方法制成（图 6－43）。在保温性能上可满足要求，但其结实耐用性差。无纺布几经机械卷放碾压，会很快破损。另外，因它是采用缝合方法制成，遇雨雪天，水会从针眼渗到里面。

4. 棉毡保温被 这种保温被以棉毡作防寒的主要材料，两面覆上防水牛皮纸，保温性能与针刺毡保温被相似（图 6－44）。由于牛皮纸价格低廉，所以这种保温被价格较低，但其使用寿命较短。

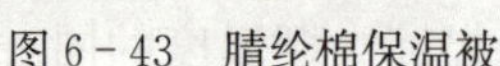
图 6－43　腈纶棉保温被

图 6－44　棉毡保温被

5. 泡沫保温被 这种保温被采用微孔泡沫作主料，上下两面采用化纤布作面料。主料具有质轻、柔软、保温、防水、耐化学腐蚀和耐老化的特性，经加工处理后的保温被不仅保温性持久，且防水性极好，容易保存，具有较好的耐久性（图 6－45）。但它自身质量太小，需要解决好防风的问题。

图 6－45　泡沫保温被

6. 防火保温被 防火绝热保温被，在毛毡的上下两面分别黏合了防火布和铝箔（图 6－46）。还可以在毛毡和防火布中间黏合聚乙烯泡沫层。其优点是设计合理、结构简单，具有良好的防水、防火、保温、抗拉性能，可机械化传动操作，省工省力，使用周期长。

7. 混凝土保温被 这种保温被导热率小，保温性能佳，尤其在温差变化大时较为突出；吸水率低，防潮性能好；有良好的拉伸性和抗压性；使用方便，施工简单，有适宜的外形尺寸；无味无毒，如图 6－47 所示。

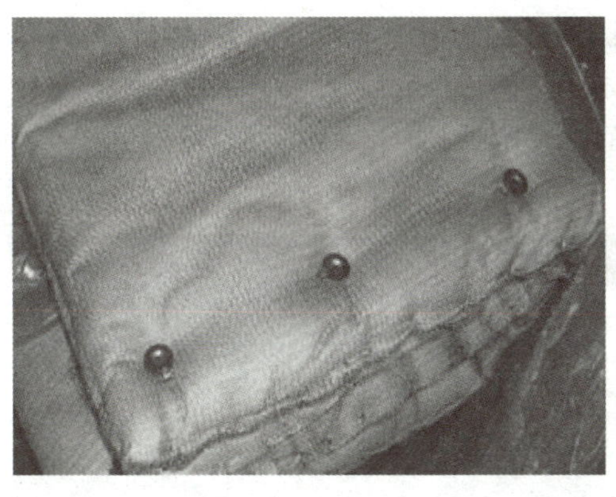

图 6－46 防火保温被

图 6－47 混凝土保温被

8. 大棚保温被 大棚保温被采用超强、高保温新型材料多层复合加工而成（图 6－48）。它具有质量小、防水、防老化、保温隔热、反射远红外线等功能，使用寿命可达 5～9 年，甚至更长，保温效果好，同等条件下较草苫覆盖温度可提高 10 ℃，易于保管收藏，该产品适用于日光温室、连栋温室、生态餐厅、长途运输车、塑料大棚等保温覆盖，是草苫和纸被的最佳替代品。

图 6－48 大棚保温被

9. 羊毛大棚保温被 100%羊毛大棚保温被具有质量小、防水、防老化、保温隔热等功能，使用寿命更长，保温效果非常好（图6-49）。羊毛沥水，有着良好的自然卷曲度，能长久保持蓬松；高品质、低价位，厂家直接面对大棚种植户，面料种类多（可选），幅宽2 m；长度根据棚的实际定做，不浪费。

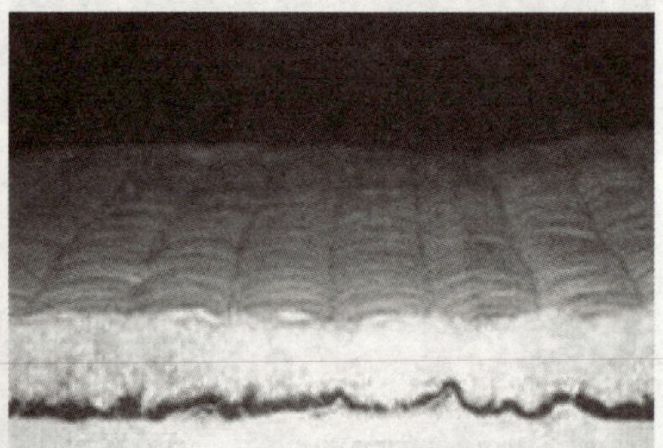

图6-49 羊毛大棚保温被

保温被应用于温室大棚，对其有以下几点要求：①大棚保温被铺设在大棚的前坡面，主要用于大棚的夜间保温，应具有良好的保温性能，这是对保温被的首要要求；②温室保温被要求日出后卷起，日落前放下，因而对应的保温系统也是一种活动式卷被系统，所以，要求保温被材料必须为柔性材料；③日光温室保温安装后始终处于室外露天条件下工作，为此，要求其能够防风、防水、耐老化，以适应风、雨、雪、雹等自然气候；④日光温室保温被还应有广泛的材料来源，低廉的制造加工成本和市场售价。

三、保 温 毯

保温毯是再生纤维或次棉纱编织而成，有很好的保温性能，也可以当塑料大棚的围帘使用（图6-50），在韩国、日本等国家冬季蔬菜、花卉栽培中被广泛使用。由于使用成本较高，我国使用的较少。另外，因棉毯吸水力强，如被雨雪弄湿了会变得很重，卷起、铺盖变得很困难，如果不注意晾晒干的话，易发生霉烂。但正常情况下使用保温性很好，一般在棚体比较高、侧面直立的结构，用作围毯的较多，采用固定、不移动方式方法使用。

图6-50 保温毯

四、纸　　被

纸被是最早与草苫配合使用的保温被材料。纸被的来源主要是旧水泥袋，发展到直接从造纸厂订购，但后者的成本比前者要高得多。使用纸被主要是铺在草苫下面防止草苫划破塑料薄膜，并在草苫和塑料薄膜之间形成一层致密的保温层，使温室的保温性能得到进一步提高。据测定，在严寒冬季，用4～6层旧水泥袋纸被与5 cm厚草苫配合使用，可使温室室内温度比单独使用草苫提高7～8 ℃。但纸被与草苫一样，在被雨雪浸湿后，保温性能也急剧下降，而且极易损坏。如果在缝制纸被时，表面加一层草苫或一些芦苇，制成草苫状，则保温效果不变，且不易被损坏。

相关知识

一、光伏板

近年来，随着国家对农业光伏项目的相应政策出台，各地农业光伏项目也是在如火如荼的大力建设发展中，光伏农业大棚作为农业光伏项目发展的重点项目，也被越来越多的人熟悉。加之现在光伏电站成本的逐年降低，光伏农业大棚越来越贴近人们的生活，变得越来越实际。

生态农业光伏大棚项目是利用农业大棚棚顶进行太阳能发电，棚内发展高效生态农业的综合系统工程，如图 6－51 所示。高效的生态光伏农业大棚项目不额外占用耕地，实现原有土地增值，农业光伏项目将生态农业与绿色发电结合，最大限度地利用资源，在获取高效农业、绿色发电经济效益的同时，实现节能减排的社会效益。

光伏农业大棚属于温室大棚与屋顶技术相结合的光伏发电系统，不仅可以保证棚内设施的正常运转，还可以提高植物的生长速率，是集低碳、节能、环保、旅游于一身的新型高科技农业生态建设项目。

1. 光伏大棚组件　常用光伏大棚组件有双玻晶硅透光组件和双玻薄膜组件两种。

(1) 双玻晶硅透光组件。双玻晶硅透光组件在农业大棚应用中与其在地面电站的作用相似，低成本、高发电量，但也要根据当地的日照条件而定，其对植物生长没有任何帮助。

(2) 双玻薄膜组件。双玻薄膜组件的弱光性较好，在阴雨天的发电能力较强，而且从其光谱透过率上看，能隔离紫外线等有害光线，同时又能透过对植物生长有利的红蓝光线，对植物的光合作用和光周期效应有显著效果。太阳光入射到地球表面的光线包括紫外线、可见光及红外线。紫外线占 7%（改变植物物质结构，具有破坏性），可见光占 71%（提供照明，供植物光合作用），红外线占 22%（产生热能）。

因此，太阳光谱在波长 400 ～ 520 nm（蓝光）和 610 ～ 720 nm（红光）这两个区间最有利于植物生长。为了增加植物所需要的光谱，可以采用两种方式：屋顶薄膜太阳能电池板和普通透明白玻璃间隔排列，采用 LED 灯补充植物需要的光谱，达到植物生长的光环境。同时，非晶硅薄膜太阳能组件发电需要的主要光谱波长为 600 nm，对紫外线几乎不透过，能有效阻挡紫外线对植物的生长影响。发电的同时确保植物光合作用有效进行，并起到有效的保温作用。

2. 光伏农业大棚类型

(1) 阳光房式光伏大棚。南侧，发电组件和专用附框与钢骨架柔性连接；北侧，屋顶部位采用普通夹胶玻璃；南北侧，立面采用钢化大板玻璃。此类型大棚成本较高，但装机量大，可添加的其他可选辅助设备多，可建成观光旅游和生态农业一体化的智能型新型农业大棚。

(2) 简易式光伏大棚薄膜组件。

顶棚：隐框单坡采光顶结构。

主钢结构：钢桁架形式。

图 6-51　光伏农业大棚

前后钢结构立柱基础：钢筋混凝土基础。

顶棚支撑结构：主次檩条方格布置形式。

此类型大棚成本和装机量适中，可选安装的智能设备不多，属于经济适用型大棚。

(3) 塑料大棚外加装太阳能组件式。

顶棚：普通塑料薄膜。

棚内支撑：普通铝合金。

支架组件支撑：钢管支架。

此类型大棚结构简单，成本较低，装机量偏小，基本无附加智能设备。

二、地膜类型

1. 生物降解地膜　生物降解地膜分为化学合成高分子基地膜和天然高分子基地膜两大

类。化学合成高分子基地膜是以有机高分子聚合物为材料制成的薄膜。随着石油工业和科技的发展，高分子膜的应用领域不断扩大，由最初的包装膜发展到智能高分子膜、高分子功能膜等。其中中国科学院长春应用化学研究所在PPC（聚碳酸亚丙酯）合成和生产关键技术上的突破，使得生物降解地膜获得了具有良好功能和性价比的基础材料。在此基础上，通过配方和工艺的改进，研制的以PPC为主要原料的生物降解地膜，其功能得到极大改善，成本显著下降，为彻底解决农田地膜残留污染问题提供一个新的突破口。

天然高分子基地膜主要有淀粉基地膜，由于其降解性仅限于其中的淀粉部分，而不能降解其中的塑料成分；国内外也曾有采用纤维素来制膜，或用纤维素与甲壳素水溶液采用直链淀粉或高直链淀粉及其他天然高分子材料制膜。但是，尽管这些薄膜能够降解，但都存在加工困难、力学性能和耐水性能差等问题，均难以推广应用。生物降解淀粉薄膜是采用“共混型”技术路线，主要原材料是以60%淀粉、10%PVA，以及其他交联剂、偶联剂、软化剂、润滑剂等一系列助剂组成的配方体系。生物降解地膜根据不同农作物生长期、不同降解诱导期的要求，利用然料配方的比例实现对降解地膜的可控性。在微生物、氧气、光等自然条件作用下，完成对农作物的保温、保墒、除草等功能后，逐步分解成为细微粉末，直至完全降解为水和二氧化碳，实现对农田环境的无害化。

2. 光降解地膜　光降解地膜目前虽已能达到规模化生产的水平，但由于其降解速度很难控制，降解速度快，再加上这种地膜只有在光照下才能降解，而埋在土壤里的部分因见不到阳光而不能分解，降解后碎片不易继续粉化或被土壤同化，污染土壤问题仍未得到根本解决，成本也比普通膜高。因此它的使用很受限制。

3. 植物纤维基地膜　植物纤维基地膜是日本利用植物纤维如针叶木、阔叶木、麻、苇等多种天然原料，采用造纸工艺制成的一种纸地膜，它是一种可在土壤中完全降解的环保型地膜。但由于其抗风雨能力差、易破碎，不宜机械铺膜，也未能在农业生产上推广应用。

4. 液态喷洒式可降解地膜　液态喷洒式可降解地膜由意大利国家研究委员会高分子化学与技术研究所开发。这种新型地膜用天然高分子材料制成，使用前是液体，使用时均匀喷洒在地表就能形成地膜，可以在很多领域替代农业中普遍使用的塑料地膜，并可有效解决地膜污染土壤的问题。这种地膜强度可以根据具体用途而定，地膜也可以被制成黑色，以抑制地面杂草的生长。此外，还可以在喷洒地膜前，向其中加入化肥或农药。庄稼收获后，这些地膜就可以在耕地时被混入土壤，并随之降解，不会造成污染。目前，这种产品已经开始在瑞典、德国和意大利试用，主要用于番茄、芦笋、草莓、马铃薯和花卉种植。但成本较高。

5. 环保型麻地膜　环保型麻地膜是“十五”期间中国农业科学院麻类研究所研制成功的高新技术成果，它是以麻类纤维为主要原料，在不改变麻类纤维特性的情况下，采用无纺布制造工艺制成的植物纤维地膜。产品强度较高，适宜机械铺膜，保温、保湿效果好，能有效地促进农作物生长发育。使用后在土壤中降解性能良好，无污染，并有培肥土壤作用。该产品填补了国内空白，与国外同类产品相比，性能更优、成本更低，具有很大的推广应用价值。

6. 多功能可降解黑色液态地膜　由山东科技大学2005年研制成功，这种多功能可降解液态地膜是以褐煤、风化煤或泥炭为主要原料，通过活化抽提，生产土壤所需的有机肥，腐殖酸、木质素、纤维素和多糖在交联剂的作用下形成高分子，与各种添加剂、硅肥、微量元素、农药和除草剂混合制取的第四代多功能可降解黑色液态地膜。该产品的技术创新点是：

以腐殖酸和生物质为主要原料，具有复合高效性、生态清洁性和遗传安全性等优点。这一技术解决了白色污染问题，消除了秸秆焚烧造成的污染难题，达到了农业增产增收、资源综合利用的目的。多功能可降解黑色液态地膜，不仅有塑料地膜的吸热增温、保墒、保苗作用，还有较强的黏附能力，可将土粒连接成理想的团聚体；采用植物秸秆，可腐化分解为腐殖酸，彻底解决了地膜对土地和环境的污染，同时又增加了集农药、肥料和农膜于一体的特点，用后翻压入土，可成为土壤改良剂。现已在原有液膜基础上，进一步优化技术，提高了液膜的成膜性和显色周期，并通过真空喷雾干燥，成功研制了多功能可降解黑色地膜粉剂，从而解决了液体地膜贮存和运输不便的缺陷，为液体地膜生产的产业化发展提供了保证。

三、塑料薄膜类型

1. 聚乙烯高阻隔复合膜　聚乙烯醇高阻隔复合膜，是以聚乙烯塑料为基材，将改性的聚乙烯醇水溶性液体涂布在基材上形成的具有极高阻隔性的薄膜。由于聚乙烯醇高阻隔复合膜具有良好的阻隔性能，且符合环保要求，所以，该种薄膜的市场前景乐观，在食品工业中有广阔的市场空间。

2. 双向拉伸聚丙烯（BOPP）薄膜　BOPP 薄膜是 20 世纪 60 年代发展起来的一种透明软包装材料。它是用专门的生产线将聚丙烯原料和功能性添加剂混合，熔融混炼，制成片材，然后通过拉伸制成薄膜。BOPP 薄膜不仅具有 PP 树脂原有的密度低、抗腐蚀性好、耐热性好的优点，而且薄膜光学性能好，机械强度高，原材料来源丰富。BOPP 薄膜还可以用于制备电工膜、微孔膜等高附加值的功能性产品，因此 BOPP 薄膜的发展前景十分广阔。

3. 低密度聚乙烯薄膜　低密度聚乙烯是在高压下，乙烯自由基聚合而获得的合成树脂，故又称“高压聚乙烯”。其产品的密度较低，柔软，耐低温性、耐冲击性较好，具有良好的化学稳定性，一般情况下耐酸（除强氧化性酸外）、碱、盐类的腐蚀作用，具有良好的电绝缘性能。

聚乙烯包装膜种类繁多，其性能也各有差异，单层膜性能单一，复合膜性能互补，成为食品包装的主要材料。另外，聚乙烯膜还应用在土木工程领域，比如土工膜。它在土木工程中能起到防水作用，且具有极低的渗透性。

4. 聚酯薄膜　聚酯薄膜的特点是机械性能优良，刚性、硬度及韧性高，耐穿刺、耐摩擦、耐高温和低温、耐化学药品性、耐油性，气密性和保香性良好，是常用的阻透性复合薄膜基材之一，但耐电晕性不好。聚酯薄膜的价格较高，厚度一般为 0.12 mm，常用作食品包装的外层材料，印刷性较好。由于聚酯薄膜的复杂性和难判断，给海关的监管带来一定的困难。

5. 尼龙塑料薄膜　尼龙塑料薄膜是一种非常坚韧的薄膜，透明性好，并具有良好的光泽，抗张强度、拉伸强度较高，还具有较好的耐热性、耐寒性、耐油性和耐有机溶剂性，耐磨性、耐穿刺性优良，且比较柔软，阻氧性优良；但对水蒸气的阻隔性较差，吸潮、透湿性较大，热封性较差。该薄膜适用于包装硬性物品，例如油腻性食品、肉制品、油炸食品、真空包装食品、蒸煮食品等。

6. 流延聚丙烯薄膜　流延聚丙烯薄膜的特点是生产速度快、产量高，薄膜透明性、光泽性、厚度均匀性良好，各项性能平衡性优异。由于是平挤薄膜，后续工作如印刷、复合等极为方便，广泛应用于纺织品、鲜花、食品、日用品的包装。

7. 镀铝塑料薄膜　镀铝塑料薄膜既有塑料薄膜的特性，又具有金属的特性。薄膜表面镀铝的作用是遮光、防紫外线照射，既延长了内容物的保质期，又提高了薄膜的亮度，从一定程度上代替了铝箔，也具有价廉、美观及较好的阻隔性能。因此，镀铝膜在复合包装中的应用十分广泛，主要应用于饼干等干燥、膨化食品包装，以及一些医药、化妆品的外包装上。

项目小结

园艺设施覆盖材料很多，一般将园艺设施的覆盖材料分为三大类型：透明覆盖材料、半透明覆盖材料和不透明覆盖材料。透明覆盖材料包括玻璃、塑料薄膜、半硬质塑料板材、硬质塑料板材和新型覆盖材料，主要起透光作用；半透明覆盖材料包括遮阳网、防虫网、防鸟网和无纺布等，起遮阳、防虫作用；不透明覆盖材料包括草苫、草帘、保温被等，在冬季起保温作用。覆盖材料对光线的透过率越高，越有利于蔬菜的生长；覆盖材料夜晚对长波辐射的阻隔率越高，热量越容易蓄积在设施内，设施的保温性越好；除了透光性和保温性外，覆盖材料的强度、耐候性、防雾防滴性也是常用的评价指标，强度和耐候性决定了覆盖材料的寿命，防雾防滴性会影响覆盖材料的透光率。设施覆盖材料及其应用技术，是人类在同干旱、低温、霜冻和风、雨、雪、雹等自然灾害的长期斗争中，以及在开发利用农业资源的长期实践中逐步认识和发展起来的。利用日益发达的现代科学技术，大力开发推广高科技含量的新型棚室覆盖材料的设施园艺，对于防灾、减灾，挖掘农业的内在潜力，建设持续高产、优质、高效农业，丰富城乡居民收入，保持社会稳定，具有十分重要的意义。

技能训练

技能训练　农用塑料薄膜的选择和养护

一、实训目的

通过实训，掌握塑料薄膜的特性，在生产过程中能做到正确选用、合理养护，以延长使用寿命，提高经济效益。

二、材料与场地

1. 材料　3～5种塑料薄膜、电子秤、剪刀、卷尺、游标卡尺。

2. 场地　校内实验室、实训基地。

三、实训内容与方法

（一）实训内容

1. 测量不同种类薄膜的厚度、单位面积质量，根据设定大棚类型，计算出覆盖所需薄膜的用量。

2. 结合生产基地的具体情况，观察塑料薄膜在使用过程中出现的问题。

（二）实训方法

1. 取 $1\ m^2$、$5\ m^2$、$10\ m^2$ 的塑料薄膜，测定其质量，计算出单位面积的平均质量。

2. 测量不同塑料薄膜的厚度，分析厚度与单位面积质量的相关关系。
3. 走访生产基地，了解薄膜在使用过程中出现的问题。

四、考核标准

1. 是否掌握不同薄膜使用量的计算方法。
2. 走访、了解存在的问题，分析原因并提出相应的对策，并分析是否合理。
3. 对薄膜的合理使用与养护提出建议。

五、课后作业

1. 作出地膜厚度与单位面积质量的关系图。
2. 计算出一个标准大棚不同薄膜的用量。

复习思考

1. 生产上有哪些常见的地膜覆盖？
2. 特殊功能的地膜有哪些？其主要作用分别是什么？
3. 防鸟网覆盖的作用有哪些？
4. 无纺布的作用有哪些？生产上应用时应注意哪些问题？
5. 不透明覆盖材料有哪些？如何正确选择？
6. 不透明覆盖材料在应用时应注意哪些问题？
7. 农用塑料薄膜主要有哪些种类？性能上有何区别？

项目七　园艺设施的环境调控技术

【项目导读】 本项目主要介绍设施内光照、温度、湿度、土壤条件和气体的变化规律；有害气体和连作障碍的产生原因及调控技术；综合化、定量化环境控制指标及调节措施。

【项目目标】 要求学生了解设施内光照、温度、湿度及二氧化碳变化规律、影响因素及调控技术。

【项目考核】 设施内环境观测及调控的一般方法、小气候观测仪的使用方法、二氧化碳的施肥技术。

任务一　光照条件及其调控

【教学要求】 本任务主要了解设施内光照条件的特征，影响光照环境的主要因素及光照条件的调控技术。

【教学目的】 要求学生了解设施内光照条件的变化规律及影响因素，重点掌握设施内光照条件的调控技术。

【教学材料】 照度计、覆盖材料、光源（白炽灯、日光灯）、相关教学图片。

【教学方法】 多媒体教学、现场教学。

一、园艺设施内光照条件的特征

园艺设施内的光照条件主要包括光照度、光照分布、光照时数和光质 4 个方面。其中，光照度、光照分布和光照时数对园艺设施生产的影响较大，光质主要受设施覆盖材料性质的影响，变化相对简单。

（一）光照度

1. 光照度的概念　光照度表示被摄主体表面单位面积上受到的光通量，单位为勒克斯（lx），1 lx=1 lm/m^2。

园艺设施内的光合有效辐射能量、光量和太阳辐射量受透明覆盖材料的种类、老化程度、洁净度的影响，仅为外界光照度的 50%～80%，这种现象在冬季成为喜光作物生产的主要限制因子。

2. 设施内光照度的特点

（1）光照度比露地弱。这是因为自然光是透过透明屋面覆盖材料进入的，这个过程中会由于覆盖材料吸收、反射以及覆盖材料内表面结露的水珠折射、吸收等而降低透光率。

（2）由于温室支架、方位以及保温覆盖等，设施内的光照度减弱，光照时数比露地相对要少。

（3）由于覆盖材料的不同，对设施内光质有不同的影响。

（4）光分布不均匀。

（二）光照分布

园艺设施内直射光透光率，在设施的不同部位、不同方位，不同时间和季节，分布极不均匀。单屋面温室的光照分布见图7-1，可以看出，单屋面温室的东、西、北面均为不透光的墙面，在其附近或下部往往会有遮阳。朝南的透明屋面下，光照明显优于北部。据测定，温室栽培床的前、中、后排黄瓜产量差异很大，前排光照条件好，产量最高，中排次之，后排最低，反映了光照分布不均匀。温室内不同部位的地面，距离地面的远近不同，光照条件也不同。温室内光分布的不均匀性，使得园艺作物的生长也不一致。单屋面温室后屋面仰角大小不同，对透光率的影响也不同。

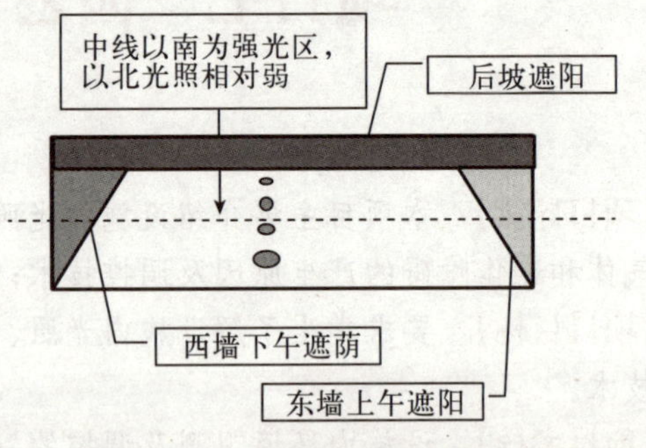

图7-1　单屋面温室的光照分布

（三）光照时数

园艺设施内的光照时数是指受光时间的长短，因设施类型不同而不同。如大型连栋温室和塑料大棚全面透光，无外覆盖物，设施内的光照时数与露地基本相同；单屋面温室内光照时数短于露地，其主要原因是在寒冷冬季为防寒保温，覆盖的蒲席、草苫揭盖时间直接影响设施内受光时数，在寒冷的冬季或早春，一般在日出后才揭苫，日落前或刚刚日落就盖上，一天内作物受光时间不超过7～8 h，在高纬度地区冬季甚至低于6 h，难以满足园艺作物对日照时数的需求；北方冬季生产用的塑料拱棚或改良阳畦，夜间采用防寒覆盖物保温，也存在光照时数不足的问题。

（四）光质

园艺设施内光组成（光质）主要与透明材料的性质有关。光线需透过玻璃、塑料薄膜或硬质塑料等采光材料进入温室，其中紫外线和红外线的入射量受玻璃等影响，透入很少或基本不入，呈现图7-2所示的特征。覆盖材料主要影响的是波长380 nm以下紫外线的透光率，虽然有些薄膜可以透过310～380 nm的紫外线，但大多数覆盖材料不能透过波长310 nm以下的紫外线。在生产中，紫外线对植物的许多病原菌有很强的抑制作用，对植物和果实着色有很好的促进作用。此外，覆盖材料还可影响红外线和远红外线的比例，缺少红外线会影响棚室内温度升高，作物得不到足够的地温和气温，根系的吸收能力和地上部分物质的合成、运转、积累都会受到抑制，也不能进行正常生育。

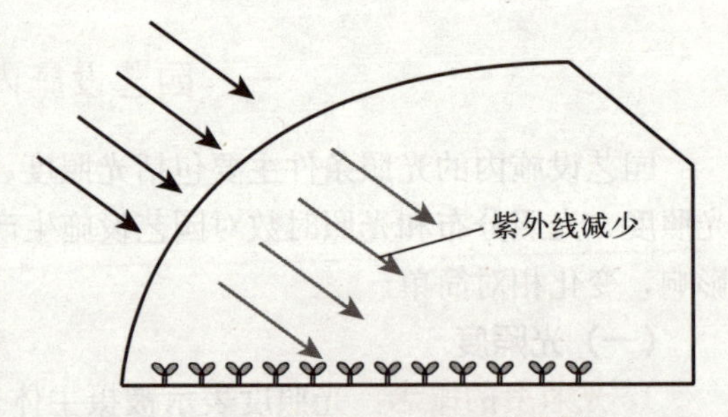

图7-2　日光温室对光质的影响

二、影响园艺设施光照环境的主要因素

影响设施内光照环境的主要因素为设施的透光率和设施外的气候变化。

（一）设施透光率

1. 定义　设施透光率是指设施内的光照度与外界自然光的光照度的比值。透光率的大小反映设施采光能力的好坏。透光率越高，表明设施的采光能力越强，光照条件越好。

2. 影响透光率的因素

（1）覆盖材料的透光特性。覆盖材料的透光性对透光率的影响主要表现在覆盖材料对光的吸收率、透射率和反射率的大小。太阳光照射到覆盖物的表面上，一部分太阳辐射能量被材料吸收，称为光吸收率；一部分被反射回空中，称为光反射率；剩下的部分透过覆盖材料进入设施中，称为光透射率。三者之间的关系为

$$光吸收率+光透射率+光反射率=1$$

覆盖材料的透光特性受其种类和状态的影响。不同覆盖物种类及状态下的透光特性见表7-1和表7-2。

表7-1　不同种类及状态下的覆盖物的透光特性

名称	透光量/klx	透光率/%	吸收及反射率/%	露地光照度/klx	产地
透明新膜-1	14.9	93.1	6.9	16.0	上海
透明新膜-2	14.4	90.0	10.0	16.0	天津
稍污旧膜（使用1年后）	14.1	88.1	11.9	16.0	天津
黏尘新膜	13.3	83.1	16.9	16.0	天津
半透明膜	12.7	79.4	20.6	16.0	天津
有滴新膜	7.5	73.5	26.5	10.2	天津
洁净玻璃	14.5	90.6	19.4	16.0	
黏尘玻璃	13.0	81.3	18.7	16.0	

表7-2　水滴大小对太阳辐射透光率的影响

薄膜类型	无滴膜	普通薄膜	
		1～2 mm	2～3 mm
透光率/%	90	62	57

注：表中1～2 mm、2～3 mm是水滴的直径。

从表7-1可看出，黏尘和附着水滴均能降低透明覆盖物的透光率，黏尘可降低透光率10%左右，附着水滴可降低透明覆盖物的透光率10%左右，薄膜老化可使透光率下降10%左右。从表7-2可看出，附着水滴后可使透明覆盖物的透光率下降30%～40%，且水滴越大，对覆盖物透光率的影响越大。其主要原因是附着水滴不仅对太阳红外线部分有强烈的吸收作用，而且还增加反射光量。

不同覆盖材料有不同的透光率（图7-3），所以覆盖材料对温室光照度有着决定性的影响，覆盖材料除影响透光率外，还会影响温室内的光谱组成。

（2）设施结构对透光率的影响。主要是指设施的屋面角度、类型和方位等对设施透光率的影响。

屋面角度：屋面角度主要影响太阳直射光在屋面的入射角的大小，一般设施的透光量随着太阳光线入射角的增大而减小，见图7-4。

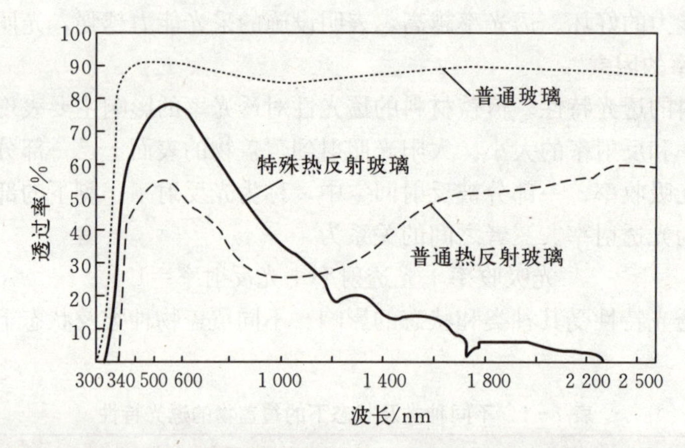

图 7-3 普通玻璃和热反射玻璃透光率（TE 社资料）

从图 7-4 可知，当入射角为 0°时，透射率可达 90%；当入射角为 0°～40°（或 45°）时，透射率变化不大；当入射角大于 40°（或 45°）后，透射率明显减小；当入射角大于 60°后，透射率急剧减小。

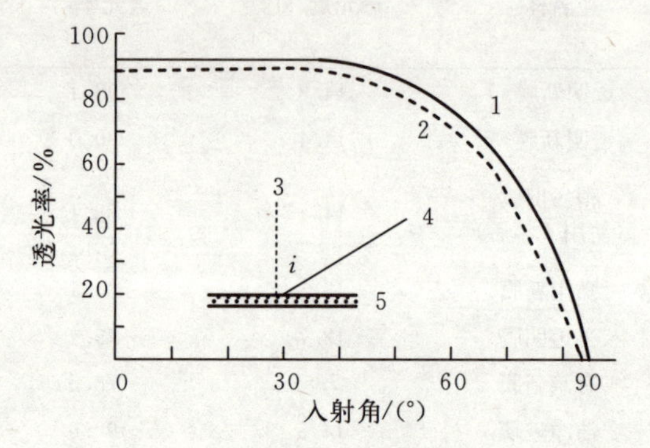

图 7-4 玻璃与塑料薄膜的透光率与入射角的关系

1. 玻璃 2. 塑料薄膜 3. 法线 4. 太阳光线 5. 水平面

透光率最大时的屋面角度 α 应该与太阳高度角呈直角，计算公式为 $\alpha=\varphi-\delta$。式中，φ 表示纬度（北纬为正）；δ 表示赤纬，赤纬随着季节的变化而变化。主要节气的赤纬见表 7-3。按公式计算出屋面角度一般偏大，如按照此角度建造温室，不符合实际生产需要，太阳入射角在 0°～45°时，直射光的透光率差异不大，所以从生产角度出发，透光率最大时的屋面的实际角度为理论角度与 40°～45°的差值。

以北京地区为例，冬至时的适宜屋面角度为

$$\alpha=\varphi-\delta-40°\sim45°=39°54'-(-23°27')-40°\sim45°$$
$$=63°21'-40°\sim45°=23°21'\sim18°21'$$

表 7-3 季节与赤纬

季节（月/日）	夏至（6/21）	立夏（5/5）、立秋（8/7）	春分（3/20）、秋分（9/23）	立春（2/5）、立冬（11/7）	冬至（12/22）
赤纬	+23°27′	+16°20′	0°	−16°20′	−23°27′

（3）设施类型对透光率的影响。不同设施类型的透光性能比较见表 7-4。由表 7-4 可看出，不同的设施类型对透光率的影响不同，与对照相比，4 种结构的大棚都低于对照，其中连栋钢材结构大棚的透光率为 56.3%，与其他 3 种大棚相比较，透光率最小，主要是由于其骨架材料用量大且材料的规格也大，遮阳面大，造成透光率降低。单栋竹拱结构大棚次之，透光率为 62.5%，单栋钢拱结构大棚和单栋硬质塑料结构大棚的透光率较大，分别为

72.5%和 71.9%。主要由于单栋钢拱结构温室和大棚的骨架材料较小，遮阳面比连栋温室和大棚的小，因此其透光率较大。同时，设施的透明覆盖层次越多，透光率越低，双层薄膜大棚的透光率一般较单层大棚减少 50%左右。

表 7-4 不同设施类型的透光性能比较

大棚类型	透光量/klx	与对照的透光量差值	透光率/%	与对照的透光率差值
单栋竹拱结构大棚	66.5	−39.9	62.5	−37.5
单栋钢拱结构大棚	76.7	−29.7	72.5	−27.5
单栋硬质塑料结构大棚	76.5	−29.9	71.9	−28.1
连栋钢材结构大棚	59.9	−46.5	56.3	−43.7
对照（露地）	106.4		100.0	

（4）设施方位对透光率的影响。设施方位不同，一天中的采光量也不同。温室方位与床面日平均透光率的关系见图 7-5。图 7-5 表示冬至时北纬 30°的单栋和连栋温室内床面日平均透光率与设施方位的关系。可以看出，冬至时节温室的透光率随着方位偏离正南而减弱。

纬度不同、方位不同，设施内的透光率也不同。不同纬度、不同方位温室透光率差值比较见表 7-5。从表 7-5 可看出，东西栋与南北栋的直射透光率随着纬度的变化而变化，纬度越高差异越大。塑料大棚的方位不同，对其采光量的影响也不同，不同方位塑料大棚不同节气采光量比较见表 7-6。从表 7-6 可看出，在东西延长方位，芒种和小满时的透光率较大，分别为 60.50%和 61.37%，在南北延长方位，小满和芒种时的透光率较大，分别为 59.34%和 59.33%，且在立夏时，东西延长与南北延长的透光率相差 7.69%。东西延长塑料大棚透光率均高于南北延长。

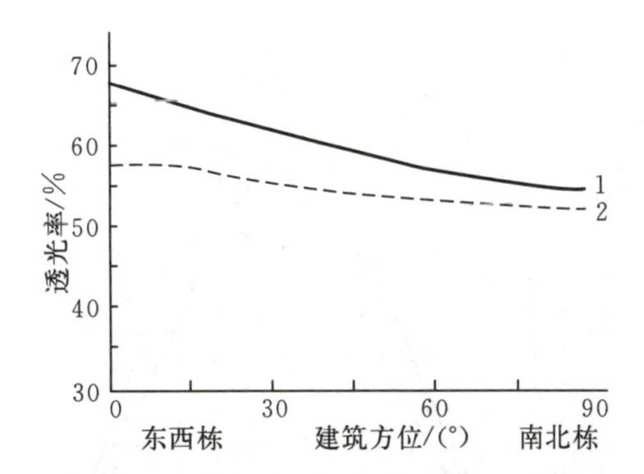

图 7-5 温室方位与床面日平均透光率的关系
1. 单栋温室 2. 连栋温室
注：图中透光率指的是直射光日总量床面透光率。

表 7-5 不同纬度、不同方位温室透光率差值比较

纬度	地点	东西栋最佳屋面坡度	东西栋与南北栋透光率之差/%
30°12′	上海	35°	5.48
36°01′	兰州	30°	6.79
39°57′	北京	26°34′	7.40
45°45′	哈尔滨	20°	9.71
50°12′	漠河	15°	11.1

表 7-6 不同方位塑料大棚内的透光率比较（%）

方位	清明	谷雨	立夏	小满	芒种	夏至
东西延长	53.14	49.81	60.17	61.37	60.50	48.86
南北延长	49.94	46.64	52.48	59.34	59.33	43.76
比较值	+3.20	+3.17	+7.69	+2.03	+1.17	+5.1

相邻温室或塑料棚的间距以及设施内作物畦向不同，透光率也不同。相邻温室之间的距离大小，应大于或等于温室的脊高加上草帘卷起来的高度的 2～2.5 倍，保证在太阳高度最低的冬至前后，温室内要有充足的光源。南北延长的温室，相邻间距应为脊高的 1 倍左右。设施内栽培作物南北畦向受光均匀且平均投射总量大于东西畦向。

（二）气候变化

气候变化对设施内的光照具有明显的影响。总体来讲，低温期多数时间内，设施内的光照不能满足作物生长的需要。尤其是保温覆盖物比较多的温室和阳畦内的光照时间与光照量尤为不足，透光率会降低；春、秋两季设施内的光照条件基本能满足栽培需要；夏季设施内光照虽然低于露地，但是由于光照过强会导致设施内温度过高，以造成高温危害。

（三）光照分布对光环境的影响

设施结构不同，设施内光照分布也不同。下面就以温室、塑料大棚、遮阳为例，阐述不同设施结构对光照分布的影响。

1. 温室　单屋面温室的等光线（光照度相等点的连线）与前屋面平行。温室内南北方向和东西方向上各部位的光照度变化见图 7-6、图 7-7 和表 7-7。

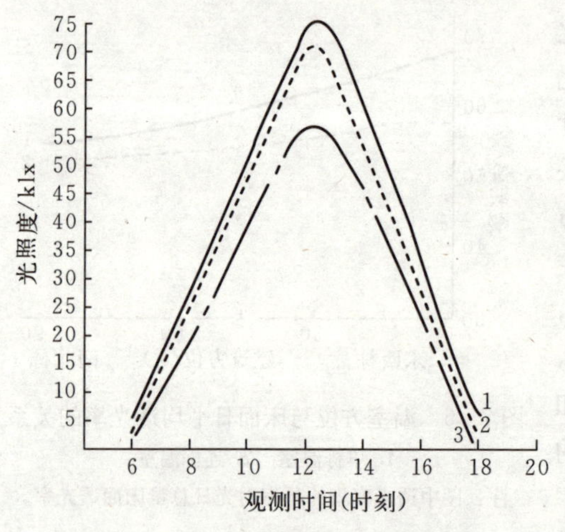

图 7-6　温室内南北方向上各部位的光照度变化（韩世栋，2001）

1. 南部光照度　2. 中部光照度　3. 北部光照度

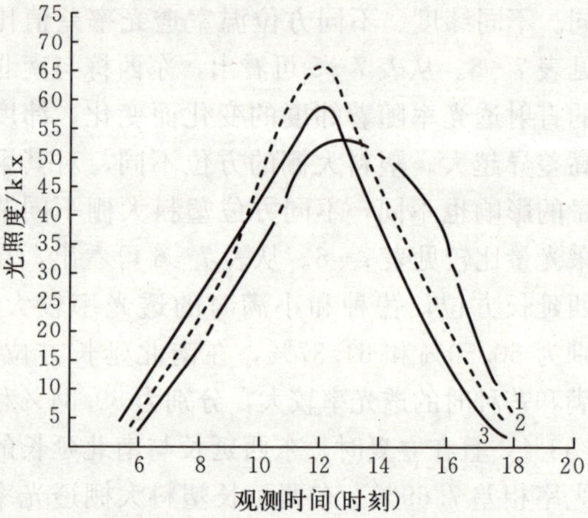

图 7-7　温室内东西方向上各部位的光照度变化

1. 东部光照度（距侧墙 1 m 处）　2. 中部光照度　3. 西部光照度（距侧墙 1 m 处）

表 7-7　温室内垂直方向上不同部位的光照度（klx）

调查部位	西葫芦区		黄瓜区			露地
	地面	上部[①]	地面	架中部	架上部	
南部	15.0	26.0	8.6	23.2	23.5	
中部	13.0	26.0	4.7	19.0	22.5	47.0
北部	10.5	26.0	4.2	15.3	21.0	

①薄膜下 50 cm 处。

注：1995 年 3 月 30 日观察于山东省昌潍农业学校实习基地。

由图 7-6、图 7-7 可看出，温室内不同部位的屋面角度大小及受侧墙的影响不同，地面上不同部位的光照度大小也呈现不同的趋势。

由表7-7可知，设施内垂直方向上，不同部位的光照有明显的差异，一般表现为：从下向上，光照逐渐增强；随着温室高度的增加，由南向北，地面光照逐渐减弱，所以为了保持北部地面有足够的光照，温室的高度不宜过高；蔬菜种类不同，对温室内光照分布的影响也不同，高架黄瓜中下部的遮光较严重，地面光照较弱，仅为西葫芦区的40%左右，所以冬季栽培高架蔬菜，要进行合理密植，保持植株中下部都具有一定的光照度。

2. 塑料大棚 塑料大棚内光照分布为南侧接受直射光较多，光照最强，北侧接受的散射光较多，光照也较强，大棚中部离棚膜较远，获得的直射光和散射光均较少，在大棚内的作物离棚中部越近，光照会越弱。大棚的跨度和高度越大，棚中部光照越弱。塑料大棚光照分布见图7-8、图7-9和图7-10。

图7-8 塑料大棚实物

图7-9 南北延长大棚光照分布

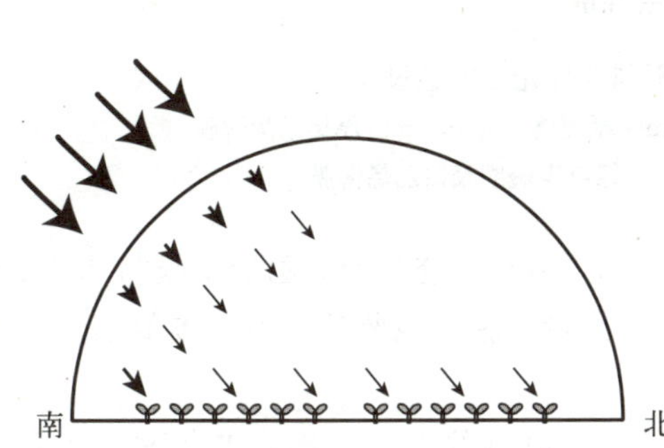

图7-10 东西延长大棚光照分布

图7-11 遮阳造成光照分布不均匀

3. 遮阳 遮阳是指太阳光照射到设施内的建材或植物上后所形成的阴影，是造成地面光照分布不均匀的主要原因，见图7-11，并且会随着太阳位置的变化而不断移动。一般冬至时的太阳高度最低，阴影投射较远，设施内立柱垂直投影的长度能达立柱长的几倍，东西长的檩、梁等投影宽度要增加1倍多。一般温室的窗框遮阳对地面光照分布的影响作用可达20%～30%，超过屋面角的影响。

（四）光质对光环境的影响

光质主要受覆盖材料的种类和状态的影响。

1. 覆盖材料种类对光质的影响 不同覆盖材料对光质的影响见表7-8，薄膜和玻璃对不同波长光区的透过率见图7-12。

表 7-8　不同覆盖材料对光质的影响

材料种类	对光质的影响
塑料薄膜	可见光透过率一般为80%～85%，红外线为45%，紫外线为50%
聚乙烯和聚氯乙烯	二者的总透光率相近，聚乙烯薄膜的红外线和紫外线部分的透过率稍高于聚氯乙烯薄膜，散热快，保温性差
玻璃	透过的可见光为露地的85%～90%，红外线为12%，紫外线几乎不透过，保温性优于薄膜
浅色薄膜	能改变透过太阳光的成分，如浅色薄膜能透过70%左右可见蓝绿光部分和35%左右600 nm波长的光
绿色薄膜	绿色薄膜能透过70%左右可见光的橙红区和微弱透过600～650 nm波长的光

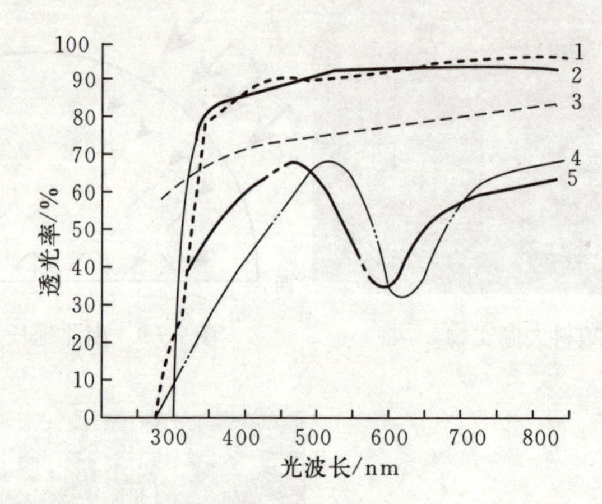

图 7-12　薄膜和玻璃对不同波长光区的透过率

1. 0.1 mm厚透明聚氯乙烯薄膜　2. 0.3 mm厚玻璃　3. 0.1 mm厚聚乙烯薄膜
4. 浅蓝色半透明聚氯乙烯薄膜　5. 绿色半透明聚氯乙烯薄膜

从图7-12可看出，在波长为350～800 nm，0.1 mm厚透明聚氯乙烯薄膜与0.3 mm厚玻璃的透过率几乎相同，二者均高于0.1 mm厚聚乙烯薄膜、浅蓝色半透明聚氯乙烯薄膜和绿色半透明聚氯乙烯薄膜。

2. 覆盖材料状态对光质的影响　膜面落尘可降低红外线的透光率，老化薄膜主要降低紫外线的透光率，膜面附着水滴能够明显降低1 000～1 100 nm的红外线的透过率。

三、园艺设施光照条件的调控技术

(一) 光照度的调控

1. 选择合理的设施结构和布局，提高设施的透光率

(1) 依据设施内作物生产季节及当地的自然环境（包括地理纬度、海拔、主要风向、周边环境等）选择适宜的建筑场地及合理的建筑方位。温室合理建造位置见图7-13。

(2) 设施建造采用合理的屋面角，见图7-14。如我国北方日光温室前屋面角在北纬32°～34°区域内应达到25°～35°。

(3) 设施建造选择合理的建造方位。我国北方日光温室宜选东西向，依据设施建造地的风向及温度等情况，采用南偏西或偏东 5°～10°为宜，邻栋温室之间并保持足够的距离，见图 7-15。大型现代温室一般以南北方向为宜，同时要注意温室侧面长度及连栋数对其透射光的影响。

（4）设施建造选择拱圆形透明屋面形状。

（5）设施建造在保证温室结构强度足够的前提下尽量选用细材，以减少骨架遮阳，见图 7-16。

（6）尽量选用透光率高且透光保持率高的透明覆盖材料。我国以塑料薄膜为主，塑料薄膜应选用多功能薄膜、漫反射节能薄膜、防尘膜、光转换膜，大型连栋温室可选用 PC 板材。

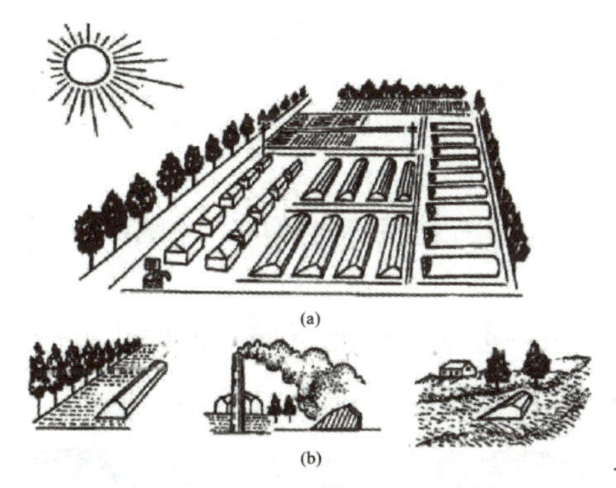

图 7-13　温室合理建造位置

（a）合理　（b）不合理

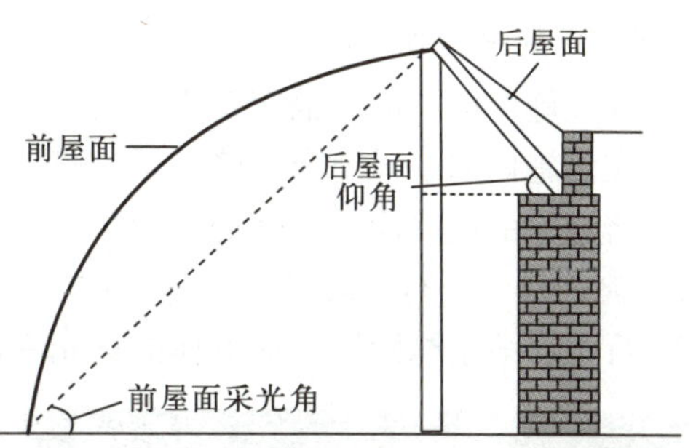

图 7-14　设计合理的前屋面角和后屋面仰角

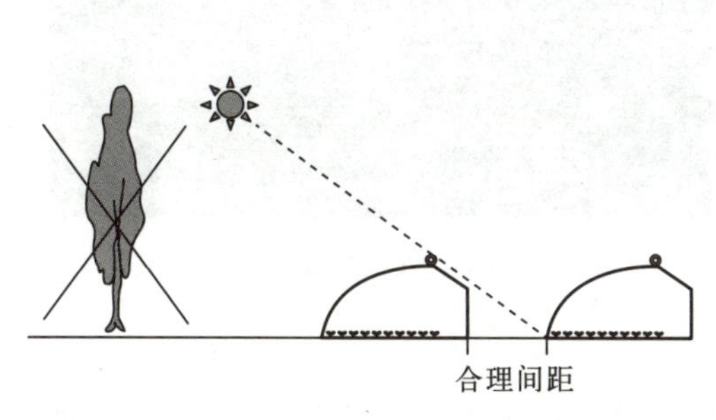

图 7-15　邻栋温室的合理间距

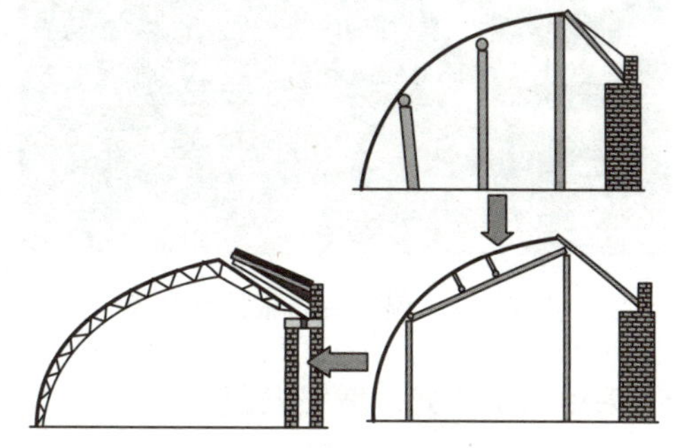

图 7-16　减少骨架遮阳

2. 提高透明覆盖物的透光性

（1）选择透光率较高的新薄膜。新薄膜的透光率一般可达 90%，甚至更高。使用一年后的旧膜，透光率会下降到 50%～60%，要定期更换薄膜（图 7-17）。

（2）保持覆盖物表面清洁。定期清除覆盖物表面的杂物，保持覆盖物表面清洁。

（3）及时清除薄膜内面上的水膜。采用无滴膜覆盖，或者拍打薄膜，或者定期喷洒除滴剂和消雾剂，及时消除薄膜内表面上的水膜。

（4）保持膜面平紧。薄膜覆盖应经常保持膜面平紧，防止膜面起皱降低。

（5）早揭晚盖覆盖物。在保持室温适宜的前提下，尽量早揭晚盖覆盖物以延长光照时间，提高透光率，见图 7-18。

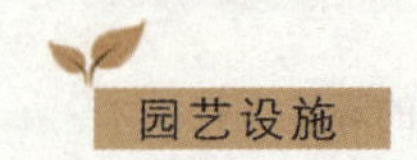

(6) 阴雪天过后应及时揭开保温覆盖物。

图 7-17　更换棚膜

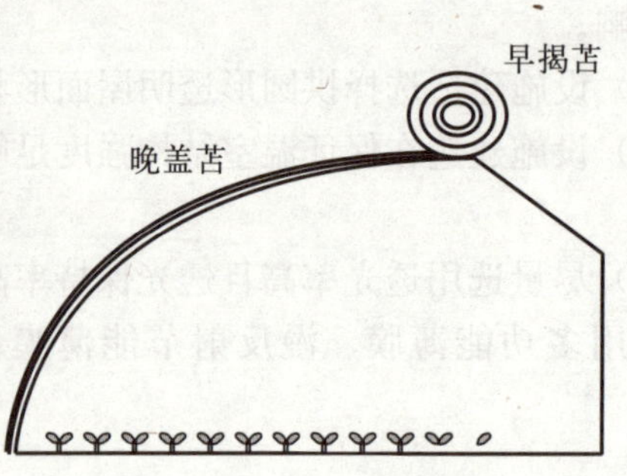

图 7-18　早揭苫晚盖苫

3. 利用反射光增强光照

(1) 在设施内的地面上铺盖反光地膜。

(2) 在设施内墙或风障南墙张挂反光膜，以增加设施北部的光照度，见图 7-19。

(3) 将温室的内墙面及立柱的表面涂成白色。

4. 设施内作物进行合理密植　设施内作物栽植一般采用南北行向，根据栽植作物品种采用扩大行距、缩小株距以增加群体的透光率，见图 7-20。

图 7-19　温室后墙张挂反光膜

图 7-20　合理密植

5. 采用人工补光，增强光照

(1) 补光目的。一是调节光周期，通过抑制或促进花芽分化来调节开花期和成熟期。生产上，在菊花、草莓等冬季栽培中，通常称为电照栽培，要求光温较低，即以满足作物光周期的需要为目的。二是通过人工补光促进光合作用。在多雨天或冬季温室采光时间不足时要进行人工补光，补光时间一般采用上午卷苫前和下午放苫后各补光 2～3 h，保证自然光照和补光时间总和保持在 12 h 左右，见图 7-21。

(2) 栽培补光对光源的要求。光照度在 3 000 lx 以上，光照度具有一定的可调性，由一定的光谱组成，最好具有太阳光的连续光谱。

(3) 光源选择。设施内主要采用白炽灯、日光灯、高压水银灯及钠光灯进行人工补光。参考光照度：3 根 40 W 日光灯合在一个灯架上，使距离灯 45 cm 处的光照度达 3 000～3 500 lx，100 W 高压水银灯距离灯 80 cm 处的光照度保持在 800～1 000 lx。在设施内的人工补光尽量模拟太阳光谱，采用发出连续光谱的白炽灯和发出间断光谱的日光灯搭配使用。

图 7-21 人工光源补充光照

(4) 光源特点。白炽灯：结构简单、价格便宜、光照度易于调节；辐射光谱主要在红外线范围，可见光所占比例很小，发光效率低，且红光偏多，蓝光偏少；寿命短（1 000 h），不宜用作光合补光的光源，但可作光周期补光的光源。

高压水银荧光灯：易达到较高功率，寿命较长，但光色较差，发光效率略低于荧光灯，使用较少。

高压钠灯：发光效率高，功率大；光谱分布范围较窄，黄橙光为主；寿命长（12 000～20 000 h）。目前，在园艺设施补光中应用较多。

低压钠灯：发光效率很高，功率大；光色为单一的 589 nm 黄色光；寿命长（平均寿命 18 000 h）；光色单一，很少单独使用，但可与其他光源配合使用。

(5) 注意事项。采用人工补光时，光源应距植株及棚膜 50 cm 以上，避免烤伤植株和烤化薄膜。

6. 通过人工遮光减弱设施内的光照

(1) 遮光目的。一是减弱设施内的光照度，二是降低设施内的温度。生产上采用草帘、苇帘和遮阳网，其中，遮阳网遮光率为 25%～90%不等，根据生产需要进行选择。

(2) 遮光方法。采用覆盖遮阳物、薄膜表面涂白灰或泥浆、玻璃面流水等方法进行遮光，如图 7-22 所示。覆盖遮阳物一般可遮光 50%～55%，降温 3.5～5.0 ℃；薄膜表面涂白面积 30%～50%，减弱光照 20%～30%；玻璃面流水法可遮光 25%，降低温度 4 ℃。

（二）光照长度的调控

1. 短日照作物的调控 采用遮光率为 100%的遮光幕覆盖，可促进短日照作物提早开花。如菊花和一品红，使其 17:00 至次日 8:00，处于黑暗中，一品红 40 d 左右即可开花，菊花 50～70 d 即可开花。

2. 长日照处理 采用补光处理可延长短日照作物开花期，如设施栽植菊花，通过电照处理可延长秋菊开花期至冬季节日期间开花，实现反季栽培，增加淡季菊花供应，提高效益；而草莓电照栽培，可阻止休眠或打破休眠，提早上市。长日照处理方法为：从日落到日出终夜照明，日落后 4～8 h 连续照明，黑夜中插入连续照明 2～5 h；黑夜中 2～5 h 中间间歇明暗反复操作。

（三）光质的调控

通常采用以下 3 种薄膜进行光质调控。

图 7－22　遮光方法

(a) 采用遮阳网进行遮光　(b) 玻璃屋面涂白法

(c) 温室墙面涂白　(d) 玻璃屋面流水法

(1) 红外光吸收薄膜。主要用于防止幼苗徒长，培育健壮幼苗。

(2) 红光吸收膜。主要用于增加栽植植株高度或侧枝长度，如鲜切花生产等特殊目的栽培。

(3) 热线吸收膜。主要用于夏季栽培，也可用于控制植株高度。

任务二　温度条件及其调控

【教学要求】 本任务主要学习设施内热状况、设施内温度变化规律及温度环境的调控技术。

【教学目的】 要求学生了解设施内热状况、温度变化及分布规律；重点掌握设施内温度环境的调控技术，并用于实际生产。

【教学材料】 通风干湿球温度表、最高温度表、最低温度表、相关教学图片。

【教学方法】 多媒体教学、现场教学法。

一、设施内热状况

(一) 设施内热量来源

设施内的热量来源主要来自于太阳辐射和人工加温。

1. 太阳辐射

(1) 太阳辐射增温的原因。白天太阳光照射到透明覆盖物表面后，一部分光透过覆盖物进入设施内，照射到地面及植株上，地面和植株获得太阳辐射能量，地温和植株体温升高，同时地面和植株也放出长波辐射，使设施内气温升高。因设施采用封闭或半封闭状态，设施内外的冷热空气交换较弱，以及透明覆盖物对长波辐射透过率较低，使大部分长波辐射保留在设施内，使设施内的气温升高。这种利用自身的封闭空气交流和透明覆盖物阻止设施内的长波辐射特性而使内部的气温高于外界的现象，称为设施的“温室效应”。据资料显示，形成“温室效应”的两个因素中，前一因素的作用占72%，后一因素的作用占28%。

(2) 影响太阳辐射增温的因素。影响太阳辐射增温的因素主要有4个。①天气。晴天太阳辐射较强，设施内增温幅度也较高。②设施类型。设施类型不同，辐射增温能力也不相同。据观测，改良型日光温室晴天的增温能力一般达30℃左右，即温室内白天的最高温度比室外高30℃左右；塑料大棚增温能力只有15℃左右。大型设施的内部空间大，蓄热能力强，升温缓慢；空间小的设施蓄热量少，升温较快，温度高。③透明覆盖物的种类。不同的透明覆盖物，因透光率和红外线的透过率高低不同，增温情况也不同。一般规律是覆盖透光率高的透明覆盖物增温快，覆盖红外线透过率低的覆盖物增温也较快。④设施方位。设施方位主要是通过影响设施的采光量对增温幅度产生影响。如东西延长塑料大棚较南北延长塑料大棚的日采光量大，升温幅度也高。

2. 人工加温　影响加温因素一是加温设备的类型不同，二是设施的空间大小。据试验结果表明，温室高度每增加1 m，温度升高1℃所需的能量相应增加20%～40%。

(二) 设施内热量支出

设施内热量支出的途径有多种，主要途径有以下几种。

(1) 通过地面、覆盖物、作物表面的有效辐射放热。辐射放热主要在夜间以有效辐射的方式向外放热。在夜间几种放热的方式中，辐射放热占很大比例。辐射放热受设施内外温差大小、设施表面积及地面面积大小的影响比较大。

不加温时，设施的辐射放热量计算公式为

$$Q=F_c(S+D)/2 \qquad (7-1)$$

式中：Q 为整个设施的辐射放热量；F_c 为放热比，$F_c=S/D$，最大值为1；S 为设施的表面积（m^2）；D 为设施内的地表面积（m^2）。

图7-23为温室热平衡示意图。

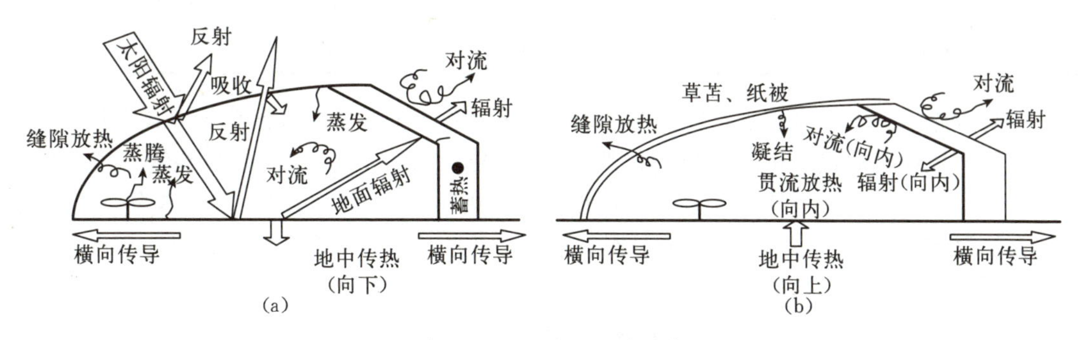

图7-23　日光温室热平衡
(a) 白天　(b) 夜间

(2) 覆盖物的贯流放热。贯流放热是指设施内的热量以传导的方式通过覆盖或围护材料向外散放。影响贯流放热的因素主要有覆盖或围护材料的种类、状态（如干湿）、厚度、设施内外的温度差及风速。尤其是设施外风速，其大小会对贯流放热产生较大影响，风速越大，贯流放热也越快。如导热率为 2.84 kJ/(m·h·℃) 的玻璃，风速为 1 m/s 时，热贯流率为 3.44 kJ/(m·h·℃)；风速为 7 m/s 时，热贯流率为 100.32 kJ/(m·h·℃)。所以，低温期多风地区应加强设施的防风措施。

贯流放热能力大小一般用热贯流率来表示。热贯流率是指材料的两面温差为 1 ℃时，单位时间内、单位表面积上通过的热量，单位为 kJ/(m·h·℃)。

材料的热贯流率越大，贯流放热量越大，保温性能越差。不同材料的热贯流率见表 7-9。

表 7-9　几种材料的热贯流率（张福墁，2000）

材料种类	规格/mm	热贯流率 [kJ/(m·h·℃)]
玻璃	2.5	20.9
玻璃	3～3.5	20.1
玻璃	4～5	18.8
聚氯乙烯	单层	23.0
聚氯乙烯	双层	12.5
聚乙烯	单层	24.2
合成树脂板	FRP、FRA、MMA	20.9
合成树脂板	双层	14.6
木条	厚 5	4.6
木条	厚 6	3.8
砖墙（面抹灰）	厚 38	5.8
钢管		41.8～53.9
土墙	厚 50	4.2
草苫		12.5
钢筋混凝土	5	18.4
钢筋混凝土	10	15.9

(3) 设施内的土壤表面水蒸发、作物蒸腾、覆盖物表面蒸发，以潜热的形式失热。

(4) 通风换气放热。包括设施的自然通风和强制通风，以及建筑材料裂缝、覆盖物破损、门窗缝隙等渠道进行的热量散放。分为显热失热和潜热失热两部分。放热为显热失热，潜热失热量较小，可忽略不计。风速是影响换气放热的一个很重要的因素，风速越大，换气散热量越大。换气散失热量的计算公式为：

$$Q = RVF(t_r - t_0) \qquad (7-2)$$

式中：Q 为整个设施单位时间内的换气热量损失量；R 为换气率，即每小时的换气次数（不同设施密闭状态下的换气率见表 7-10）；V 为设施的体积（m^3）；F 为空气比热容，此式中其值为 1.29 kJ/(m·h·℃)；$t_r - t_0$ 为设施内外的温度差。

表 7-10 几种设施密闭状态下的换气率（次/h）

设施类型	覆盖形式	换气率
玻璃温室	单层	1.5
玻璃温室	双层	1.0
塑料大棚	单层	2.0
塑料大棚	双层	1.1

（5）土壤传导失热。土壤传导失热包括土壤上下层之间以及土壤的横向热传递，土壤水平方向的热传递对设施温度的影响较大。据报道，土壤横向传热失热量占温室总失热量的5%～10%。

影响土壤传导失热的因素包括土壤的质地、成分、湿度以及设施内外地温的差值大小。

（三）设施保温比

1. 保温比概念 保温比是指设施内土地面积 S 与保护设施覆盖及围护材料表面积 W 之比。由此可看出，保温比与设施内土地面积成正比，即设施内的土地面积越大，保温比越大，设施的保温性就越好；反之，保温比越小，保温性越差。

2. 影响设施保温比的因素 影响设施保温比的因素主要是设施的形状及大小。一般单栋温室的保温比为 0.5～0.6，连栋温室的保温比为 0.7～0.8。相同土地面积的大棚，拱圆棚的保温比最小，平顶棚的保温比最大。保温比大的设施，白天增温缓慢，夜间降温也比较缓慢，日较差小，保温比小的设施的日较差则较大。

（四）地气热交换

白天太阳辐射进入设施内，照射到地面后，土壤吸收一部分透射光，使地温升高，反射回设施内及地面的另一部分热辐射也留在设施内，使设施内气温升高，并高于地温。据调查（昌潍农校，1992），白天改良型日光温室内的气温平均每升高 4 ℃，15 cm 地温约上升 1 ℃，大量的热能贮存于土壤内。

夜间在对设施不加温的情况下，因辐射放热、贯流放热、换气放热等，设施内的气温逐渐下降，可依靠土壤、墙体等贮存的热量辐射来保持温度，所以夜间设施内的地温高于气温，据调查（昌潍农校，1992），改良型日光温室内的气温平均每下降 4 ℃，15 cm 地温下降 1 ℃。

二、设施内温度的一般变化规律

设施内温度变化包括气温变化和地温变化两个方面。

（一）气温

1. 气温日变化规律 设施内日最高温度一般出现在 13:00—14:00，日最低温度出现在日出前或保温覆盖物揭起前。其昼夜温度变化一般露地环境下的温度变化剧烈，保持适宜的昼夜温差对园艺植物的生长有利，但过于剧烈的昼夜温差，特别是白天设施内的温度则可能对植物生长带来不利影响，如可能会产生叶片和果实灼伤，必须采取适当的措施加以控制。

2. 影响设施内日较差大小的因素

（1）设施的大小。一般大型设施的温度变化较缓慢，日较差较小。而小型设施的空间小，热缓冲能力比较弱，温度变化剧烈，日较差也较大。据调查，在密闭情况下，小拱棚春季的最高气温可达 50 ℃，而大棚最高气温达 40 ℃左右；当外界温度为 10 ℃时，大棚的日较差约为 30 ℃，小拱棚却高达 40 ℃。

(2) 保温措施。夜间对设施加盖保温覆盖后，设施的日较差变小，晴天日较差较阴天的大。

(3) 气候的变化。小型设施因温度变化剧烈，夜间温度下降较快，甚至设施内的夜间气温低于露地气温，会出现棚温逆转现象。该现象多发生于阴天后有微风、晴朗的夜间。因为在晴朗的夜间，地面和棚的有效辐射较大，(地面有效辐射=地面辐射-大气逆辐射)，而设施内土壤由于白天积蓄的热量小，气温下降后，得不到足够的热量补充，温度下降迅速；露地因有微风从其他地方带来热量补充，温度下降相对缓慢，从而出现棚内温度低于棚外的温度逆转现象（图 7-24），用保温性能差的聚乙烯薄膜覆盖时更容易发生此现象。冬季以增温保温为主，春季应防止倒春寒冻伤秧苗。

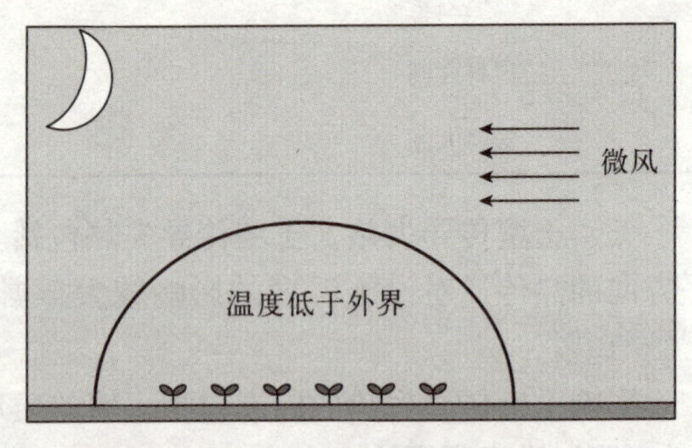

图 7-24　逆温现象

3. 季节性变化规律　设施内温度受外界温度的季节性变化影响较大。低温期设施在不加温情况下，温度会偏低，一般当外界温度下降-3 ℃左右时，塑料大棚内就不适宜栽培喜温性蔬菜；当温度下降到-15 ℃以下时，日光温室也不适宜栽培喜温性蔬菜。晚春、早秋和夏季，设施内的温度会偏高，需采取降温措施，防高温伤害。

（二）地温

1. 日变化规律　设施内地温日变化随着气温的变化见图 7-25。

从图 7-25 可看出，日最高地温一般比最高气温晚出现 2 h 左右，最低地温较最低气温也晚出现 2 h 左右。一日中，地温的变化幅度比较小，尤其是夜间的地温下降幅度比较小。

2. 季节性变化规律　冬季设施内的温度和地温都偏低，以改良型日光温室为例，一般冬季晴天温室内 10 cm 的地温为 10～23 ℃，连阴天时的最低温度可低于 8 ℃。春季以后，气温升高，地温也随着升高。

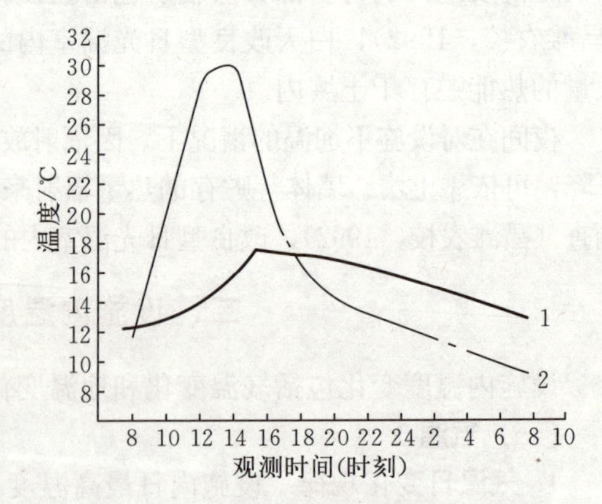

图 7-25　温室内地温与气温的日变化
1. 地温　2. 气温

3. 地温与气温的关系　设施内的气温与地温表现为“互利关系”，即气温升高时，土壤从空气中吸收热量，地温升高；当气温下降时，土壤则向空气中放热来保持气温。低温期提高地温，能够弥补气温偏低的不足，一般地温提高 1 ℃，对作物生长的促进作用，相当于提高 2～3 ℃气温的效果。

三、设施内温度的分布规律

设施内因受空间大小、接受太阳辐射量和其他辐射量大小以及受外界低温影响程度等不同，温度分布也不相同。

保温条件下，设施内的垂直方向上，白天一般由上而下，气温逐渐升高，夜间温度分布呈相反的趋势，温差可达4～6℃。水平方向上，白天南部接受光照较多，地面温度最高；夜间不加温设施内，中部温度高于四周，加温设施内的温度分布为热源附近高于四周。连栋温室内温度垂直分布的差异见图7-26。

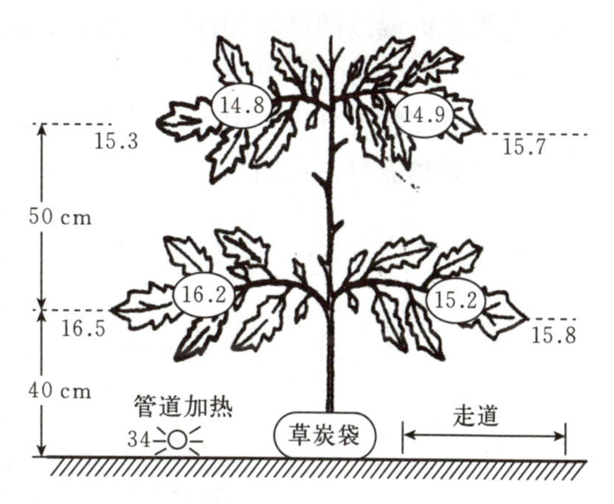

图7-26 温室内番茄叶温与周围气温的差异（单位:℃）（张福墁，2001）

从图7-26可看出，在设施内垂直距离地面40 cm处，室内温度为16.5℃，番茄叶面温度为16.2℃，二者相差0.3℃；距地面50 cm处，室内温度为15.3℃，叶面温度为14.8℃，二者相差0.5℃；垂直方向室内温度相差1.2℃，叶面温度相差1.4℃；靠近热源的地方，室内温度高于走道附近0.7℃，番茄叶面温度相差1℃。

1. 日光温室内不同部位的近地面温度日变化 改良型日光温室内不同部位近地面温度的日变化见图7-27。

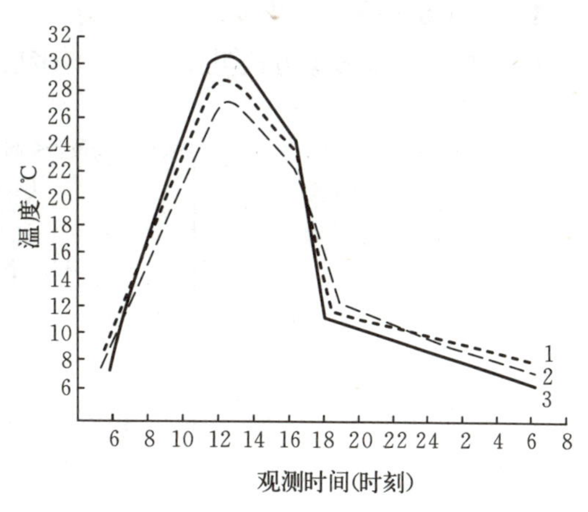

图7-27 改良型日光温室内南北方向各部位的温度日变化规律

1. 中部光照 2. 北部光照 3. 南部光照

2. 设施南部的温度日变化 从图7-27可看出，12:00—13:00，南部地面上20 cm处的气温比其他部位平均高出4℃左右，在夜间，因南部容热量小，加上靠近设施外部，降温较快，日最低气温较其他部位平均低2℃左右。一日内，温室南部的温度日变化及温差变化较大，在作物栽培上，对培育壮苗、防止徒长有重要的作用。在高温、强光时期，要保证设施内通风良好、及时降温，以防中午前后对作物造成高温危害，冬季要做好保温措施，防止作物发生冻害。

3. 设施北部的温度日变化 在设施内，温室北部的空间最大，容热量也大，同时北部屋面的坡度较小，白天透光量少，所以白天升温缓慢，温度最低，夜间有后墙保温，再加上容热量大等原因，温度下降较慢，降温幅度较小，从而使室内温度较高。从图7-27可看出，一日内，北部温度日变化幅度及昼夜温差较小，一般不会发生温度障碍，但易造成作物生长不健壮，易形成弱苗和早衰。

4. 设施中部的温度日变化 从图7-27可看出，温室中部的空间大小及白天的透光量介于南部和北部之间，白天的升温幅度也介于二者之间，但由于远离外部，夜间降温较慢，所以夜温最高。

四、园艺设施内温度环境的调控技术

园艺设施内温度的调节和控制包括保温、加温、降温3个方面。

（一）保温

根据热收支状况分析，保温措施主要考虑减少贯流放热、换气放热和地中热传导，增大保温比和地表热流量，见图7-28。

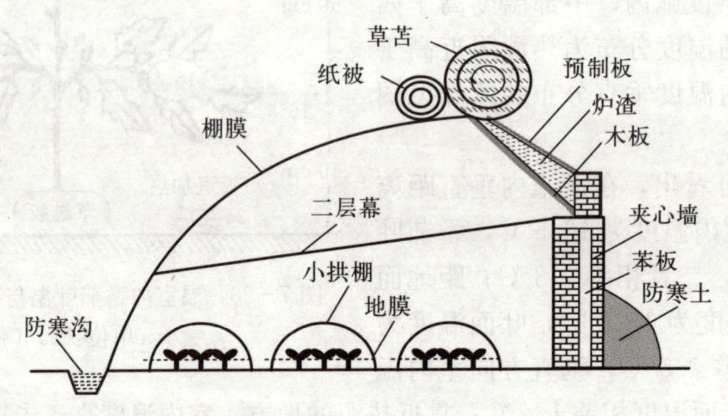

图7-28　温室保温措施

1. 采用多层覆盖，减少贯流放热量

（1）常见保温覆盖方式见图7-29。多层覆盖及其应用见图7-30。

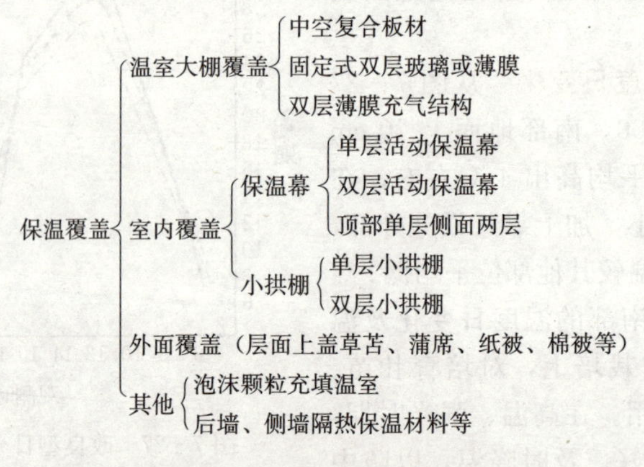

图7-29　常见保温覆盖方式

（2）多层覆盖的保温效果。多层覆盖的保温效果如表7-11所示。

（3）多层覆盖材料。多层覆盖材料主要包括塑料薄膜、草苫、纸被、无纺布等，见图7-30。

塑料薄膜主要用于临时覆盖。覆盖形式主要有地面覆盖、小拱棚、保温幕以及覆盖在棚膜或草苫上的浮膜等。通常情况下，覆盖一层薄膜可提高地温2～3℃；利用草苫保温，覆盖一层草苫通常能提高温度5～6℃。生产中多覆盖单层草苫，以便于自动卷放草苫；很少覆盖双层草苫，如需提高设施的保温性，可增加单层草苫的厚度来代替双层草苫，以便于生产中操作方便。利用纸被保温，多用于临时保温覆盖或辅助覆盖，覆盖在棚膜上或草苫下。

一般覆盖一层纸被温度能提高 3～5 ℃；用无纺布保温，主要用作保温幕或直接覆盖在棚膜上或草苫下。

(a)　(b)　(c)　(d)

图 7 - 30　多层覆盖及其应用

(a) 二层固定覆盖（双层充气膜）　(b) 室内活动保温幕（活动天幕）

(c) 室内扣小拱棚　(d) 加强防风措施

表 7 - 11　不加温温室多层覆盖内外温差（℃）（李辉，2002）

比较项	单层覆盖	双层覆盖	三层覆盖		四层覆盖
			无小棚	一层为小棚	
平均（℃）	+2.3	+4.8	+6.8	+9	+9.0
标准差	±1.1	±1.4	±1.4	±0.7	±0.7
最小（℃）	−1.7	+1.7	+4.1		+8.0
最大（℃）	+4.5	+7.0	7.6		+9.0
备注					大部分一层为小棚膜

注：单层为一层固定膜；双层为一层固定、一层保温幕；三层为一层固定加两层保温幕，或者二层固定膜，再加一层保温幕（含一层小拱棚膜）；四层为一层固定加两层保温幕，再加小棚膜，或者二层固定膜、二层保温幕。

2. 减少气传热　尽可能减少设施缝隙，例如，设施门的内外侧张挂保温帘以防漏风，同时避免通风口漏风。在门外建缓冲间，并关严房门，用保温性能好的材料作墙体和后坡的材料，并尽量加厚，见图 7 - 31。

(a)

(b)

(c)

图 7-31　减少换气传热的措施
(a) 墙体中加入保温材料　(b) 建造缓冲房　(c) 修补棚膜

3. 保证覆盖材料保温性能较好　要用保温性能好的塑料薄膜及干燥、疏松且厚度适中的草苫作为设施覆盖物，以达到保温效果。

4. 适当增加温室高度　日光温室因后墙和后屋面较厚，所以增加日光温室的高度对保温比的影响较小，并且在一定的范围内，适当增加温室的高度，反而有利于调整屋面角度，改善透光，增加温室内太阳辐射，起到增温作用。

5. 保持较高地温　提高地温的措施主要有以下几种。

(1) 增大园艺设施透光率。正确选择日光温室建造方位，屋面保持洁净，增大设施的透光率，提高地温。

(2) 覆盖地膜。覆盖透光率较高的无滴地膜，使温室内土壤积累较多的热量，提高地温。

(3) 合理浇水。低温期应在晴天上午浇水，不要在阴雨雪天或下午浇水。一般当 10 cm 地温低于 10 ℃时不浇水，低于 15 ℃慎重浇水，高于 20 ℃以上浇水最安全。低温期应尽量浇预热的温水或温度较高的地下水、小水或暗水，不要浇凉水、大水或明水。

(4) 挖防寒沟。在设施的四周挖深 50 cm 左右、宽 30 cm 左右的沟，内填干草，上用塑料薄膜封盖，可使设施内四周 5 cm 地温增加 4 ℃左右，减少温室南底角土壤热量散失。

6. 加强防风措施　在多风地区，多在设施的北部和西北部夹设风障来提高保温效果。

7. 减少土壤蒸发和作物蒸腾　采用全面地膜覆盖，膜下埋暗灌、滴灌。

(二) 加温

常用的加温方式有以下几种。

1. 火炉加温　用炉筒或烟道散热，将烟排出设施外。该加温方式多见于简易温室及小型加温温室，见图 7-32。

图 7-32　火炉加温

2. 热水加温　用散热片散发热量，加温均匀性好，但费用较高，主要用于玻璃温室以及其他大型温室和连栋塑料大棚中，见图 7-33。

3. 热风炉加温　用带孔的送风管道将热风送入设施中，加温快且均匀，主要用于连栋温室或连栋塑料大棚中，见图 7-34。

图 7-33 热水加温

4. 明火加温 在设施中直接点燃干木材、树枝等易于燃烧且生烟少的燃料，进行加温。该加温方式成本低，升温快，但易发生烟害。该方法对燃烧材料以及燃烧时间的要求较严格，主要用于临时应急加温，尝试用于日光温室及普通大棚中。

用火盆盛放烧透了的木炭、煤炭等后，均匀排入设施内或来回移动火盆进行加温。该加温方式方法简单，易操作且生烟少，不易发生烟害，但加温能力有限，主要用于育苗床以及小型温室或大棚的临时性加温，见图 7-35。

图 7-34 热风炉加温

图 7-35 火盆加温

5. 电加温 使用电炉、电暖器、电热风机以及电热线等，利用电能对设施进行加温。该加温方式加温快、无污染且温度易于控制，但也存在加温成本高、受电源限制较大及漏电等问题，主要用于小型设施的临时性加温，见图 7-36。

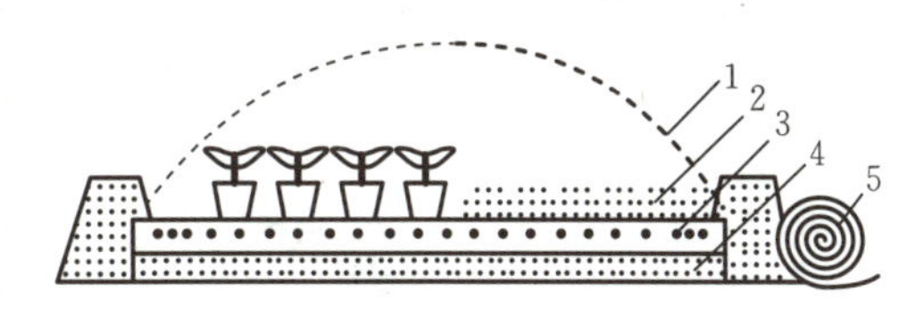

图 7-36 电热加温结构

1. 薄膜 2. 床土 3. 电热线 4. 隔热层 5. 草苫

6. 辐射加温 用液化石油气红外燃烧对设施进行加温，该加温方式使用方便，有二氧化碳使用效果，但耗气多，大量使用不经济，主要用于玻璃温室、大型温室和连栋塑料大棚临时辅助加温。

（三）降温

园艺设施内最简单的降温方式是通风，但在温度过高，依靠自然通风不能达到作物生长所要求的温度时，必须进行人工降温，主要有以下措施。

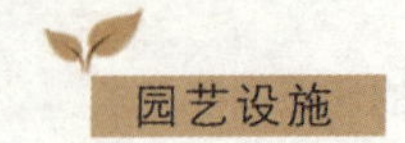

1. 遮阳降温法

（1）外遮阳。在距温室大棚屋脊 40 cm 高处张挂透气性好的黑色或银灰色遮阳网，遮光 60%左右时，室温可降低 4～6 ℃，降温效果显著，见图 7-37。

（2）内遮阳。温室内顶部通风条件下张挂遮阳保温幕，夏季可进行遮阳降温，冬季则有保温效果。温室内用白色无纺布作保温幕，其在透光率 70%左右，若兼用遮光幕，可降低温室温度 2～3 ℃。也可在屋顶表面及立面玻璃上喷涂白色遮光物，但遮光、降温效果略差。在温室内挂遮光幕，降温效果比挂在温室外差。内遮阳的应用见图 7-38。

图 7-37　外遮阳

图 7-38　内遮阳

2. 屋面流水降温法　流水层可吸收投射到屋面的太阳辐射热 8%左右，并能用水吸热冷却屋面，室温可降低 3～4 ℃。该降温方法成本低，方法简便，但易生藻类，应清除屋面水垢污染，硬水区水质经软化处理后再使用为宜。

3. 蒸发冷却法　该法是指把空气经过水蒸发冷却降温后再送入温室内，达到降温目的。

（1）湿帘降温法。在温室进风口内设 10 cm 厚的保持湿润的纸垫窗或棕毛垫窗，另一端用排风扇抽风，使进入温室内的空气先通过湿垫窗被冷却再进入温室，达到降温的目的，但冷风通过温室距离过长时，室温分布会不均匀，且外界湿度大时降温效果差。

（2）细雾喷散法。在温室内高处喷以直径小于 0.05 mm 的浮游性细雾，用强制通风气流使细雾蒸发以达到全室降温，喷雾适当时温室内可均匀降温。

4. 通风换气降温　通风包括自然通风（图 7-39）和强制通风（启动排风扇排气，图 7-40）。

图 7-39　自然通风

图 7-40 强制通风

自然通风与通风窗面积、位置、结构形式等有关，通常温室都设有天窗和侧窗，日光温室和大棚都在落地处设 1 m 左右的地裙，在其上扒缝放风。日光温室顶部也常用扒缝放风，个别在后墙设有通风窗。大棚常采用卷幕器在侧部、顶部卷膜放风。如室外气温超过 30 ℃时，则自然通风或强制通风不能满足生产要求。

大型连栋温室因其容积大，需强制通风降温。

任务三 湿度条件及其调控

【教学要求】 本任务主要学习设施内空气湿度、土壤湿度的特点与变化规律，根据作物对湿度环境的要求合理调控。

【教学目的】 要求学生了解设施内湿度的特点及影响因素，重点掌握空气湿度及土壤湿度的调控技术。

【教学材料】 套管地湿表、地膜、保温材料、相关教学图片。

【教学方法】 多媒体教学、现场教学。

园艺设施内湿度的主要特点是空气湿度大，土壤湿度易偏高，设施内湿度的调控包括对设施内的水分状况和土壤水分状况进行合理有效的调节和控制，表征指标分别是空气相对湿度和土壤湿度。

一、设施栽培作物对湿度环境的基本要求

1. 湿度对设施作物的生长发育的影响 作物要进行光合作用，必须有适宜的空气相对湿度和土壤湿度，多数花卉和蔬菜作物适宜的空气相对湿度分别为 60%～90%、60%～85%，当相对湿度低于 40%或高于 90%时，光合作用会受阻，从而影响作物的生长发育。

蔬菜作物进行光合作用时，对土壤相对含水量的要求一般为田间最大持水量的 70%～95%，土壤过干或过湿都会影响作物的光合作用。水分严重不足易引起植株萎蔫和叶片枯焦等。水分长期不足，植株表现为叶小、机械组织形成较多、果实膨大速度慢、品质不良、产量下降；开花期水分不足会引起落花、落果。水分过多时，因土壤缺氧而造成根系窒息、变

色而腐烂，地上部会出现茎、叶发黄，严重时会整株死亡。

2. 湿度与病虫害的发生 当设施环境处于高湿状态（空气相对湿度>90%）时，通常会导致作物病害严重发生。尤其是在高湿低温条件下，水汽发生结露，会加剧病害发生和传播。不同蔬菜主要病虫害与湿度的关系见表 7-12。

表 7-12 不同蔬菜主要病虫害与湿度的关系

蔬菜种类	病虫害种类	要求空气相对湿度（%）
黄瓜	炭疽病、疫病、细菌性病害等	>95
	枯萎病、黑星病、灰霉病、细菌性角斑病等	>90
	霜霉病	>85
	白粉病	25～85
	花叶病（病毒病）	干燥
	瓜蚜	干燥
茄子	褐纹病	>80
	黄萎病、枯萎病	土壤潮湿
	红蜘蛛	干燥
番茄	叶霉病	>80
	早疫病	>60
	枯萎病	土壤潮湿
	花叶病（TMR）	干燥
	蕨叶病（CMV）	干燥
	棉疫病、软腐病等	>95
	炭疽病、灰霉病等	>90
	晚疫病	>85
辣椒	疫病、炭疽病	>95
	细菌性炭疽病	>95
	病毒病	干燥

从表 7-12 可看出，有些蔬菜病害宜在干燥的条件下发生，如病毒病、白粉病、花叶病及蕨叶病等，虫害如红蜘蛛、瓜蚜等，而黄萎病、枯萎病则在土壤潮湿的条件下发生。

二、设施内空气湿度环境及调控技术

（一）设施内空气湿度的形成

设施内的空气湿度是由土壤水分蒸发和植物体内水分蒸腾在设施密闭情况下形成的，见图 7-41。设施内作物因长势强，代谢旺盛，作物叶面积指数高，通过蒸腾作用释放出大量水蒸气，在密闭情况下会使设施内的水蒸气很快达到饱和，造成空气相对湿度比露地栽培高得多。

温室内水分运移模式见图 7-42，白天通风换气时，水分移动的主要途径是土壤→作物→室内空气→外界空气。早晨或傍晚温室密闭时，外界气温低，引起室内空气骤冷而产生

“雾”，表明作物蒸腾速度大于吸水速度。如果作物体内缺水，气孔开度缩小，蒸腾速率就会下降，白天通风换气时，室内空气饱和差可达 1 333～2 666 Pa，作物易发生暂时性的缺水；如不进行通风换气，则室内蓄积蒸腾的水蒸气，空气饱和差降为 133.3～666.5 Pa，作物不致发生缺水反应。因此，温室内湿度条件与作物蒸腾强度、床面及温室内壁面的蒸发强度有着密切的关系。

图 7 - 41　设施内湿气的形成

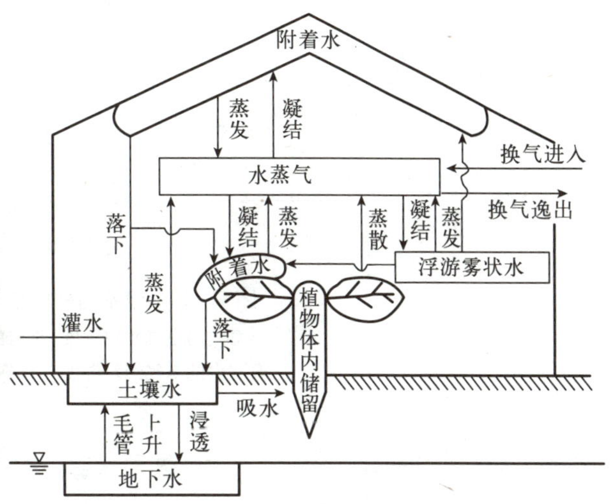

图 7 - 42　温室内水分运移模式

（二）设施内湿度环境的特点

1. 空气湿度的表示方法　空气湿度通常用相对湿度或绝对湿度来表示。

（1）绝对湿度。绝对湿度是指空气中水蒸气的密度，用 1 m^3 空气中含有水蒸气的量（kg）来表示。

水蒸气含量多，空气的绝对湿度高。空气中的含水量达到最大容量时称为饱和水蒸气含量。空气温度升高时，饱和水蒸气含量会相应增加，反之会降低，所以冷空气的绝对湿度低于热空气绝对湿度，因此秧苗或植株遭受冷空气时容易失水而干瘪。

（2）相对湿度。相对湿度是指空气中水蒸气的含量与同一温度下饱和水蒸气含量的比值，用百分比表示。空气的相对湿度决定于空气的含水量和温度，在含水量不变情况下，随着温度增加，空气的相对湿度降低；反之则增大。这也是在设施内夜间蒸发量下降空气湿度反而增高的主要原因。

2. 设施内空气湿度特点

（1）空气湿度大。温室内外的空气湿度日变化情况见图 7 - 43，温室大棚内相对湿度和绝对湿度均高于露地，相对湿度平均在 90%左右，经常会出现在 100%饱和状态。上海地区 1—3 月甜椒温室日、夜和全天平均相对湿度情况见图 7 - 44，甜椒温室的日、夜和全天平均相对湿度平均在 90%左右，最低也保持在 75%以上，最高接近 100%。

（2）具有明显的日变化和季节性变化。

① 日变化情况。从图 7 - 43 可看出，设施内的空气湿度日变化较大。空气相对湿度的日变化规律与温度高低的变化呈相反趋势。日出后，随温度的升高，设施内的空气相对湿度

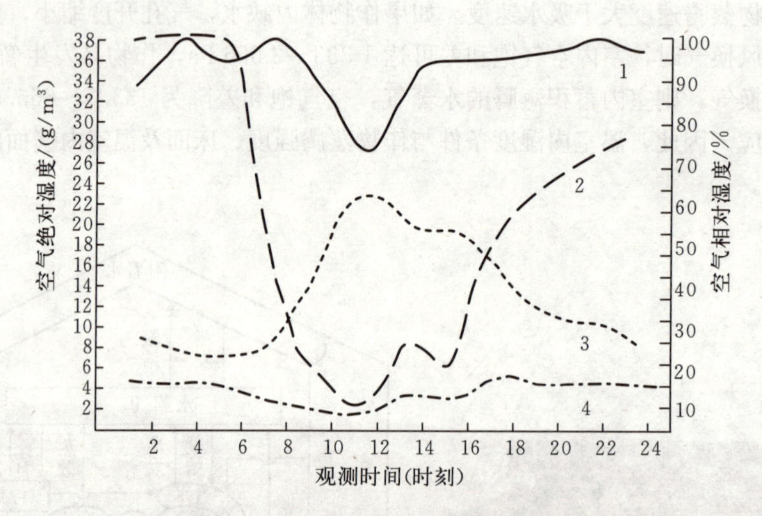

图 7-43 温室内外的空气湿度日变化

1. 温室内的空气相对湿度 2. 露地的空气相对湿度

3. 温室内的空气绝对湿度 4. 露地的空气绝对湿度

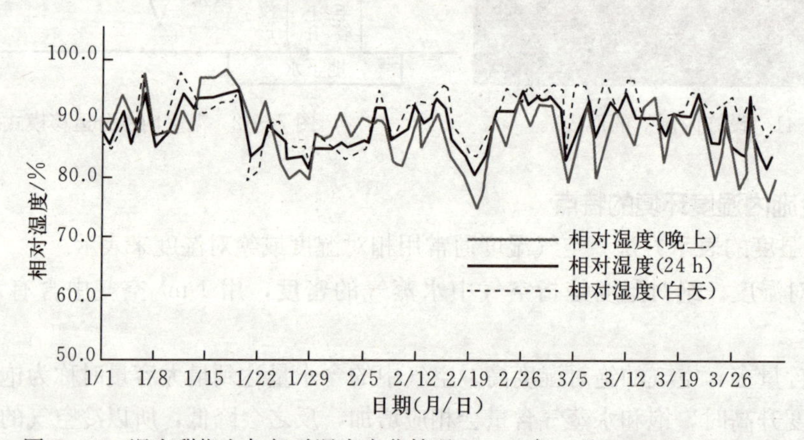

图 7-44 温室甜椒空气相对湿度变化情况（1997 年 1 月 1 日至 3 月 31 日）

呈下降趋势；下午，气温开始下降，空气相对湿度逐渐上升，夜间随着气温的下降相对湿度逐渐增大，甚至达到饱和状态。绝对湿度的日变化与温度的日变化趋势一致。

设施内空气湿度变化还与设施大小有关。设施空间越小，日变化越大。空气湿度的急剧变化会造成园艺作物凋萎或设施内的土壤干燥。

② 季节性变化。季节性变化会呈现低温季节相对湿度高、高温季节相对湿度低的趋势。如在长江中下游地区，冬季（1—2 月）各旬平均空气相对湿度都在 90%以上，比露地高 20%左右；春季（3—5 月）则由于温度的上升，设施内空气相对湿度有所下降，一般在 80%左右，仅比露地高 10%左右。

③ 天气变化。一般晴天白天设施内的空气相对湿度较低，为 70%～80%；阴天尤其是雨天设施内空气相对湿度较高，可达 80%～90%，甚至可达 100%。

(3) 湿度分布不均匀。设施内温度分布存在差异，相对湿度分布差异也较大。温度较低的部位，相对湿度较高，会造成局部低温产生结露现象，对设施环境及植物生长发育都会造成不利影响，主要表现在以下 3 个方面。

① 设施内较冷区域的植株表面结露。在设施内，当局部区域温度低于露点温度时就会发生植株表面结露。由此可看出，设施内温度的均匀性至关重要，通常温差达 3～4 ℃时，就会在较冷区域出现结露。结露现象在露地极少发生，因露地空气流动性强，植物表面的水分被吹干，难以形成结露。

② 高秆作物植物顶端结露。晴天晚上，温室屋顶会散发出大量热量，会导致高秆作物顶端的温度下降，当温度低于露点温度时，作物顶端就会结露。

③ 植物果实和花芽结露。植物果实和花芽结露会出现在日出前后，其原因是太阳出来后，设施内温度和植株的蒸腾速率均提高，绝对湿度也相应提高，但是植物果实和花芽温度提高比棚室温度提高滞后，就会导致温室内空气中的水蒸气在植株温度较低部位凝结。

（三）设施内空气湿度的影响因素

影响设施内空气湿度的变化除受温度影响外，还受到以下因素的影响。

（1）土壤湿度。土壤湿度增高时，地面及作物在设施内散放的水蒸气也增多，空气湿度就会变大。一般浇水后 1～3 d 内的空气湿度增大较为明显，主要表现为薄膜和蔬菜表面上的露珠增多，温室内的水雾也较浓。

（2）植株高度。植株高度增加，表面积增大，散水量就会增大，若设施内的通风排湿效果不好，就会造成设施内的湿度增大。

（3）薄膜表面水滴。薄膜表面水滴增多时，上午设施升温时水滴汽化向空气中散放的水蒸气量就会增大，设施内空气绝对湿度值就会增大。

（4）设施大小。大型设施内的空间较大，湿度变化相对平缓，空气湿度一般小于小型设施。

（5）薄膜类型。有色膜覆盖设施内的空气湿度一般低于无色薄膜，无滴膜覆盖设施内的空气湿度低于普通薄膜。

（四）设施内空气湿度的调控技术

环境湿度调节主要包括除湿和加湿。除湿主要是防止作物沾湿和降低空气湿度，最终目的是抑制病害发生和调整植株生理状态；加湿主要用于高温多风及干旱的季节，防止由于空气湿度过低而引起卷叶或叶枯等。

1. 除湿方法

（1）被动除湿法。在栽培过程中，湿度超过适宜范围后，通过采取人为措施使湿度保持在适宜范围的一种方法。被动除湿的方法见表 7－13、图 7－45 和图 7－46。

表 7－13　被动除湿法

方法	原理	特征
覆盖地膜	抑制土壤表面蒸发，提高温室饱和差	抑制土壤蒸发
抑制灌水	抑制土壤表面蒸发，提高温室饱和差	使土壤表面蒸发和作物蒸腾都受到抑制
用不透湿材料使壁面断热	提高壁面温度，抑制壁面及作物表面结露	壁面结露受到抑制，同时相对湿度上升与饱和减少。白天随着室温上升，可以加大通风

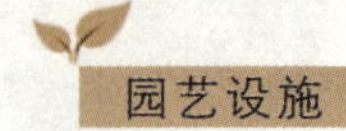

（续）

方法	原理	特征
用透湿性、吸湿性好的保温幕材料	在保温幕材料里面促进潜热移动、抑制潜热移动	防止在保温幕里面结露而落在作物上，换气使绝对湿度下降
增大透光量	室温上升（饱和差上升）	由于室温上升，采取通风换气，达到绝对湿度下降的目的
除去覆盖材料的结露	使覆盖材料里面的露水排除室外	绝对湿度下降，促进蒸发蒸腾
覆盖材料的界面活性加大	促进向覆盖材料结露，抑制雾的发生	根据覆盖材料的种类，室内覆盖材料的界面活性发生难易尚不清楚
自然吸湿	用固体自然吸附水蒸气或雾	稻草、麦秸、吸水性保温幕以放出吸附水

图 7－45　通过改良灌水方法提高水分利用率

图 7－46　地膜覆盖抑制土壤表面蒸发

（2）主动除湿法。通过农业措施或应用技术将湿度控制在适宜范围的方法。主动除湿方法见表 7－14。

表 7－14　主动除湿法

方法	原理	特征
通风换气	强制排除室内水蒸气。使显热、潜热都减少损失	一般可使绝对湿度下降，如果在换气时室温下降，则相对湿度上升或饱和差减少
热交换型除湿换气	强制排除室内水蒸气，放出潜热	一般可使绝对湿度下降，防止早晨作物体表结露
暖气加湿	室温上升	一般可使绝对湿度下降，但由于饱和差加大，促进蒸发蒸腾而使绝对湿度上升。绝对湿度或露点温度上升而使壁面结露加大
强制空气流动	促进水蒸气扩散	防止作物沾湿，在一般情况下，空气湿度加大
冷却除湿	使室内水蒸气结露，再强排除。由潜热转化为显热	一般可使绝对湿度下降，但不能大幅度下降，在绝对湿度下降的同时室温不下降
强制除湿	将水蒸气液化后强制吸收，或用固体强制吸收	相对饱和差不会大幅度下降，吸收或吸附的水分可以排除。吸湿物质有氯化钠或稻草、活性白土、活性矾土、氧化硅胶等

2. 加湿方法 设施内作物生长发育需要一定的水分，水分过高或过低对作物生长都不利。如秧苗假植或定植后 3～5 d，因其根系尚未恢复生长，对水分的吸收能力较弱，但叶片还要进行蒸腾消耗水分，就需要设施内保持一定的湿度。园艺作物在设施内进行周年生产时，在高温季节还会遇到高温、干燥、空气湿度不够等问题，尤其是对湿度要求较高的作物，如黄瓜和一些花卉作物，就需要提高设施内空气湿度，提高的方法有以下 3 种。

（1）喷雾加湿。根据设施面积选择合适的喷雾器（如 103 型三相电动喷雾加湿器、空气洗涤器、离心式喷雾器、超声波喷雾器等），进行喷雾来提高设施内的空气湿度，常与降温相结合，见图 7－47。

（2）湿帘加湿。采用此法主要是进行降温，同时也可达到增加温室内湿度的目的，见图 7－48。

（3）温室内顶部安装微喷系统。采用此法在喷灌的同时在对设施内进行加湿，见图 7－49。

图 7－47 喷雾加湿

图 7－48 湿帘加湿

图 7－49 温室内顶部安装喷雾系统

三、设施内土壤湿度环境及调控技术

（一）土壤湿度的特点

1. 稳定且变化幅度小 冬、春季设施栽培大多采用地膜覆盖，土壤蒸发量不大，所以土壤湿度较稳定且变化幅度不大。设施栽培的土壤湿度主要受蔬菜作物蒸发量、浇水量以及设施外面水分内渗的影响。

2. 土壤湿度易偏高 园艺设施属于一个半封闭系统，内部空气湿度较大，土壤水分蒸发和作物蒸腾量均小于大田，所以设施内的土壤湿度会经常保持在一个较高水平。

3. 分布不均匀 设施周围的水分易经过土壤渗透进入设施两边的畦内，使其土壤湿度增大，而在设施两边温度较低，植物生长对水分的吸收较少，造成设施内水分的分布为中间低、两边高。

4. 有季节性变化和日变化 冬季温度低，水分消耗少，浇水后土壤湿度会增大且持续时间长。秋末、春末和夏初作物生长旺盛，地面蒸发和作物蒸腾量较大，加上防风量大且时间长，水分失散较多，土壤湿度就会降低。同时设施内白天水分消耗大于夜间，晴天大于阴天。

（二）土壤湿度的调控

土壤湿度由灌水量、土壤毛细管上升水量、土壤蒸发量及作物蒸腾量的大小来决定，土壤湿度的调控依据作物种类及生育期的需水量、体内水分、土壤湿度而定。由于设施内土壤蒸发和作物蒸腾量较大，土壤湿度的主要调控措施要靠灌水来完成。因此，土壤湿度的调控从灌水期、灌水量、灌水方法 3 个方面来考虑。

1. 灌水适期的确定 土壤水分含量通常用 pF 表示。当土壤水分张力下降到某一数值时，农作物因缺水丧失膨压而导致萎蔫，即使在蒸腾量最小的夜间也不能恢复，这时的土壤含水量称为土壤的萎蔫系数，也称为凋萎系数或凋萎点。凋萎点用水分张力表示时约为 pF=4.2。通常灌水都是在凋萎点以前，这时的土壤含水量称为生育阻滞点。排水良好的露地生育阻滞点为 pF=3.0，而设施内生育阻滞点为 pF=1.5～2.0，即设施内开始灌水的土壤含水量较高，主要是因为设施内作物根系分布范围受到限制，需要在土壤中保持较多的水分。几种主要蔬菜的灌水适期的参考数据见表 7-15。

表 7-15 几种主要蔬菜灌水期的参考数据

蔬菜名称	灌水适期的参考依据
番茄、黄瓜	生育前期 pF=2.0～2.5；生育后期 pF=1.5～1.7，保持土壤水分充足
茄子	pF=1.5～2.0 开始灌水
甜椒	pF=1.5～1.7，比茄子的土壤含水量稍高为宜
芹菜	生育前期 pF=1.5～2.0，生育后期 pF=2.5

生产上灌水适期判断多凭栽植经验判断来确定，随着现代控制技术和机械化、自动化灌溉设施的应用，根据作物各生物期需水量和土壤 pF 进行科学合理的土壤水分调控技术已用于现代设施园艺中。

2. 灌水量 灌水量与作物种类、气象条件、土壤状况等有关。灌水量的测定方法通常在栽培作物上部叶片部位安装一个小型蒸发器，由水分蒸发量来推算水分消耗量，将此次灌水到下次需要灌水时的水分消耗量作为一次灌水量。温室内主要蔬菜的灌水量和间隔日数见表7-16。灌水时要注意，在低温寒冷季节，应一次多灌，间隔时间长，以免频繁灌水降低地温。

表7-16 温室内主要蔬菜的灌水量和间隔日数

蔬菜种类	灌水量/mm						间隔日数		
	1天			1次					
	最小	平均	最大	最小	平均	最大	最小	平均	最大
番茄	2.7	17.5	44.4	1.1	3.8	9.0	1.3	3.8	7.1
黄瓜	4.4	24.0	42.0	2.5	6.1	15.0	0.7	3.9	8.0
辣椒	10.0	25.2	35.0	3.9	7.2	10.0	2.6	3.4	4.3
茄子	4.8	—	19.4	3.0	—	6.0	1.6	—	2.9
芹菜	4.5	7.3	12.5	1.15	3.0	7.0	1.0	2.4	4.5

3. 灌水技术

（1）沟灌。沟灌是将井水通过水渠或水管灌入垄沟中。目前，冬、春寒冷季节在日光温室和塑料棚栽培作物生产中，为避免空气湿度过大，通常以膜下沟灌为宜。该法简单、省力、速度快、成本低，但比较费水、费地，易造成土壤板结，在缺水或土壤黏重地区不宜采用。

（2）喷壶洒水。这是一种比较传统的灌水方法，简单易行，便于掌握与控制。在短时间、小面积内起到调节作用，不能根本解决作物生育期需水问题，费时、费力，均匀性差。

（3）微喷灌。采用微喷头的喷灌设备，安装在温室或大棚顶部2.0～2.5 m高处，用2.94×10^5 Pa以上的压强进行喷雾，4.90×10^5 Pa压力下雾化效果更好。也有采用在水管上钻有小孔进行地面喷灌，在小孔上安装小喷嘴，使水雾能平行地喷洒到植物上方，见图7-50。

（4）滴灌。采用塑料薄膜滴灌带，每个畦上固定1条，每隔20～40 cm有1对ϕ0.6 mm小孔，用低水压也能使20～30 m长的畦灌水均匀，成本较低，也可放在地膜下面，降低温室内湿度，见图7-51。

图7-50 喷 灌

图7-51 滴 灌

（5）地下灌溉。用带小孔的水管埋在地下10 cm处，直接将水浇到根系内，一般用塑料管，耕地时再取出。或选用ϕ8 cm的瓦管埋入地中深处，靠毛细管作用供给水分。此法投资大，费劳力，但对土壤保湿及防止板结、降低土壤及空气湿度、防止病害效果比较明显。

4. 灌水应注意的问题及灌水后管理

（1）灌水时间。灌水时间关系到对地温和空气湿度的影响。冬季和早春灌水一般应选择晴暖天气的上午，此时水温与地温差距小，同时还有充裕的时间恢复地温和放风排湿。阴雨天、晚上浇水或浇后遭遇连阴天，会造成地温不易恢复，同时如不能及时放风排湿，还会加大病害发生。在冬春茬生育后期，傍晚灌水可降低夜间温度。不要在晴天温度最高时浇水，因为此时植物体蒸腾和生命活动旺盛，灌水后地温骤降，根系受到伤害导致吸收能力降低，影响植株地上部分的生命活动。

（2）灌水时的水温。冬季灌水后地温会下降。据测定，灌水后地温一般下降 2～3 ℃。如灌水后地遭遇连阴天，地温会下降 5～8 ℃。冬、春茬在定植时宜用 20～30 ℃温水浇灌。平时浇水则要求水温与当时温室内地温基本一致，最好不低于 2～3 ℃。

（3）灌水量不宜过大。灌水量过大会导致地温下降快，甚至沤根。温室浇水量应小于露地。

（4）灌水后管理。灌水当天，应封闭温室恢复地温，以气温促地温，地温缓解后应及时放风排湿。苗期浇水后，采取中耕松土方法增温保墒。

任务四　土壤条件及其调控

【教学要求】 本任务主要学习设施内土壤的特点，设施内土壤易形成酸化和盐渍化的原因，以及相关防治措施。

【教学目的】 要求学生了解设施内土壤的环境特点，掌握改善土壤环境、防止土壤恶化及不断提高土壤生产能力的措施。

【教学材料】 园艺生产设施，如日光温室和塑料大棚等。

【教学方法】 多媒体教学、现场教学。

一、设施土壤环境的特点

土壤是园艺植物赖以生存的基础，园艺植物生长发育所需要的养分与水分，都需要从土壤中获得，所以园艺设施内的土壤营养状况直接关系作物的产量和品质，是十分重要的环境条件。设施土壤的肥沃主要表现在能充分供应和协调土壤中的水分、养料、空气和热能以支持作物的生长和发育。通过耕作措施使土层疏松深厚，有机质含量高，土壤结构和通透性能良好，蓄保水分、养分和吸收能力高，微生物活动旺盛等，都是促进园艺植物生长发育的有利土壤环境。

（一）土壤的气体条件

作物根系具有支持植物、吸收水分和无机养分并将其输送到作物地上部分、贮藏机物质等多种功能，这些功能都要依靠根的呼吸作用产生能量，所以应当保持根的正常呼吸，提高作物根系的活性。为此，要求土壤有良好的通气性，土壤气体中二氧化碳浓度不可过高。设施土壤气体环境有以下特点。

1. 二氧化碳浓度高　土壤表层气体组成与大气基本相同，但二氧化碳浓度有时高达

0.03%以上。这是由于根系呼吸和土壤微生物活动释放出了二氧化碳。在0～30 cm耕作层中，土层越深，二氧化碳浓度越高。

2. 透气性较差 土壤气体存在于土粒间隙内，正常的土粒和间隙的比例大约是1∶1，间隙内被气体和水分充满着，其比例也大约是1∶1。设施温度高，土壤蒸发量大，灌水次数多，易破坏土壤的团粒结构，造成土壤板结，影响透气性。

（二）土壤的生物条件

土壤中存在着病原菌、害虫等有害生物和硝化细菌、亚硝化细菌、固氮菌、铵化细菌等有益微生物，正常情况下这些生物在土壤中保持一定的平衡。但由于设施内的环境比较温暖湿润，为一些土壤中的病虫害提供了越冬场所，使得一些在露地栽培可以消灭的病虫害，在设施内难以绝迹，导致设施虫害和土传病害严重。

（三）土壤的营养条件

1. 土壤次生盐渍化 设施栽培常常超量施入化肥，使得当季有相当数量的盐离子未被作物吸收而残留在耕层土壤中。再加上覆盖物的遮雨作用，土壤得不到雨水的淋溶，在蒸发力的作用下，使得设施内土壤水分总的运动趋势是由下向上，不但不能带走多余盐分，还使内盐表聚。而露地土壤水分的趋势是由上向下，可溶性离子也大都随水下行，故表土内很少积累盐分。

2. 土壤酸化 造成设施土壤酸化的原因是多方面的，但最主要的是氮肥施用量过多，残留量大引起的。土壤酸化除因pH过低直接危害作物外，还抑制了磷、钙、镁等元素的吸收。

3. 土壤养分不平衡 生产年限较长的温室大棚，土壤中氮和磷浓度过高，导致钾相对不足，锌、钙、镁也缺乏，对作物生长发育不利。

二、设施土壤环境的调节控制

（一）改善土壤的气体环境

设施生产过程中，可通过以下措施改善设施土壤气体环境。

（1）施入大量的有机肥，改善土壤结构和理化性质。

（2）适时中耕松土，将灌水所破坏的团粒结构复原，提高土壤的通气性。

（3）合理灌溉，尽量采用微喷灌或滴灌，防止大水漫灌造成的土壤板结。

（4）采用地面覆盖，减少地面蒸发量，防止土壤板结。

（二）改进栽培措施，防止土壤次生盐渍化

1. 合理施肥 设施蔬菜生产应大量施入有机肥，增加土壤对盐分的缓冲能力。施用化肥时，应根据蔬菜作物种类和预计产量进行配方施肥，避免超量施入。施肥方法上要掌握少量多次，随水追施。尽量少施硫酸铵、氯化铵等含副成分的化肥，这些肥料的可利用部分被吸收后，硫酸根离子和氯离子残留在土壤中，会使土壤盐溶液浓度升高。

2. 洗盐 雨季到来之前，揭掉棚室上的塑料薄膜，使土壤得到充足的雨水淋洗。也可在春茬作物收获后，在棚内灌大水洗盐，灌水量以20～30 cm为宜。灌水或淋雨前清理好排水沟，以便及时排水。

3. 地面覆盖 设施土壤覆盖地膜或秸秆、锯末等有机物，可以减少土壤水分蒸发，防止表土积盐。

4. 生物除盐 盛夏季节，在设施内种植吸肥力强的禾本科植物，使之在生长过程中吸收土壤中的无机态氮，降低土壤溶液浓度。也可结合整地施入锯末、稻草、麦糠、玉米秸秆等含碳量高的有机物，使之在分解过程中，通过微生物活动来消耗土壤中的可溶性氮，降低土壤溶液盐浓度和渗透压，缓解盐害。

5. 土壤耕作 设施土壤应每年深耕两次，可切断土壤中的毛细管，减少土壤水分蒸发，抑制返盐。深耕还可使积盐较多的表土与积盐少的深层土混合，可起到稀释耕层土壤盐分的作用。铲除积盐较多的表土或以客土压盐，也可暂时维持生产。

如果设施内土壤积盐严重，上述除盐方法效果不明显或无条件实施，最后只得更换设施内耕层土壤或迁移换址。

（三）土壤消毒，改善生态环境

在土壤病虫害发生较严重，已严重影响蔬菜产量和品质时，可以考虑通过土壤消毒的方法来杀死土壤中的有害微生物。

1. 药剂消毒 甲醛（40%）：用于温室大棚或苗床床土消毒，可消灭土壤中的病原菌，同时也杀死有益微生物，使用浓度为 50～100 倍。使用时先将土壤翻松，然后用喷雾器均匀喷洒在地面上再稍翻一翻，使耕作层土壤都能沾着药液，并用塑料薄膜覆盖地面保持 2 d，使甲醛充分发挥杀菌作用后揭膜，打开门窗，使甲醛散发出去，两周后才能使用。

硫黄粉：用于温室大棚及苗床土壤消毒，消灭白粉病、红蜘蛛等，一般在播种前或定植前 2～3 d 进行熏蒸，熏蒸时要关闭门窗，熏蒸一昼夜即可。

药土消毒法：每平方米用 40%多菌灵或 50%硫菌灵可湿性粉剂或 40%五氯硝基苯 8 g，兑水 2～3 kg，掺细干土 5～6 kg，均匀地撒到地里。也可用溴化甲醇，每平方米用 300 g，方法同上。

2. 高温消毒 在炎热的夏季，趁保护地休闲之机，利用天气晴好、气温较高、阳光充足的 7—8 月，将保护地内的土壤深翻 30～40 cm，每 667 m^2 均匀撒施 2～3 cm 长的碎稻草和生石灰各 300～500 kg，并一次性施入农家肥 5 000 kg，再耕翻使稻草、石灰及肥料均匀分布于耕作层土壤，然后做成 30 cm 高、60 cm 宽的大垄，以提高土壤对太阳热能的吸收，棚室内周边地温较低，易导致灭菌不彻底。将故土尽量移到棚室中间。灌透水、上覆塑料薄膜，将薄膜铺平拉紧，压实四周，闭棚升温。根据水分渗透状况，每隔 6～7 d 充分灌水一次。然后高温闷棚 10～30 d，使耕层土壤温度达到 50 ℃以上，可直接杀灭土壤中所带的有害病菌及各种虫卵，大大减轻菌核病、枯萎病、疫病、根结线虫、红蛛蛛及多种杂草的危害，还能促进土壤中的有机质分解，提高土壤肥力。土壤中加入石灰和稻草，可以加速稻草等基质腐烂发酵，起放热升温作用，同时石灰的碱性又可以中和基质腐烂发酵产生的有机酸，保持土壤酸碱平衡。

3. 蒸汽消毒法 蒸汽消毒是土壤热处理消毒中最有效的方法，它以杀灭土壤中有害微生物为目的。方法是将蒸汽通入埋在土壤中的管道中，使 30 cm 深处的温度保持在 82 ℃，处理 30 min。土表用罩布盖严，四周压实，防止蒸汽跑掉。管道的埋法是：将 ϕ5 cm 的铁管，每隔 30 cm 钻豆粒大的小孔，然后每隔 30～45 cm 埋一根，深度为 20～30 cm。

4. 通电消毒 利用土壤连作障碍电处理机，对土壤进行电处理。可有效解决温室连作土壤中作物根系毒害累积，有害微生物、根结线虫危害及营养元素不均衡问题。该技术能消解前茬作物根系分泌的有机酸，使作物可以重茬种植。

任务五　气体条件及其调控

【教学要求】 本任务主要学习设施内的气体环境及其特点，学习通过增施二氧化碳气肥和预防有害气体产生来提高蔬菜产量和品质。

【教学目的】 要求学生了解设施内对蔬菜作物影响比较大的气体（主要包括氧气、二氧化碳和有害气体等），掌握增施二氧化碳气肥的方法和预防有害气体产生的方法。

【教学材料】 园艺生产设施，如日光温室和塑料大棚等。

【教学方法】 多媒体教学、现场教学。

一、设施气体环境的特点

园艺设施内的气体条件不如光照和温度条件那样直观地影响着园艺植物的生育，往往被忽视。但随着设施内光照和温度条件的不断完善，保护地设施内气体成分和空气流动状况对园艺植物生育的影响也逐渐引起人们的重视。设施内空气流动不但对温、湿度有调节作用，并且能够排出有害气体，同时补充二氧化碳，这对增强园艺植物光合作用、促进生育有重要意义。所以，为了提高园艺植物的产量和品质，必须对设施环境中的气体成分及其浓度进行调控。

（一）氧气

园艺植物生命活动需要氧气，尤其在夜间，光合作用因为黑暗的环境而不再进行，呼吸作用则需要充足的氧气。此外，根系的形成和种子的萌发，都需要有足够的氧气。

（二）二氧化碳

二氧化碳是绿色植物光合作用的主要原料，自然界中二氧化碳的浓度为0.03%，一般蔬菜作物的二氧化碳的饱和点是1%～1.6%，因此不能满足需求。但露地生产中表现不出二氧化碳不足现象，原因是空气流动，作物叶片周围的二氧化碳不断得到补充。而设施生产是在封闭或半封闭条件下进行的，二氧化碳的主要来源是土壤微生物分解有机质产生或作物呼吸产生的，冬季很少通风，二氧化碳得不到补充，常使植株处于二氧化碳饥饿状态，作物产量下降。

1. 二氧化碳浓度的日变化　温室早晨揭苫时二氧化碳浓度最高，一般可达到1%～1.5%。揭苫后随着光照度的增加，温度升高，作物光合作用增强，二氧化碳浓度迅速下降。如不通风，到上午10:00左右浓度最低，达0.01%，比大气中还低，造成“生理饥饿”，严重地抑制了光合作用。到了夜间，作物呼吸作用放出二氧化碳，土壤微生物活动也会放出二氧化碳，温室又处于密闭状态，所以夜间二氧化碳浓度最高，比一般空气中的含量高3～5倍。

2. 二氧化碳浓度随天气的变化　晴天作物光合作用强，二氧化碳浓度明显降低。阴雨雪天作物光合作用弱，二氧化碳浓度较高，接近大气中的浓度水平。

3. 二氧化碳浓度在空间上的分布　垂直方向上，植株间二氧化碳浓度低；水平方向上，中部二氧化碳浓度高，四周低。

（三）有害气体

设施生产中如管理不当，常发生多种有害气体（表7-17），这些气体主要来自于有机肥的分解、化肥挥发和棚膜挥发等。当有害气体积累到一定浓度时，作物就会发生中毒症状，浓度过高会造成作物死亡，必须尽早采取措施加以防除。

表 7-17 主要有害气体及其危害特征

有害气体	主要来源	危害浓度/(mL/m³)	危害症状
氨气	施肥	5	由下向上，叶片先呈水浸状，后失绿变褪色干枯。危害轻时一般仅叶缘干枯
二氧化氮	施肥	2	中部叶片受害最重。先是叶面气孔部分变白，后除叶脉外，整个叶面被漂白、干枯
二氧化硫	燃料	3	中部叶片受害最重。轻时叶片背面气孔部分失绿变白，严重时叶片正反面均变白枯干
一氧化碳	燃料	0.1	叶片白化或黄化，严重时会造成叶片枯死
乙烯	塑料制品	0.1	植株矮化，茎节粗短，叶片下垂、皱缩，失绿转黄脱落；落花落果，果实畸形等
氯气	塑料制品	0.1	叶片边缘及叶脉间叶肉部分变黄，后漂白枯死

二、设施气体环境的调节控制

(一) 增施二氧化碳气肥

1. 增施二氧化碳的适宜浓度 增施二氧化碳的最适宜浓度与作物种类、品种和光照度有关，也因天气、季节、作物生育期不同而异。一般而言，接近饱和点的浓度是最适合的二氧化碳施肥浓度。一般蔬菜的饱和点在 1 000 mL/m³ 左右，弱光下二氧化碳饱和点下降，强光下二氧化碳饱和点提高。根据有关研究，目前掌握了一些园艺植物的最佳施肥浓度为：黄瓜、茄子、青椒为 800～1 500 mL/m³，番茄、甜瓜为 500～1 000 mL/m³，大白菜为 1 350 mL/m³，大豆为 700 mL/m³，西葫芦为 700～1 200 mL/m³，油菜为 600～1 000 mL/m³，韭菜为700～1 000 mL/m³。

2. 施肥方法

(1) 通风换气。通风换气是补充二氧化碳最简便的方法，简便易行，但增施二氧化碳的量不易掌握，且严寒冬季难以进行。

(2) 有机肥发酵。肥源丰富、成本低，简单易行，但二氧化碳发生量集中，也不易掌握。

(3) 燃烧法。燃烧白煤油、天然气、液化气、沼气、煤、焦炭等来增施二氧化碳，常用方式是采用火焰燃烧式二氧化碳发生器产生二氧化碳，通过管道或风扇吹散到室内各角落。这种方法的优点是简单有效，缺点是优质燃料成本高，一般燃料易产生一氧化碳、二氧化硫等有害气体，使用过程中应注意使燃料充分燃烧。

(4) 施用液态、固态二氧化碳。每 1 000 m³ 空间每次施 2～3 kg。这种方法的优点是施放的二氧化碳纯净、安全、方便，劳动强度小；缺点是二氧化碳的来源受限制。

(5) 施用颗粒肥。二氧化碳颗粒肥，埋入土中或放入容器中加水，即可产生二氧化碳，缓慢向空气中释放。此法的优点是不需要特殊装置，简单易行；缺点是释放时间不易控制。

（6）化学反应法。生产中多采用废硫酸和化肥碳酸氢铵反应产生二氧化碳。反应式如下：

$$2NH_4HCO_3+H_2SO_4 \rightarrow (NH_4)_2SO_4+2H_2O+2CO_2 \uparrow$$

使用时首先将3份体积的水置于塑料或陶瓷容器中，边搅拌边将1份体积的浓硫酸沿器壁缓慢加入水中，搅匀，冷却至常温备用。然后将配制好的稀硫酸盛入敞口塑料桶内，一次可放入2～3 d的用量，这样在塑料桶中一次加入的碳酸氢铵完全转化成二氧化碳后，稀硫酸还有剩余，省去了经常稀释硫酸的麻烦，也可防止碳酸氢铵过剩而有氨气产生，对作物生长不利。使用时将称好的碳酸氢铵用厚纸包好，其上插几个孔，慢慢放入稀硫酸溶液中，以免反应过于剧烈而使硫酸溅出。碳酸氢铵不可浮在反应液上面，防止氨气产生。因为二氧化碳较重，生成后要下沉扩散，所以盛硫酸的桶应悬挂在空中，利于功能叶片的吸收，悬挂高度随植株生长点适当提高，一般略高于植株生长点。为使二氧化碳分布均匀，通常每667 m^2温室要均匀设置6～8个发生点。硫酸与碳酸氢铵完全反应后（即碳铵加入硫酸后完全无气泡放出）得到的液态硫铵，可稀释50倍直接作追肥用。

3. 二氧化碳的施用时期和时间 果菜类宜在结果期施用，开花坐果前不宜施用，以免营养生长过旺造成化瓜。冬季光照较弱、作物长势较差、二氧化碳浓度又较低时，可提早施用。根据棚室一天中二氧化碳浓度变化情况，二氧化碳一般在晴天日出后0.5 h开始施用，到放风前0.5 h停止施用。每天有2～3 h的施用时间，就不会使植株出现二氧化碳饥饿状态。不同季节间光照时数和最高光强出现的时间不一致，从获得最佳经济效益的角度来讲，二氧化碳施用的具体时间为12月到翌年1月为9:00—11:00，2—3月为8:00—10:00，4—5月和11月为7:00—9:00。

4. 二氧化碳气肥的施用效果 实践证明，设施内增施二氧化碳气肥能够提高园艺植物产量，改善品质。一方面二氧化碳是光合作用的主要原料，环境中的二氧化碳浓度升高，作物的光合强度和光合速率增大，同化物产量增多，促进营养生长，使株高、茎粗、叶面积增加；另一方面，增施二氧化碳还可促进作物的生殖生长，使果菜类作物花芽分化提早，花数增加，坐果率提高，增大果实生长速度，达到早熟高产。此外，二氧化碳施肥可使番茄、黄瓜果实内含糖量、维生素C含量升高，改善品质。

5. 二氧化碳施肥的注意事项

（1）二氧化碳施肥通常选择在晴天的上午，下午通常不施。另外，阴天、雨雪天气，或气温较低时，光合作用弱，也不需施用。

（2）进行二氧化碳施肥时，应设法将棚室内的温度提高2～3 ℃，有利于促进光合作用。

（3）增施二氧化碳后，作物生长加快，消耗养分增多，应适当增加肥水，才能获得明显的增产效果。

（4）要防止设施内二氧化碳浓度长时间偏高，引起植株二氧化碳中毒。

（5）要保持二氧化碳施肥的连续性，应坚持每天施肥，如不能每天施用，前后两次的间隔时间也应短一些，一般不要超过一周，最长不要超过10 d。

（6）采用化学反应法稀释硫酸时，一定要将硫酸沿器壁缓慢注入水中，千万不能将水倒入硫酸溶液中，以免发生事故；盛硫酸要用陶瓷或塑料容器，不能用金属容器，否则会发生腐蚀。反应过程中要防止氨气挥发引起蔬菜氨中毒，反应液用于追肥前要做酸性检查，无残留酸后方可施肥。

（二）预防有害气体

（1）合理施肥。有机肥要充分腐熟后施用，并且要深施，以防氨气和二氧化硫等有害气体危害；不用或少用挥发性强的氮素化肥；深施基肥，不地面追肥；施肥后及时浇水等。

（2）覆盖地膜。用地膜覆盖垄沟或施肥沟，阻止土壤中的有害气体挥发。

（3）正确选用与保管塑料薄膜和塑料制品。应选用无毒的蔬菜专用塑料薄膜和塑料制品，棚室内不堆放陈旧制品及农药、化肥、除草剂等，以防高温时挥发有毒气体。

（4）正确选择燃料，防止烟害。应选用含硫低的燃料加温，并且加温时，炉和排烟道要密封严实，严防漏烟。有风天加温时，还要预防倒烟。

（5）勤通风。一旦发生气害，注意加大通风，不要滥施农药化肥。

任务六　环境综合调控技术

【教学要求】 本任务主要学习设施内综合环境管理的目的、意义和主要方式，学习设施园艺计算机综合环境管理系统的组成等内容。

【教学目的】 要求学生掌握设施内综合环境管理及计算管理的正确方法。

【教学材料】 园艺生产设施，如日光温室和塑料大棚等。

【教学方法】 多媒体教学、现场教学。

一、综合环境管理的目的和意义

设施园艺的光、温、湿、气、土5个环境因子是同时存在的，综合影响作物的生长发育。当其中某一个因子起变化时，其他因子也会受到影响随之起变化。例如，温室内光照充足时，温度也会升高，土壤水分蒸发和植物蒸腾加速，使得空气湿度也加大，此时若开窗通风，各个环境因子则会出现一系列的改变，生产者在进行管理时要有全局观念，不能只偏重于某一个方面。

设施内环境要素与作物体、外界气象条件以及人为的环境调节措施之间，相互发生着密切的作用，环境要素的时间、空间变化都很复杂。有时为了使室内气温维持在适温范围，人们或者采取通风，或者采取保温或加温等环境调节措施时，常常会连带着把其他环境要素（如湿度、二氧化碳浓度等要素）变到一个不适宜的水平，从作物的生长结果来看，这种环境调节措施未必是有效的。例如，春天为了维持夜间适温，常常提早关闭大棚保温，造成夜间高湿、结露严重，引发霜霉病等病害。清晨为消除叶片上的露水而大量通风时，又会使室内温度不足，影响了作物的光合作用等。

所以，人们早就注意到要将几个环境要素综合起来考虑，根据它们之间的相互关系进行环境的调节。所谓的综合调节，就是以实现作物的增产、稳产为目标，把关系到作物生长的多种环境要素（如室温、湿度、二氧化碳浓度、气流速度、光照度等）都维持在适于作物生长的水平，而且要求使用最少量的环境调节装置（通风、保温、加温、灌水、施用二氧化碳、遮光、利用太阳能等各种装置），既省工又节能，便于生产人员管理的一种环境控制方法。这种环境控制方法的前提条件是，对于各种环境要素的控制目标值（设定值），必须依据作物的生育状态、外界的气象条件以及环境调节措施的成本等情况综合考虑。

对温室进行综合环境调节时，不仅考虑室内外各种环境因素和作物的生长、产量状况，而且要从温室经营的总体出发，考虑各种生产资料的投入成本、产出产品的市场价格变化、劳力和栽培管理作业、资金等的相互关系，根据效益分析进行环境控制，并对各种装置的运行状况进行监测、记录和分析，以及对异常情况进行检查处理等，这些管理称为综合环境管理。从设施园艺经营角度看，要实现正确的综合环境管理，必须考虑上述各种因素之间的复杂关系。

二、综合环境管理的方式

综合环境管理初级阶段可以靠人的分析判断与操作，高级阶段则要使用计算机实行自动化管理。

（一）依靠人进行的综合环境管理

单纯依靠生产者的经验和头脑进行的综合管理，是其初级阶段，也是采用计算机进行综合环境管理的基础。

人脑管理系统和计算机管理系统的工作过程是不一样的，计算机获知环境信息是靠各种传感器，而生产能手是通过感官和简单的温、湿度仪器观测；指挥计算机管理系统工作的，是在人的科学管理知识基础上编制的计算机程序，而人进行管理靠的是从各种渠道获取、积累的知识；计算机依据人规定的工作程序对获知的信息进行综合判断，决定采取哪种措施，控制相应的机器去动作。而生产能手则根据自己掌握的知识和获得的情况进行综合分析判断后，决定应该采取的措施，由人去完成管理操作。

依靠人脑实行的综合环境管理，对管理人员的要求有：①要具备丰富的知识；②要善于并勤于观察情况，随时掌握情况变化；③要善于分析思考，能根据情况做出正确的决断，集思广益；④能让作业人员准确无误地完成所应采取的措施。

（二）采用计算机的综合环境管理

现代化温室生产过程是一个十分复杂的系统，除了受到包括生物和环境等众多因子的制约外，也与市场状况和生产决策紧密相关。各个因子系统间的运行与协调，环境的控制与管理，仅依赖人工操作或者传统机械控制，几乎难以完成，只有通过计算机系统才能实现复杂控制和优化管理的目标。在温室生产过程中，通常计算机在以下几方面可发挥巨大作用：①实时监测生物和环境特征；②模拟生物发育过程；③自动利用知识与推理系统进行决策分析；④对环境要素和温室辅助设备的自动控制，如通风与加温等操作；⑤制订环境控制策略，如制订以市场为目标的控制方案、以节能为目标的控制方案等；⑥制订灵活多样的控制方案，如机器人和智能机械的果实采收与分类应用；⑦制订面向市场的长期性生产目标等。

1. 环境控制 目前对温室环境控制主要采用两种方式：单因子控制和多因子综合控制。单因子控制是相对简单的控制技术，在控制过程中只对某一要素进行控制，不考虑其他要素的影响和变化。例如，在控制温度时，控制过程只调节温度本身，而不理会其他要素的变化和影响，其局限性是非常明显的。实际上影响作物生长的众多环境要素之间是相互制约、相互配合的，当某一要素发生变化时，相关的其他因素也要相应改变，才能达到环境要素的优化组合。综合环境控制也称复合控制，可不同程度地弥补单因子控制的缺陷。

2. 数据采集 数据采集是整个控制与管理系统的重要组成部分，要达到对环境和设备进行控制，必须对环境和设备的状态进行监测，经过分析决策，然后实施控制行为。数据采集的重要性：①环境要素的变化（如温湿度等）并非能准确直观感觉到；②环境要素处于时刻变化之中，必须进行连续快速的监测；③在实际应用中要素的平均值更有意义，但平均值来自于大量的瞬时值；④在控制与管理过程中，要进行要素的分析计算和优化配置；⑤需要对植物产量与成本消费的平衡进行分析计算；⑥需要对历史资料进行显示和查询；⑦数据图表和图像显示更直观可用等。上述这些要求和特点，如果不使用计算机几乎是不可能实现的。

设施环境监测与数据采集的重点包括光、温、湿、气等要素，通过对植物本身生理状态的监测，便能反映（告知）环境质量的优劣程度，达到环境优化控制的目的。

3. 其他应用

（1）图像分析和处理。在设施园艺生产与管理过程中，许多过程依赖于操作者通过获取可视化信息进行决策。例如，产品色泽、尺寸大小等大量信息属于不确定性的模糊信息，果实收获时间的确定和产品的分类，作物生长形态特征和病害特征的识别鉴定等。

人工智能技术的发展和应用，是未来图像处理系统的关键性技术，先通过图像传感系统采集的可视性信息，然后通过人工智能技术的推理与判别，提供有用的信息。智能系统不仅可以利用过去的知识（通常是已建立的知识库），也可通过操作者输入新的知识对当前的处理目标进行决策，推理过程通过计算机推理自动实现。

（2）作物模拟模型。如何实现设施环境的优化控制与管理，通常要解决两类问题：①研究作物本身对环境变化的反应，并建立其相应的定量关系；②通过这种定量的数学关系，提供设施环境最有效的控制管理策略或方案。

作物模型实际上就是利用数学方法描述作物生长发育过程，并模拟作物的生长发育，通过计算机对作物冠层截获的太阳辐射量、光合作用率、干物质传输与积累等进行动态模拟，预测发育期和产量，是计算机综合环境控制系统中十分重要的组成部分。

三、设施园艺计算机综合环境管理系统

（一）人和计算机的互补性

要区分哪些项目由计算机控制，哪些项目由人来操作，首先要对人和计算机的功能加以比较。由表 7-18 可以看出，人和计算机在功能上的互补性，两者结合可以扬长避短。根据人和计算机的特点，如能科学地分担项目，则温室环境管理的质量就可以显著地提高。

只要能编制一个好的计算机环境管理程序，在这个基础上合理地运用各种环境调节装置，就可以实现增产、节能和省工，并可以完成靠人或传统的模拟控制器所不能做到的高级控制。例如，计算机在监测室外日射量、风速、风向、室内外气温等要素基础上，自动控制开窗位置，可以把天窗开启到适宜位置以维持适温，并随时根据环境变化做出相应的处理。

表 7-18 人和计算机功能上的互补性

功能	人	计算机
运算功能	运算速度慢，不擅长大量的简单运算	高速运算，一次加减运算只用 10^{-7} s 或更少
判断功能	根据经验能融会贯通地综合判断，出了预想不到的事情能够应付，学习能力和发现能力大，有情感	按照程序的指令进行逻辑判断，对于有复杂图像的事物，不擅长判断其属性

（续）

功能	人	计算机
记忆功能	擅长于图像记忆、联想记忆，记忆随时间迁移而淡忘	能用 10^{-6} s 把信息从记忆装置中高速取出。在不出事故和没有指令时记忆不会消失，记忆复杂图像要有大容量存储器
输入输出功能	通过感官和手脚输入和输出	计算机与外界进行信息交换，必须有监视器、打印机及各种传感器装置
时间管理功能	不准确，不可能做高速时间管理	准确，可以做高速时间管理

（二）计算机的综合环境管理系统

采用计算机的综合环境管理系统一般具有综合环境调节、异常情况紧急处理和数据采集处理三种功能（表 7－19）。由于系统配置所用的观测仪器及控制机械的数量不同，管理程序的编制水平和用户要求不同，不同机种所能管理的项目有不少差异。

表 7－19 计算机综合环境管理系统的主要功能

功能类型	控制内容	控制对象
综合环境调节	①维持环境要素的设定值水平 ②按不同时间变更设定值 ③按不同日射量水平修正设定值	①室温 ②二氧化碳浓度 ③空气流动 ④室温 ⑤通风窗 ⑥加热室温 ⑦二氧化碳浓度
紧急处理	①强风 ②异常室温 ③机器故障 ④计算机故障、停电 ⑤输入了异常设定值	①天窗 ②警报 ③打印机 ④后备模拟量控制 ⑤后备电池组
数据采集处理数据	①瞬时值 ②日平均值、最高最低值、日积分 ③紧急处理记录 ④机器运行记录	①室温和外气温 ②风向风速 ③日射量日积值 ④加温机器动作时间 ⑤保温幕开关状态 ⑥天窗机器动作状态 ⑦输入的设定值

1. 综合环境调节微机系统 一般都采用通用型的程序结构，能适用多种使用情况。程序中一般只规定控制的方法（如比例控制、差值控制、时间控制等），即根据几个环境要素的相互关系规定一些计算的关系式，以及根据计算结果对各种机器进行控制的逻辑。各种具体环境要素的设定值，由用户根据要求事先输入计算机中，并根据现场情况及时变更。例如，该系统对室温的调节是通过天窗和两层保温幕的开关，以及水暖供热管道的开关来实现的。

2. 紧急处理 当室温超出用户设定的最高温度和最低温度时，系统自动报警在现场亮指示灯，并在中心管理室的主机监视器屏幕上提示故障内容或显示红色符号，停电时对数据进行保护等。

3. 数据采集处理 该系统能随时以图表方式，用彩色打印机打出温室内外环境要素值及环境控制设备的运行状态、输入的设定值等。计算机综合管理系统的作用发挥的好坏，取决于栽培者对数据分析处理的能力。

4. 软件开发 该系统中，下位机的程序是用汇编语言编写的，固化在一个只读存储器芯片中，上位机则用管理程序，在积累了一定的经验后，用户自己也可以修改管理程序，提高管理的效果。

5. 硬件的结构 该系统是一个两层结构，下层是温室现场，每栋温室设置一台下位计算机综合环境控制器。控制器由单板机、数据通信板、程序芯片、模拟量和数字量输出、输入装置，以及各种手动、自动开关和面板组成。面板上有图像化的各种设定值按键、指示灯及数据显示窗。外围设备由各种传感器，包括室外日射量和温度、室内干湿球温度和二氧化碳浓度传感器，以及天窗开关装置、保温幕开关装置、水暖管道电磁阀开关及二氧化碳发生器等组成。上层是中心管理室，外围有通信接口、彩色监视器和彩色打印机，上下层之间用同轴电缆串行连接。

相关知识

LED光源的基本特征

1. 发光效率高　LED经过不断的技术改良，其发光效率有了较大的提升。白炽灯、卤钨灯发光效率为12～24 lm/W，荧光灯为50～70 lm/W，钠灯为90～140 lm/W，大部分的耗电变成热量损耗。LED发光效率经改良后达到50～200 lm/W，而且其光的单色性好、光谱窄，无须过滤可直接发出有色可见光。LED发光效率方面的研究许多国家还在继续，将来其发光效率会有更大的提高。

2. 耗电量少　LED单管功率为0.03～0.06 W，采用直流驱动，单管驱动电压为1.5～3.5 V，电流为15～18 mA，反应速度快，可在高频操作。同样照明效果的情况下，耗电量是白炽灯泡的0.01%，荧光灯管的1/2。日本估计，如采用发光效率比荧光灯还要高2倍的LED替代日本一半的白炽灯和荧光灯，每年可节约相当于60亿L原油的能量。就桥梁护栏灯为例，同样效果的一支日光灯功率在40 W以上，而采用LED每支的功率只有8 W，而且可以七彩变化。

3. 使用寿命长　采用电子光场辐射发光，存在灯丝发光易烧、热沉积、光衰减等缺点。而LED灯体积小、质量小，环氧树脂封装，可承受高强度机械冲击和震动，不易破碎。平均寿命达10万h。LED灯具使用寿命可达5～10年，可以大大降低灯具的维护费用。

4. 安全可靠性强　发热量低，无热辐射性，冷光源，可以安全触摸；能精确控制光型及发光角度，光色柔和，无眩光；不含汞、钠元素等可能危害健康的物质。内置微处理系统，可以控制发光强度，调整发光方式，实现光与艺术结合。

5. 有利于环保　LED为全固体发光体，耐震、耐冲击、不易破碎，废弃物可回收，没有污染。光源体积小，可以随意组合，易开发成轻便薄短小型照明产品，也便于安装和维护。

（摘自360百科）

项目小结

本项目主要介绍了设施内光照条件、温度条件、湿度条件、土壤条件和气体条件，以及设施内各种环境条件的调控技术相关知识，通过学习，让学生了解设施内光照、温度、湿度、气体和土壤变化规律，掌握设施内环境条件的调控技术及影响因素，使学生在园艺设施生产中能熟练应用，以保障园艺设施生产的持续健康发展。

技能训练

技能训练　设施内小气候的观测与调控

一、实训目的

要求学生了解园艺设施内的小气候环境特征，掌握园艺设施环境观测与调控的一般方法，熟悉小气候观测仪器的使用方法。

二、材料与用具

通风干湿球温度表、最高温度表、最低温度表、套管地温表、照度计、光量子仪、便携式红外二氧化碳分析仪、小气候观测支架等。

三、实训内容与方法

1. 设施内环境的观测

（1）观测点的布置。设施内的观测点一般布置 9 个点，其中 5 点位于设施的中央，其余各观测点以中央测点为中心均匀分布，图 7－52。观测点的高度以设施高度、作物状况、设施内气象要素垂直分布状况而定，在无作物时，可设 0.2 m、0.5 m、1.5 m 等 3 个高度；有作物时可设作物冠层上方 0.2 m，作物层内 1～3 个高度；土壤中温度观测应包括地面和地中根系活动层若干深度，如 0.1 m、0.2 m、0.3 m、0.4 m 等 4 个深度。一般来说，在人力、物力允许时光照度测定、二氧化碳浓度测定、空气温湿度测定和土壤温度测定可按上述测点布置。如条件不允许，可适当减少测点，但中央测点必须保留。

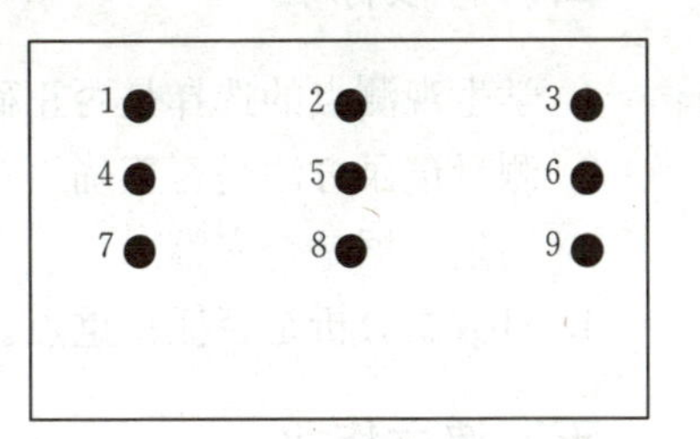

图 7－52　设施内环境观测水平点分布

（2）观测时间。选择典型的晴天（或阴天）进行观测，以晴天为好。最好观测各个位点光照度、二氧化碳浓度、空气温湿度及土壤温度的日变化。间隔 2 h 观测 1 次，一般在20:00、22:00、0:00、2:00、4:00、6:00、8:00、10:00、12:00、14:00、16:00 和 18:00 共测 12 次。最好从温室揭草帘时间开始观测，直至盖草帘观测停止。总辐射、光合有效辐射和光照度，则在揭帘、盖帘时段内每隔 1 h 测 1 次。总辐射和光合有效辐射要在正午时再加测 1 次。

（3）观测方法与顺序。在某一点上按光照度、空气温湿度、二氧化碳浓度、土壤温度的

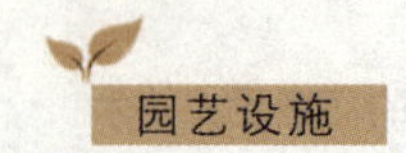

顺序进行观测，在同一点自上而下，再自下而上进行往返 2 次观测，取 2 次观测的平均值。

2. 设施内环境的调控

(1) 温度、湿度的调控。自然状态下，在某一时刻，观测完设施内各位点的温度、湿度后，可以通过通风口的开启和关闭或通过设置多层覆盖等措施来实现对温度、湿度的调节。让学生观测并记录通风（或关闭风口）后不同时间如 10 min、30 min、1 h 等（不同季节时间长短不同）各观测点温度、湿度的变化。

(2) 光照环境的调控。观测完设施内各位点的光照度后，可以通过擦拭棚膜等透明覆盖物、温室后墙张挂反光膜、温室内设置二层保温幕、温室外（内）设置遮阳网（苇帘、竹帘）等任一种措施实现对光照的调节。让学生用照度计测定并记录各测点光照度在采取措施前后的变化情况。

3. 注意事项

(1) 观测内容和测点视人力、物力而定。

(2) 仪器使用前必须先进行校准再进行安装；每次观测前及时检查仪器是否完好，发现问题及时更正；每次观测后必须及时检查数据是否合理，如发现不合理者必须查明原因并及时更正。

(3) 观测前必须设计好记录数据的表格，要填写观测者、记录校对者、数据处理者的名字。

观测数据一律用 HB 铅笔填写，如发现错误记录，应用铅笔画去再在右上角写上正确数据，严禁用橡皮涂擦。

(4) 仪器的使用必须按气象观测要求进行，如测温度、湿度的仪器必须有防辐射罩，测光照度的仪器（照度计等）必须保持水平等。

四、考核标准

1. 学生观测点的选择是否正确合理。
2. 测量记录方法是否正确。
3. 测量数据是否完整。
4. 对数据分析是否抓住重点。

五、课后作业

1. 根据观测数据，绘出温室（或大棚）内等温线图、光照分布图、温度和湿度的日变化曲线图。
2. 总结设施内环境调控的措施及其效果。
3. 对设施的结构和管理提出意见和建议。

复习思考

1. 设施内光照环境包括哪些内容？
2. 影响设施透光率的因素有哪些？
3. 设施屋面角与太阳直射光的透射率大小有何关系？

4. 影响设施内光照均匀分布的因素有哪些?
5. 设施内光照的调控技术有哪些?
6. 设施内地温和气温的关系是什么?
7. 设施内温度变化特点是什么? 如何调节?
8. 设施内湿度有何变化? 如何调节?
9. 设施内的土壤环境有何特点?
10. 设施内的土壤为什么易发生次生盐渍化? 如何防治?
11. 大棚、温室的生产过程中易产生哪些有害气体? 如何防除?
12. 设施生产中为什么要施用二氧化碳气肥?
13. 简述用化学反应法进行二氧化碳施肥的过程。
14. 进行二氧化碳施肥时应注意哪些问题?
15. 采用计算机的综合环境管理在设施园艺中都有哪些应用?
16. 设施园艺计算机综合环境管理系统都由哪些组成?

项目八　园艺设施的应用

【项目导读】 本项目主要介绍园艺设施在工厂化育苗、无土栽培技术、水肥一体化管理技术和休闲农业中的应用。

【项目目标】 要求学生了解工厂化育苗、无土栽培、水肥一体化等技术的一些设施和设备。

【项目考核】 设施内工厂化育苗的一般流程，工厂化育苗所需的生产设施设备和辅助设备的应用；无土栽培的类型、管理要点和生产应用，喷灌和微灌系统的组成和应用；水肥一体化技术中肥料的选择与应用等。

任务一　园艺设施在工厂化育苗中的应用

【教学要求】 本任务主要学习工厂化育苗的一般流程，掌握蔬菜工厂化育苗设施设备及育苗辅助设备的概况及工作原理等。

【教学目的】 要求学生了解设施内工厂化育苗的一般流程，掌握设施内进行工厂化育苗时所需的设施设备的使用方法。

【教学材料】 园艺生产设施、工厂化育苗所需的生产和辅助设施设备。

【教学方法】 多媒体教学、现场教学。

蔬菜工厂化育苗是指在现代温室工程设施内，借助精量播种机、施肥机等机械从事蔬菜种苗生产。育苗设施包括育苗温室、播种车间、催芽室、计算机控制室等，其中最重要的设施是育苗温室。育苗设备包括种子处理、精量播种、基质消毒、水肥一体机、种苗储运等设备，可以保障种苗培育机械化、自动化，减少人工成本支出。育苗辅助设备主要指苗床、穴盘、移苗机、嫁接机械等。

一、工厂化育苗的一般流程

蔬菜工厂化育苗的生产工艺流程形式很多，采用基质育苗的工艺流程为：准备阶段、催芽阶段、苗期管理和炼苗阶段（图 8-1）。在准备阶段一般需完成环境消毒、种子处理、基

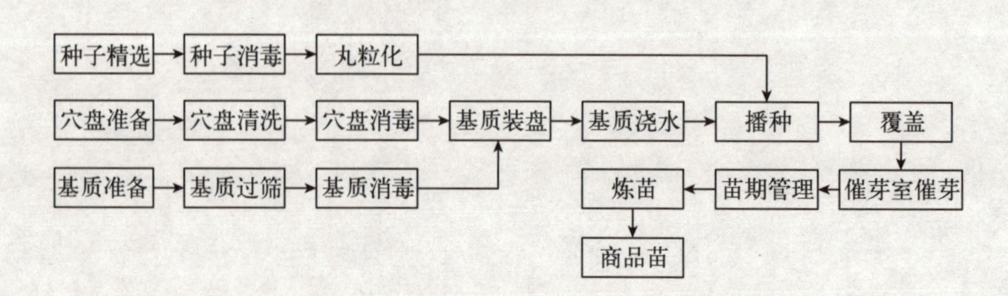

图 8-1　蔬菜工厂化育苗生产工艺流程

质处理、穴盘消毒等工作；催芽时要将穴盘放入催芽室，并按照不同种子萌发要求，设定昼夜温度、湿度，待60%～70%的种子萌发时运出催芽室；苗期管理是种苗培育的主要阶段，时间较长，通过温室的环境设定，控制好苗床温度、湿度、光照、水分等条件；在炼苗阶段主要是降低夜间温度，控制基质水分，适当使用防病治虫的农药。

二、蔬菜工厂化育苗设施及设备

（一）蔬菜工厂化育苗主要设施

1. 育苗温室 育苗温室是蔬菜育苗的主要场所，是工厂化育苗的主要生产车间。育苗温室应当满足种苗生长发育所需要的温度、湿度、光照、水分等条件，因此育苗温室设施配置应该高于普通的栽培温室，除了具备通风、帘幕、降温、加温等系统外，还应准备苗床、补光等特殊设备，保证种苗能够正常生长。我国蔬菜工厂化育苗温室按其结构与性能大致可分为日光温室和连栋温室。

2. 播种车间 播种车间是进行播种操作的主要场所，通常也作为成品种苗包装、运输的场所。播种车间一般由播种设备、催芽室、育苗温室控制室等组成。播种车间的主要设备是精量播种机，也常用于放置一部分基质、肥料、育苗车、育苗盘等。播种车间在设计时要注意各个分区划分，要做到空间利用合理，便于基质搅拌、播种、催芽、包装等，且操作互不影响。

3. 催芽室 催芽室是为种子萌发创造良好环境的一个可控设施。在保证种子质量的前提下，其种子萌发率的高低主要取决于环境条件。利用催芽室能够很好地控制温度、湿度和光照条件，满足种子萌发对环境的要求。催芽室设计的主要技术指标：温度和相对湿度可控制和调节，相对湿度为75%～90%，温度为25～35 ℃，气流均匀度在95%以上。主要配备加温系统、加湿系统、风机、新风回风系统、补光系统以及自动控制器等，这些设施由铝合金散流器、送风管、加湿段、加热段、风机段、混合段、回风口、控制箱等组成。

4. 育苗温室的环境控制系统

（1）加温系统。加温是冬季育苗和调控育苗环境温度的重要措施，我国大部分地区的温室冬季育苗均需要加温。加温方式一般有热水管道加温、蒸汽管道加温和热风加温几种方式。

（2）降温系统。温室夏季蓄热严重，夏季育苗需要对温室进行降温处理，使之适应种苗生长。常见的降温方式有遮阳网覆盖降温、湿帘风机系统降温和屋面喷水降温。3种方式同时进行可以更快地降低温室温度。

（3）保温系统。冬季育苗温室夜间保温主要采取的措施有增加侧保温系统，与顶部内保温系统结合应用，相互密闭，使温室外层覆盖物与内层保温系统间的空气相对密闭，形成空气隔热层，利用空气导热率低、不对流、辐射散热少的特点，达到保温目的。也可打开内遮阳系统，作为保温层使用，增加顶部保温层，提高保温效果；另外，也可打开外遮阳系统，减少顶部空气对流传热和辐射传热。

（4）补光系统。温室补光系统主要用于弥补冬季或阴雨雪天光照不足对育苗质量的影响，满足幼苗生长对光照的需求。目前育苗温室所采用的光源灯主要是高压钠灯，其光照度为1.6万 lx，光谱波长为550～600 nm，并选用具有合适配光曲线的反光罩提高补光效果。

（5）二氧化碳补充系统。温室是相对封闭的环境，二氧化碳浓度白天低于外界，为增强

蔬菜幼苗的光合作用，需补充二氧化碳。二氧化碳施肥的方法有通风换气法、土壤施肥法、生物生态法、化学反应法、液态（钢瓶）二氧化碳法、燃烧法。育苗温室最佳二氧化碳浓度为400～600 mL/L。

（二）蔬菜工厂化育苗的生产设备

1. 种子处理设备 常见的种子处理设备包括种子拌药机、种子表面处理机、种子单粒化机和种子包衣机等，广义的种子处理设备还包括种子清选和干燥设备。现在拥有成套的现代化种子加工设备，已逐步取代了种子处理的单机作业，这种设备实现了流水线生产。

2. 精量播种设备 穴盘自动精量播种生产线是工厂化育苗的重要设备，一般包括穴盘自动解垛机、基质装填机、精量播种机、自动洒水覆土机和积盘机等几部分，如图8-2所示。其中精量播种机是整条播种线的核心设备，主要有针式和滚筒式两种。

(a)　(b)　(c)　(d)

图8-2　精量播种机部分功能

(a) 基质装盘　(b) 打孔　(c) 播种　(d) 洒水

3. 基质消毒设备 基质是设施栽培决定植物生长环境的最主要因素之一，也是病虫害传播的媒介和繁殖场所。栽培生产用的基质在经过一段时间的使用后，由于受空气、灌溉水、前茬种植过程滋生的病菌以及基质本身带有的病菌等逐渐增多的影响，易使后茬作物感染病害。目前基质消毒的方法主要有药剂消毒和高温消毒。药剂消毒主要利用敌磺钠等药剂对基质进行消毒，此方法已逐渐被淘汰；高温消毒主要包括日光消毒、水煮消毒和蒸汽消毒等，利用蒸汽消毒是目前常见的基质消毒方法。

4. 灌溉和施肥设备 灌溉和施肥是种苗生产的核心环节，其设备通常包括水处理设备、灌溉管道、贮水及供给系统、灌溉和施肥设备。

5. 种苗贮运设备 种苗的包装和运输是种苗生产过程的最后一道程序。种苗的包装设计包括包装材料的选择、包装设计和装潢、包装技术标准等。包装箱多为包装纸箱，一般可放置4～6个穴盘，采用纸板分层叠加。种苗的运输设备有封闭式保温车、种苗搬运车辆、运输防护架等。图8-3所示为纸质包装运输箱。

图8-3　穴盘育苗商品苗运输箱

（三）育苗辅助设备

1. 苗床 苗床是蔬菜工厂化育苗过程中必不可少的重要辅助设备，种子经催芽、播种后即放置在苗床上进行绿化。育苗温室中苗床的设置以经济有效地利用空间、提高单位面积种苗产出率、便于机械化操作为目标，选材以坚固、耐用、低耗为原则。苗床可分为固定式和移动式两类。

2. 穴盘 穴盘是蔬菜工厂化育苗的主要载体。生产穴盘的材质一般有聚乙烯注塑、聚丙烯薄板吸塑和发泡聚苯乙烯3种。穴孔的形状有圆形和方形两种，通常尺寸为54 cm×28 cm，规格有50孔、72孔、128孔、200孔等。育苗时要根据不同蔬菜种类与育苗季节合理选择不同规格的育苗穴盘。图8-4所示为常见的塑料穴盘和泡沫穴盘。

图8-4　塑料穴盘和泡沫穴盘

3. 种苗转移车 种苗转移车包括穴盘转移车和成苗转移车。穴盘转移车将播完种的穴盘运往催芽室。成苗转移车采用多层结构，根据商品苗高度确定放置架的高度，车体可设计成分体组合式，以利于不同种类园艺作物种苗的搬运和装卸。图8-5所示为钢管焊接的多层催芽用穴盘转移架。

4. 种苗分离机 种苗分离机的作用是在不损伤种苗、保证育苗基质完整的前提下，快速将种苗从穴盘中取出。种苗分离机有横杆式和盖板式两种，横杆式种苗分离机适合株型较高的种苗脱离穴盘。

图 8-5 穴盘转移架

5. 移苗机 移苗机或移苗机器人的研发，是实现蔬菜育苗工厂化生产和移栽机械化作业的育苗生产新模式。常见的移苗机主要有钳夹式、链夹式、挠性圆盘式、吊杯式、导苗管式、输送带式、空气整根营养钵育苗移栽机等。

6. 嫁接机械 嫁接机器人技术，是近年在国际上出现的一种集机械、自动控制与园艺技术于一体的高新技术，它可在极短的时间内把蔬菜苗茎秆直径为几毫米的砧木、接穗的切口嫁接为一体，使嫁接速度大幅度提高；同时由于砧木、接穗接合迅速，避免了切口长时间氧化和苗内液体的流失，从而又可大大提高嫁接成活率。

任务二 无土栽培技术

【教学要求】 本任务主要学习无土栽培的优缺点、无土栽培基质的物理和化学性质、水培常用的几种方法、无土栽培营养液的配制和管理技术。

【教学目的】 通过本任务的学习，要求学生掌握基质理化性质和配比方法，掌握营养液的配制和日常管理技术，能按照无土栽培技术要求进行设施的搭建和维护。

【教学材料】 无土栽培设施、设备。

【教学方法】 多媒体教学、现场教学。

一、无土栽培的特点

无土栽培是近几十年发展起来的一种作物栽培新技术。按照世界各国的惯例，无土栽培是一种不使用天然土壤作基质的作物栽培技术，它是将作物直接栽培在一定装置的营养液中，或者栽培在充满非活性固体基质和一定营养液的栽培床上，因其不用土壤，所以称为无土栽培，又称营养液栽培，或简称水耕、水培。

无土栽培是现代化农业最先进的栽培技术，从栽培设施到环境控制都能做到根据作物生长发育的需要来进行调控，因此，具有土壤栽培无法比拟的优点，但同时也存着一些抑制无土栽培发展的缺点。

1. 无土栽培的优点

（1）消除了土壤传染的病虫害，避免了连作障碍。在保护地栽培中，由于设施条件的限制，为争取高效益，往往种植单一、连作频繁，从而导致土传病虫害严重发生；此外，施肥的不科学和土壤本身的因素等，也导致土壤盐分不断积累，土壤酸化和盐渍化的发生。这些问题产生的后果就是生产成本的不断加大、土壤生产能力的持续下降、生产风险增大和生产效益不稳定。利用无土栽培技术，能在技术上有效地避免土壤连作障碍的发生，即便是单一品种也可连续生产，稳产高产。故无土栽培是解决设施内土壤连作障碍的有效途径。

(2) 提高作物的产量及品质，实现早熟高产。如无土栽培番茄可提早成熟7～10 d，产量可提高0.5～1.0倍。我国自主开发的有机生态型无土栽培技术，每667 m^2 年产量超过2万kg；美国无土栽培蔬菜的产量很高，全国平均产量：番茄为135～150 t/hm^2，黄瓜为135～225 t/hm^2，莴苣为30～45 t/hm^2。荷兰一年番茄产量为390～450 t/hm^2，日本为315～375 t/hm^2。

(3) 节水节肥。无土栽培是根据作物生长发育的需求，及时调整营养液的浓度、补充水分，因此，更加符合作物生长的需要，水、肥的利用率也大大提高，无土栽培可比传统土壤栽培节省水50%～70%，节省肥料30%～40%。

(4) 降低了劳动强度，省工省力。无土栽培是利用设施栽培和计算机智能化管理，省去了土壤耕作中的整地、施肥、中耕除草以及喷施农药等田间劳动，田间管理工作大大减少；在无土栽培中营养液供应和管理实现了机械化或自动控制，改善了劳动条件，节省劳力50%以上。

(5) 无土栽培不受场所限制，可以充分利用各种场地和资源。例如，可以在楼顶、阳台、屋面、走廊、墙壁等地，进行无土花卉、蔬菜、小盆景及观赏植物的栽培，美化环境、陶冶情操、增添生活乐趣。另外，由于无土栽培不受土壤条件的限制，还可以在不能进行土壤栽培的地方如沙漠、油田、海涂、盐碱地、荒山、岛屿和土壤严重污染的地方应用。对于解决这些地区人民的蔬菜供应有着特殊的意义。

(6) 无土栽培可提高园艺产品的质量。由于无土栽培施用的是化学肥料和经充分腐熟的有机肥料，因此病虫害较少，减少了农药的使用。此外，城市近郊和工矿区的蔬菜生产，往往容易受到废水、废气、废渣和城市垃圾的污染，造成品质下降，甚至有碍人们的身体健康。而应用无土栽培技术，生产蔬菜可避免上述污染，保证品质；生产花卉则更加卫生。

2. 无土栽培的缺点

(1) 一次性设备投资较大。因为无土栽培不能在露地进行，需要有相应的温室、大棚等栽培设施投入，同时也还要有相应的设备，如栽培槽、水泵、支架等，因此初次使用时一次性投资较大。

(2) 无机型无土栽培，用电多，肥料费用高。为了适应我国的国情，中国农业科学院蔬菜花卉研究所已研制出了有机生态型无土栽培方法，使其成本降低，可操作性增强。

(3) 对技术水平要求高，管理人员必须经过系统的学习或培训。

二、国内无土栽培的发展概况

(一) 我国无土栽培发展近况

我国无土栽培始于1941年，是由浙江农业大学陈子元院士与当地的华侨农场在上海进行的。20世纪70年代后期，山东农业大学率先进行无土栽培生产取得成功。改革开放以来，中国农业大学园艺学院、中国农业科学院蔬菜花卉研究所、南京农业大学、上海农业科学院、北京蔬菜研究中心、江苏省农业科学院、华南农业大学等许多单位，都开展了有关无土栽培的研究与开发工作，并加以推广应用，取得了一批有价值的研究成果。1985年成立了我国第一个学术组织“中国农业工程学会无土栽培学组”，积极推动了我国无土栽培技术的发展。1988年5月，我国首次出席了在荷兰召开的第七届国际无土栽培学会年会，并在会上发表了论文，引起了很多国家的重视。1994年在浙江杭州，我国首次召开了国际无土栽培学术会议，影响很大。到了20世纪90年代中期，国外现代化温室引进和国内节能型日光温室和大棚的迅速发展，我国无土栽培开始步入推广阶段。我国是一个水资源紧缺的国家，因此，采用无土栽培技术，节约水资源，是保持农业生产持续稳定发展的重要措施之一。

我国无土栽培的主要方式有营养液膜技术（NFT）、深液流法（DFT）、浮板毛管水培法（FCH）、袋培（bag culture）、鲁SC无土栽培法、有机生态型无土栽培等。利用无土栽培进行生产的蔬菜主要有番茄、黄瓜、甜椒、茄子、甜瓜、草莓、生菜、芹菜、菠菜等；花卉主要有康乃馨、金鱼草、山茶花、菊花、仙客来、兰花荷花、月季、满天星等。就其栽培方法而言，我国北方主要是以基质栽培为主；南方主要是以水培为主；国外引进的大型玻璃温室，主要以岩棉培为主，如蔬菜栽培方面，有黄瓜、番茄、甜椒等生长期和采收期较长的种类。

（二）无土栽培的发展前景

随着现代科技的发展，随着我国综合国力的不断提升，生产专业化、管理智能化和资源节约化的无土栽培生产技术将会被越来越多的生产者所采纳。优质高产的产品、清洁卫生的生产环境也是众多生产者的追求。节省资源、提高资源的有效利用率，是保持国民经济持续健康发展的必然要求。因此，无土栽培在我国有着广阔的发展前景，表现为以下几个方面。

（1）随着我国城市发展的不断推进，耕地面积迅速减少，目前已成为稀缺资源。在地少人多的矛盾中，要解决好农产品问题，无论是从农产品的产量（无土栽培的产量通常是土壤栽培的3～6倍）还是产品的安全性来说，发展无土栽培技术应该是首选之一。

（2）在经济较为发达的沿海大城市，观光农业、休闲农业、设施农业和都市农业等正在蓬勃兴起，为了提高农业生产的可观赏性，展示农业科技水平等，无土栽培是其重要的组成部分之一。工矿区、石油开发区、海岛、沙漠等土壤条件恶劣的地区，将是无土栽培发展的重点地区，也将成为这些地区农产品的主要供给方式之一。

（3）无土栽培的方法很多，各地可以根据本地的资源情况合理地选择栽培方式，遵循就地取材、因地制宜、高效低耗的原则，在充分利用好本地资源的基础上发展无土栽培，形成多种生产方式并存的发展格局。

（4）由于无土栽培更有利于生产的工厂化、集约化，更有利于新技术、新设施在农业生产上的推广运用，因此能加快农业生产技术的升级、生产的规模化和服务社会化的进程。此外，由于无土栽培技术克服了土壤连作障碍、土壤病害的发生和蔓延，更加有效地降低农药的使用，使农产品更加卫生、安全。

我国的无土栽培起步较晚，与国外的一些发达国家相比仍有较大的差距，然而，由于我国幅员辽阔，气候和物产不同，资源方面存在着一定的差异，但从无土栽培这一学科本身的发展和其比传统土壤栽培所具有的优越性来看，充分利用各地丰富的自然资源或综合利用本地资源发展无土栽培，仍存在着巨大的潜力，也必将在今后土地资源不断减少、人口不断增加的形势下，对保障人们的物质需求方面做出更大的贡献。

三、国外无土栽培的发展概况

（一）国外无土栽培发展历程

科学的无土栽培始于1859—1865年德国科学家Juliusvon Sachs和W. Knop的水培试验。在1925年以前，营养液只用于植物营养试验研究，并确定了许多营养液配方（如著名的Hoagland配方，1919）。1925年，温室工业开始利用营养液栽培取代传统的土壤栽培。“营养液栽培”（hydroponics）这个词最初是指不用任何固定根系基质的水培；之后，营养液栽培的含义进一步扩大，指不用天然土壤而用惰性介质如石砾、沙、泥炭、蛭石或锯木屑和含有植物必需营养元素的营养液来种植植物。现在一般把固体基质栽培类型称为无土栽培，无固体基质栽培类型称为营养液栽培（水培）。

1929 年美国 Gericke 教授水培番茄取得成功。第二次世界大战加速了无土栽培技术的发展，成为美军新鲜蔬菜的重要来源。第一个大型营养液栽培农场就建在南大西洋荒芜的阿森松岛上，这项采用粉碎火山岩做生长基质的技术后来也应用到其他太平洋岛屿，如冲绳岛和硫磺岛。1956—1959 年荷兰的 Steiner 做了大量番茄的水培试验，解决了水培过程中存在的缺铁和缺氧两大问题。无土栽培真正的发展要追溯到 1970 年丹麦 Grodan 公司开发的岩棉栽培技术和 1973 年英国温室作物研究所的 Cooper 开发的营养液膜栽培技术，并以欧洲为中心得到了迅速的普及与推广。目前世界上应用无土栽培技术的国家和地区已达 100 多个，栽培技术已相当成熟，并且进入了普及应用阶段，栽培作物的种类和栽培面积也正在不断增加，实现了集约化经营、工厂化生产，达到了优质、高产、高效、低耗的栽培目的。

（二）发达国家无土栽培发展的特点

1. 栽培面积迅速扩大 1987 年荷兰无土栽培面积 23 000 hm^2，占温室面积的 26%。20 世纪 90 年代欧洲共同体规定：到 20 世纪末全部温室作物生产都必须应用无土栽培。美国现有无土栽培蔬菜温室的面积近 200 hm^2，栽培的蔬菜种类主要有番茄、黄瓜和莴苣（生菜）（中国农产品加工网，2007.10.13）。

2. 单产水平高 美国全国平均每茬番茄产量为 135～150 t/hm^2，黄瓜产量为 135～225 t/hm^2，生菜产量为 30～45 t/hm^2；英国平均产量为239 t/hm^2；日本平均每茬番茄产量为 315～375 t/hm^2。我国目前无土栽培的单产，与国外发达国家相比尚有较大差距，这也为我们今后的努力提高了空间。

3. 无土栽培品种丰富 无土栽培主要用于农作物的水稻、番茄、叶用莴苣的栽培，现在栽培的种类越来越多，从农作物到蔬菜、花卉，目前果树的无土栽培也正在兴起。作物的种类也在扩大，如蔬菜使用无土栽培的有叶菜类的叶用莴苣、蕹菜、菜心、小白菜、芥菜、香葱、苋菜等，果菜类的有番茄、茄子、辣椒，瓜类的有黄瓜、西瓜、甜瓜、苦瓜、丝瓜等，花卉方面的种类有月季、菊花、香石竹、唐菖蒲、兰花、非洲菊、郁金香、巴西木、绿巨人、鹅掌柴等，盆景方面有榆树、福建茶、茶梅、九里香等。

4. 配套技术不断完善 在以往的无土栽培中，主要根据电导率的大小来判断营养液中各种元素的状况，是一个总量上的判断，对各种元素的实际含量无法判断，管理是一种比较粗放的、模糊的手段。现在，在发达国家已实现了自动化和计算机控制营养液的酸碱度和电导率，能通过对各种营养元素实际含量的诊断，及时调整营养液的各种元素的含量，满足作物所需的营养元素。

在其他配套技术方面的研究发展也非常迅速，例如，用机器人移苗、上盆、采收、分级和产品的包装；用蜜蜂授粉代替过去用振荡器授粉和激素处理，既节省人工又保证了产品的质量和产品的商品率；用电解水的方法来消除水中的有害物质，调节酸碱度等。总之，随着研究的不断深入，无土栽培的运用领域将有一个新的飞跃的发展。

5. 主攻研究方向明确 发达国家当前对无土栽培的研究主要集中在以下方面：来源容易、价格低廉、性质稳定、对环境无害的基质的研制，与栽培技术相配套的设施和设备的开发，基质添加的研制，营养液的配方，灌溉制度与消毒杀菌方法的研究等。这些研究促使发

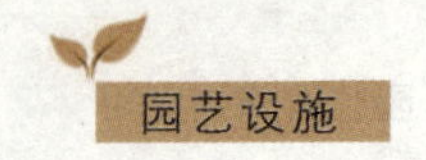

达国家形成自己特色的无土栽培生产模式，进而使产品的产量和品质不断提高。

四、无土栽培的分类

无土栽培的类型和方法很多，目前没有统一的分类方法。我国一般将其分为 4 种类型，即固体基质培、水培、雾培和有机生态型无土栽培。在固体基质培中，根据基质的属性不同又可分为人工基质培、有机基质培和无机基质培。在水培中，根据栽培方式的不同又可分为营养液膜技术、深液流水培技术和浮板毛管水培技术。具体分类如图 8－6 所示。

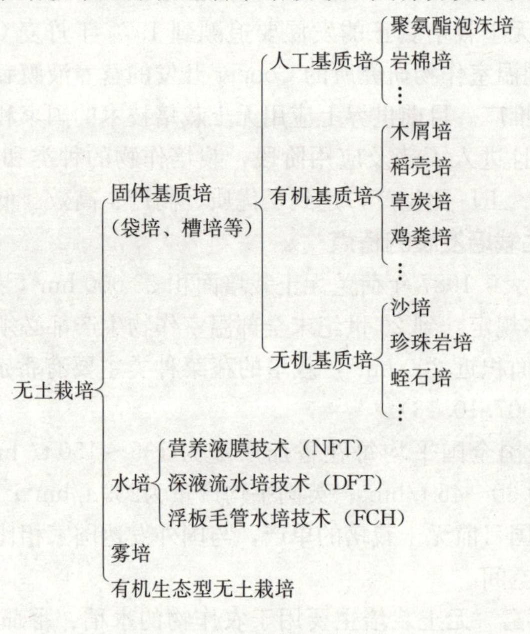

图 8－6　无土栽培的分类

1. 固体基质培　固体基质培是指采用天然的或人工的或有机材料作为基质，代替原来土壤栽培的土壤，固定作物的根系，并通过基质吸收矿质营养、氧气的栽培方法。因此固体基质培的基质主要作用有以下几点：支持和固定植物；保持一定的水分满足作物生长发育的需要；具有一定的透气性能，促进根系的发育；具备一定的缓冲作用，来维持根际环境比较稳定和缓冲有害因素的危害。这样就对固体基质培的基质提出了一定的要求：①具有一定大小的固形物质，保证了基质的透气性和保水性两者间的协调。②具有良好的物理性质，无毒和不含有毒物质；钠离子、钙离子等离子的含量也不能过高。③具有稳定的化学性质，对基质的 pH、EC 的变化具有一定的缓冲能力；盐基交换量大，但在栽培过程中不因为盐基交换而影响其结构的变化。④要求基质取材方便，来源广泛，价格低廉。

根据所用基质材料的不同，固体基质又可分为人工基质、有机基质和无机基质。

（1）人工基质。人工基质指利用矿质原料或石油化工原料，经一定的生产、加工工艺后，所制成的适宜于作物栽培的材料，例如聚乙烯发泡材料、聚氨酯泡沫、岩棉等。

（2）有机基质。有机基质种类很多，主要有菇渣、树皮、草炭、锯末、鸡粪、稻壳、酒糟及作物秸秆等。有机物一般都要经过充分发酵、消毒、合理配比后，才能进行无土栽培。

（3）无机基质。无机基质主要包括沙、陶粒、炉渣、珍珠岩、蛭石等，一般都具有良好的化学稳定性，在生产上可重复使用。

在基质栽培中，有些基质可以单独使用，如岩棉、沙等；但有些基质不宜单独使用，应和其他基质按一定比例进行混合，制成混合基质。如锯末、鸡粪、聚氨酯泡沫等。经各地多年试验证明，混合基质理化性质好，增产明显，优于单独基质使用。

2. 水培 水培是指不使用固体基质固定作物根系的无土栽培法，通常根系直接或间接地与营养液接触，由于所使用的设施、设备以及技术的不同，它的栽培方法很多，总体上分为三大类：营养液膜法、深液流法、浮板毛管法。

3. 雾培 雾培是将作物根系悬挂于容器中，将营养液用喷雾的方法，直接喷到植物根系上的栽培方法。

4. 有机生态型无土栽培 有机生态型无土栽培是指用有机肥代替营养液，在栽培过程中主要用清水灌溉，排出液对环境无污染，能生产合格的绿色食品的无土栽培方式。

五、营养液的配制

营养液是将含有各种植物必需营养元素的化合物溶解于水中配制而成的溶液。营养液的配制与管理是无土栽培技术的核心，要真正掌握无土栽培技术，必须了解营养液的组成、配制及使用过程中的变化规律与调控技术。

（一）营养液的原料及其要求

1. 水源选择 水是营养液中养分的介质，水质的好坏直接关系到所配制营养液的浓度、稳定性和使用效果。无土栽培生产中常用自来水、井水、河水等作为水源，有条件的可以通过收集温室或大棚屋面的雨水来作为水源。水源要求不含有杂菌，没受到农业和工业废弃物等污染源的污染（如化肥、农药、废液等的污染）。水质的主要指标有钙、镁离子等总盐含量，pH 和有毒离子的含量等。

配制营养液所用水的水质应达到：硬度（指水中含有的钙、镁盐的浓度高低，以每升水中 CaO 的质量表示，1 度=10 mgCaO/L）一般以不超过 10 度为宜；pH 应为 6.5～8.5，使用前水中的溶解氧应接近饱和；NaCl 含量应小于 2 mmol/L；自来水中液氯含量应低于 0.3 μL/L，一般自来水放入栽培槽后应放置半天使其中余氯散逸；重金属及有害健康的元素应低于容许限量（表 8-1）。

用于配制营养液的水若硬度过高或含杂质过多，则要测定其中某些营养元素的含量，以便按营养液配方计算用量时扣除这部分含量，特别是用井水或自来水作水源时应注意。雨水是很好的水源，属软水，钙镁离子含量低。但因降雨过程会将空气中的尘埃和其他物质带入水中，所以应将收集的雨水澄清、过滤，必要时采取消毒剂进行处理。究竟采用何种水源，可视当地的情况而定，但使用前都必须对水质进行分析化验，以确定其是否可以利用。

表 8-1 水源中重金属及其他有害元素最高容许限量（mg/L）

元素	最高容许限量	元素	最高容许限量
汞（Hg）	0.005	铬（Cr）	0.05
镉（Cd）	0.01	铜（Cu）	0.10
砷（As）	0.01	锌（Zn）	0.20
硒（Se）	0.01	铁（Fe）	0.50
铅（Pb）	0.05	氟（F）	1.00

2. 营养元素化合物的选用 植物生长所必需的营养元素共有16种，其中，碳、氢、氧、氮、磷、钾、钙、镁、硫需要量大，故称为大量元素；铁、锰、锌、铜、硼、钼、氯需要量少，称为微量元素。它们被植物吸收的形态以及在植物体内的含量见表8-2。在植物生长所必需的元素中，碳和氧主要来自于大气中的二氧化碳和氧气，而氢和部分氧来自于配制营养液的水。微量元素氯在一般用水中都含有足够植物生长需要的量，且往往因其过多而造成毒害，故在配制营养液中不予考虑。所以，在选用配制营养液的化合物原料中必须含有植物生长所必需的除碳、氢、氧、氯之外的12种元素，常用含有这些元素的化合物来配制营养液，以满足植物生长的要求。

表8-2 植物的必需营养元素及其在植物体内的含量（Epstein，1972）

营养元素		植物可吸收的形态	在组织中的含量	
			mg/kg	%
大量营养元素	碳（C）	CO_2	450 000	45
	氧（O）	O_2、H_2O	450 000	45
	氢（H）	H_2O	60 000	6
	氮（N）	NO_3^-、NH_4^+	15 000	1.5
	钾（K）	K^+	10 000	1.0
	钙（Ca）	Ca^{2+}	5 000	0.5
	镁（Mg）	Mg^{2+}	2 000	0.2
	磷（P）	$H_2PO_4^-$、HPO_4^{2-}	2 000	0.2
	硫（S）	SO_4^{2-}	1 000	0.1
微量营养元素	氯（Cl）	Cl^-	100	0.01
	铁（Fe）	Fe^{2+}、Fe^{3+}	100	0.01
	锰（Mn）	Mn^{2+}	50	0.005
	硼（B）	BO_3^{3-}、$B_4O_7^{2-}$	20	0.002
	锌（Zn）	Zn^{2+}	20	0.002
	铜（Cu）	Cu^{2+}、Cu^+	6	0.000 6
	钼（Mo）	Mo^{2-}	0.1	0.000 01

（二）营养液组成的原则

无土栽培营养液的配制必须遵守以下6项基本原则。

（1）营养液中必须含有植物生长所必需的全部营养元素。

（2）各种营养元素的化合物必须易溶于水，呈作物易于吸收的离子状态。

（3）营养液中各种营养元素的数量比例应符合作物生长发育要求，维持各元素间的平衡，保证各种营养元素有效性的充分发挥。

（4）营养液中各种化合物组成的总盐分浓度及其酸碱反应是适合植物生长要求的。

（5）组成营养液的各种化合物在作物生长过程中，能够在较长时间内保持其有效状态。

（6）组成营养液的各种化合物的总体，在被吸收过程中造成的生理酸碱反应是比较平衡稳定的。

（三）营养液配方

在一定体积的营养液中，规定含有各种必需营养元素盐类的数量称为营养液配方。在无土栽培发展过程中，通过很多专家和学者的研究，研制出很多营养液配方，至今为止已发表了200多种营养液配方，其中霍格兰氏配方、园试配方等最为有名，以该配方为基础，稍加调整演变形成了许多营养液配方，正被世界各地广泛使用。我国无土栽培学者也在吸收国外配方的基础上研制了一些新配方，在一些地区推广，在无土栽培实践中，有许多实用可行的配方（表8-3）可供选用。

（四）营养液配制

营养液配制总的要求是确保在配制过程、存放过程和使用营养液时都不会产生难溶性化合物的沉淀。但是这一点非常困难，因为每种配方中都含有相互之间会产生难溶性物质的盐类，都潜伏着产生难溶性物质的可能性，例如钙、镁、铁等阳离子和磷酸根、硫酸根等阴离子，当这些离子在浓度较高时会相互作用而产生化学沉淀形成难溶性物质。但如果在营养液配制时，运用难溶性物质溶度积法则作指导，就不会产生沉淀。

生产上配制营养液一般分为浓缩贮备液（也称为母液）的配制和工作营养液（也称为栽培营养液）的配制两个步骤，前者是为方便后者的配制而设。如果有大容量的存放容器或用量较少时也可以直接配制工作营养液。

1. 母液的配制 配制母液时，不能将所有盐类化合物溶解在一起，因为在较高浓度时，有些阴、阳离子间会形成难溶性电解质引起沉淀，为此，配方中的各种化合物一般分为3类，配制成的浓缩液分别称为A母液、B母液、C母液。

A母液：以钙盐为中心，凡不与钙作用而产生沉淀的盐都可溶于其中，如$Ca(NO_3)_2$和KNO_3，浓缩200倍。

B母液：以磷酸盐为中心，凡不与磷酸根形成沉淀的盐都可溶于其中，如$NH_4H_2PO_4$和$MgSO_4$，浓缩200倍。

C母液：为微量元素母液，由铁（如Na_2Fe-EDTA）和各微量元素合在一起配制而成。因其用量小可浓缩为1 000倍。

母液在长时间贮存时，可用HNO_3酸化至pH 3～4以防沉淀的产生。母液应贮存于黑暗容器中。

2. 工作营养液的配制 工作营养液一般用浓缩贮备液来配制，在加入各种母液的过程中，也要防止局部的沉淀出现。首先在贮液池内放入相当于要配制营养液体积的1/2～2/3的水量，将A母液应加入量倒入其中，开动水泵使其流动扩散均匀。然后再将应加入的B母液慢慢注入水泵口的水源中，让水源冲稀B母液后带入贮液池中参与流动扩散，此过程所加的水量以达到总液量的80%为好。最后，将C母液的应加入量也随水冲稀带入贮液池中参与流动扩散，然后加足水量，继续流动搅拌一段时间使其达到均匀，即完成工作营养液的配制。

在生产中，如果一次需要的工作营养液很大，则大量营养元素可以采用直接称量配制法，而微量元素可先配制成母液再稀释为工作营养液。

也有一些国家如荷兰、日本，在现代化温室进行无土栽培生产时，一般采用A、B两母液罐，A罐中主要含硝酸钙、硝酸钾、硝酸铵和螯合铁，B罐中主要含硫酸钾、磷酸二氢钾、硫酸镁、硫酸锰、硫酸铜、硫酸锌、硼砂、钼酸钠，通常制成100倍的母液，在使用时，采用计算机控制调节、稀释、混合形成灌溉营养液。

表 8-3　营养液配方精选

营养液配方名称及适用对象	营养物质用量																			备注
	每升水中含化合物毫克数/(mg/L)											每升含元素毫摩尔数/(mmol/L)								
												N								
	$Ca(NO_3)_2 \cdot 4H_2O$	KNO_3	NH_4NO_3	KH_2PO_4	K_2HPO_4	$NH_4H_2PO_4$	$(NH_4)_2SO_4$	K_2SO_4	$MgSO_4 \cdot 7H_2O$	$CaSO_4 \cdot 2H_2O$	NaCl	盐类总计	NH_4^+-N	NO_3^--N	P	K	Ca	Mg	S	
Hoagland 和 Snyder（霍格兰和施奈德，1938），通用	1 180	506		136					693			2 515		15.0	1.0	6.0	5.0	2.0	2.0	世界著名配方，1/2剂量较妥
Hoagland 和 Arnon（霍格兰和阿农，1938），通用	945	607				115			493			2 160	1.0	14.0	1.0	6.0	4.0	2.0	2.0	世界著名配方，1/2剂量较妥
Rothamstedcp H 6.2（英国洛桑试验站，1952），通用		1 000		300	270				500	500		2 570		9.89	3.75	15.2	2.9	2.03	2.03	历史悠久的试验站，用1/2剂量较妥
法国国家农业研究所普及 NFT 之用（1977），通用于好中性作物	732	384	160	109	52				185		12	1 634	2.0	12.0	1.1	5.2	3.1	0.75	0.75	法国代表配方
荷兰温室作物研究所，岩棉滴灌用	886	303		204			33	218	247			1 891	0.5	10.5	1.5	7.0	3.75	1.0	2.5	以番茄为主，可通用
荷兰温室作物研究所，岩棉滴灌用	600	378	64	204					148			1 394	0.8	8.94	1.5	5.24	2.2	0.6	0.6	以非洲菊为主，可通用
日本园试配方（堀，1966），通用	945	809				153			493			2 400	1.33	16.0	1.33	8.0	4.0	2.0	2.0	日本著名配方，用1/2剂量较妥
日本山崎配方（1978），甜瓜	826	607				153			370			1 956	1.33	13.0	1.33	6.0	3.5	1.5	1.5	按作物吸肥水规律制定的配方，稳定性好
日本山崎配方（1978），番茄	354	404				77			246			1 081	0.67	7.00	0.67	4.0	1.5	1.0	1.0	
山东农业大学（1978），西瓜	1 000	300		250				120	250			1 920		11.5	1.84	6.19	4.24	1.02	1.71	在山东使用
华南农业大学（1990），果菜 pH6.4～7	472	404		100					246			1 222		8.0	0.74	4.74	2.0	1.0	1.0	广东大面积使用

六、营养液管理

在无土栽培中，作物根系不断从营养液中吸收水分、养分和氧气，加之环境条件对营养液的影响，常引起营养液中离子间的不平衡，离子浓度、pH、液温、溶存氧等都发生变化。同时，根系也分泌有机物及少量衰老的残根脱落于营养液中，微生物也会在其中繁殖。为了保证作物的正常生长，要对营养液的浓度、酸碱度、溶存氧、液温等进行及时合理的调节，必要时对营养液进行全面的更新。

（一）营养液浓度的调整

作为营养液浓度管理的指标，通常用电导率即EC值来表示，EC值代表的是营养液离子的总浓度。在育苗时，EC值一般为标准浓度的1/3～1/2，叶菜类蔬菜无土栽培的EC值为1.0～2.0 mS/cm，果菜类蔬菜EC值为2.0～4.0 mS/cm。EC值可用电导仪简便、准确地测定出来，当营养液浓度低时，可加入母液加以调整，当营养液浓度高时，应加入清水加以稀释。生产上常用的做法是：在贮液池内画上加水刻度，定时关闭水泵，让营养液全部回到贮液池中，如其水位已下降到加水的刻度线，即要加水恢复到原来的水位线，用电导仪率测定其浓度，依据浓度的下降程度加入母液。表8-4列出的为常见蔬菜营养液浓度。

表8-4 几种常见蔬菜营养液浓度（EC）管理指标（mS/cm）

蔬菜种类	生育前期	生育后期
生菜	2.0	2.0～2.5
油菜	2.0	2.0
菜心	2.0	2.0
芥蓝	2.0～2.5	2.5～3.0
番茄	2.0	2.5
黄瓜	2.0	2.5～3.0

有时虽然营养液的浓度比较适宜，但各元素之间的平衡关系被打破，或因作物对某种元素的嗜好吸收，从而造成某种元素的不足，影响作物的正常生长，在栽培过程中应注意观察，及时从营养液中补充或叶面追肥补充。表8-5是作物营养元素缺乏症状检索简表。

表8-5 作物营养元素缺乏症状检索简表（南京土壤研究所，1982）

氮磷钾钙镁铁硫硼锰锌钼铜（N P K Ca Mg Fe S B Mn Zn Mo Cu）→ 症状出现的部位

症状出现的部位	检索依据	情况	元素	症状	缺乏元素
老组织先出现（N P K Mg Zn）	斑点出现情况	不易出现	N	新叶淡绿，老叶黄化、枯焦、早衰	缺氮
			P	茎叶暗绿或呈紫红色，生育期延迟	缺磷
		易出现	K	叶尖及边缘先焦枯，并出现斑点，症状随生育期而加重	缺钾
			Zn	叶小簇生，叶面斑点可能在主脉两侧先出现，生育期推迟	缺锌
			Mg	叶脉间失绿，出现清晰网状脉纹，有多种色泽斑点或斑块	缺镁
幼嫩组织先出现（B Ca Fe S Mn Mo Cu）	生长点是否枯死	易枯死	Ca	叶尖呈弯钩状，并相互粘连，不易伸展，根尖腐烂发黏	缺钙
			B	茎叶柄变粗、脆，易开裂，花器官发育不正常，生育期推迟	缺硼
		不易枯死	S	新叶黄化，失绿均匀，植株瘦弱，生育期推迟	缺硫
			Mn	脉间失绿，出现细小棕色斑点，组织易坏死	缺锰
			Cu	幼叶萎蔫，出现白色叶斑，果、穗发育不正常	缺铜
			Fe	新叶脉间失绿，发展至整片叶淡黄至发白	缺铁
			Mo	叶片伸展畸形，斑点散布在整个叶片	缺钼

（二）营养液的酸碱度（pH）的调节

营养液的酸碱度直接影响养分的溶解度和根系养分吸收情况，从而影响植物的生长。大多数作物根系在 pH 5.5～6.5 的酸性环境下生长良好。营养液的 pH 变化主要受营养液配方中生理酸性盐和生理碱性盐的用量和比例、栽培植物种类、每株植物所占有营养液的体积、营养液的更换频率等多种因素影响，其中以氮源和钾源的盐类起作用最大。如 $(NH_4)_2SO_4$、NH_4Cl、NH_4NO_3 和 K_2SO_4 等可使营养液的 pH 下降到 3 以下。

为了减轻营养液 pH 变化的强度，延缓其变化的速度，可以适当加大每株植物营养液的占有体积。加强营养液 pH 的监测，最简单的方法是用试纸进行比色，测出大致的 pH 范围，现在市场上已有多种便携式 pH 仪，测试方法简单、快速、准确，是进行无土栽培必备的仪器。当营养液 pH 过高时，一般用硝酸（HNO_3）或硝酸与磷酸（H_3PO_4）的混合物进行调节，岩棉培一般采用磷酸调节；pH 过低时，可用 5%～10%的氢氧化钠（NaOH）或氢氧化钾（KOH）来调节。调节后的营养液经一段时间的种植，其 pH 仍发生变化，要经常进行测定和调节。另外，每次调整 pH 的范围以不超过 0.5 为宜，以免对作物生长产生影响。

（三）营养液增氧方法

生长在营养液中的根系，其呼吸所需的氧主要来源于营养液中的溶存氧，营养液供氧充足与否是无土栽培技术成败的关键因素之一，增加营养液中溶存氧的浓度成为无土栽培技术改进和提高的核心。溶存氧的来源一是从空气中自然向溶液中扩散，二是人工增氧。自然扩散的速度很慢，增氧量仅为饱和溶解氧的 1%～2%，远远赶不上植物根系的耗氧速度。因此，人工增氧是水培技术中的一项重要措施，常用的增氧方法有搅拌、循环流动、在进水口安装增氧器、间歇供液等。

为了提高溶存氧浓度，人工增氧的多种方法往往结合起来使用，如营养液循环流动的同时在入水口上安装增氧器，营养液喷射入槽，回流液形成落差泼溅入池等。

（四）营养液的更换

营养液在循环使用一段时间后，虽然电导率经调整后能达到要求，但作物仍然生长不良。这可能是由于营养液配方中所带来的非营养成分（如钠、氯等）、调节 pH 中和生理酸碱性所产生的盐分、使用硬水做水源时所带的盐分、根系的分泌物和脱落物以及由此而引起的微生物分解产物等非营养成分的积累所致，从而出现电导率虽高但实际的营养成分很低的状况，此时就不能用电导率来反映营养成分的高低。

一般营养液中的肥料在被正常生长的作物吸收后必然是降低的，但如经多次补充养分后，作物虽然仍能正常生长，其电导率却居高不降，就有可能在营养液中积累了较多的非营养盐分。若有条件，最好是同时测定营养液中主要元素如氮、磷、钾的含量，若它们的含量很低，而电导率却很高，即表明其中盐分多属非营养盐，需要更换全部营养液。如无分析仪器，先长季节栽培 5～6 个月的果菜，可在生长中期（3 个月时）更换一次；短期叶菜，若仅 20～30 d，则可种 3～4 茬更换一次。

（五）液温的管理

营养液的液温直接影响到植物根系的养分吸收及呼吸代谢，从而对植物的生育影响很大。一般夏季的液温应保持在 28 ℃以下，冬季的液温应保持在 15 ℃以上，表 8-6 为常见园艺作物适宜培地温度范围。为此，在冬季种植槽可采用泡沫塑料板块等保温性能好的材料建造，对营养液进行加温等提高液温，而夏季可采用反光膜等隔热性能较好的材料，或加大每株的用液量，贮液池深埋地下等方式适当降低液温，否则很多园艺植物会产生生理障碍。

现代化无土栽培生产设施，多利用现代化智能温室，营养液管理实行全自动调节管理系统，整个系统由计算机控制部分、传感器部分和机械化制动部分组成，依据输入的管理程序和各种环境参数对营养液的 pH、EC 值、温度、大量营养元素的浓度等实现自动控制与管理，实现不同作物对肥水、液温的合理要求。

表 8-6 常见园艺作物适宜培地温度范围（℃）

作物	适宜培地温度范围	作物	适宜培地温度范围
番茄	15～25	生菜	15～20
茄子	18～25	菠菜	18～23
辣椒	20～25	葱	18～22
黄瓜	20～25	鸭儿芹	15～20
网纹甜瓜	18～25	草莓	18～21
金合欢	10～12	菊花	15～18
郁金香	10～12	风信子	15～18
香石竹	12～15	水仙	15～18
勿忘草	15～18	唐菖蒲	15～18
含羞草	12～15	百合	15～18
仙客来	12～15	秋海棠	20～25
热带花木	25～30	蔷薇	20～25
柑橘	25～30	非洲菊	20～25

（六）供液时间与次数

无土栽培的供液有连续供液和间歇供液两种形式，一般生产中常采用间歇供液，可节省成本。采取人工供液、机械供液、自动供液等方法。一般地，对于有固体基质的无土栽培形式，最好采用间歇供液方式，每天 2～4 次即可。供液时间主要集中在白天，夜间不供或少供；晴天供应多些，阴雨天少些；温度高、光照强多些，温度低、光照弱少些。NFT 栽培常采用一般每小时内供液 15 min、停止 45 min 的供液方法，采用定时器控制进行循环供液。深水培由于贮液量较大，可相应延长供液时间和间歇时间。

七、固体基质培

（一）固体基质的物理性质

固体基质的物理性质主要包括基质的容重、粒径大小等，它表现了基质固定植物能力的大小、通气的好坏、持水能力的强弱等。在生产上，只有通过对基质的合理筛选、合理的混合比例及相应技术措施的运用，才能获得高产，取得良好的生产效益，表 8-7 列出的为常见基质的物理性质。

1. 容重 容重指自然状态下，单位容积基质的干物重，用 kg/L 或 g/cm^3 表示。计算公式是：

$$容重=基质干重/基质体积$$

基质的容重反映了基质的疏松、紧实程度，与基质的粒径、总孔隙度有关。容重过大，则基质过于紧实，总孔隙度小，透水、透气较差，对作物生长不利；容重过小，则基质过于疏松，总孔隙度大，透气性好，有利于作物根系的伸展，但保水能力差，支持作用差，给管理增加难度。基质的容重小于 0.25 g/cm^3 时称为低容重基质；容重为 0.25～0.75 g/cm^3 时称为中容重基质；容重大于 0.75 g/cm^3 的基质称为高容重基质。一般认为，基质容重在 0.2～0.8 g/cm^3 效果较好。

表 8-7　常见基质的物理性质

基质名称	容重/(g/cm^3)	密度/(g/cm^3)	总孔隙度/%	通气孔隙/%	持水孔隙/%	气水比
沙子	1.49	2.62	30.5	29.5	1.0	29.5
煤渣	0.70		54.7	21.7	33.0	0.66
蛭石	0.08～0.25	2.61	95.0	30.0	65.0	0.46
珍珠岩	0.03～0.16	2.37	60.3	29.5	30.75	0.96
岩棉	0.21		84.4	7.1	77.3	0.09
草炭	0.05～0.2	1.55				
棉籽饼	0.24		74.9	73.3	26.69	7.75
锯末	0.19		78.3	34.5	43.75	0.79
炭化稻壳	0.15		82.5	57.5	25.0	2.30
蔗渣	0.12		90.8	44.5	46.3	0.96

2. 总孔隙度　总孔隙度是指基质中持水孔隙与通气孔隙的总和，用相当于基质体积的百分数来表示。总孔隙度可以用以下公式计算：

$$总孔隙度=(1-容重/密度)\times 100\%$$

如某基质容重为 0.23 g/cm^3，密度为 2.64 g/cm^3，则总孔隙度为

$$(1-0.23/2.64)\times 100\%=91.29\%$$

如果基质的密度未知，可按下述步骤进行粗略估测：①取一已知体积 V 的容器，称量 W_0；②加满待测基质，称量 W_1；③然后将基质连同容器一起放在水中，淹没容器顶部，浸泡一昼夜，取出称量 W_2；④计算。

$$\begin{aligned}总孔隙度&=\{(W_2-W_0)-(W_1-W_0)\}/V\times 100\%\\&=\{W_2-W_0-W_1+W_0\}/V\times 100\%\\&=(W_2-W_1)/V\times 100\%\end{aligned}$$

式中，质量单位为 g，体积单位为 cm^3。一般情况下 1 cm^3 水的质量约为 1 g，所以可以用称量的方法来估算基质中空隙的体积。

总孔隙度大的基质容重较小、疏松，空气和水的容纳空间大，较有利于作物根系生长（如岩棉、蛭石的孔隙度均在 95%以上），但支持固定作用效果较差，种植高秆植物时易倒伏；相反，总孔隙度小，则基质的容重大而紧实，透气差，不利于根的生长。一般基质总孔隙度在 54%～96%较好。生产上，为了克服基质总孔隙度过大或过小的弊病，常将同一种

基质中不同大小的颗粒按一定比例进行混合或用不同基质混合使用，以改善基质的物理性能。

3. 气水比 气水比是指基质中通气孔隙与持水孔隙的比值。计算公式是：

气水比=通气孔隙/持水孔隙

通气孔隙是指基质中空气所能够占据的空间，一般孔隙直径在 0.1 mm 以上，灌溉后溶液不会吸持在这些孔隙中而随重力作用流出；持水孔隙是指基质中水分所能占据的空间，一般孔隙直径为 0.001～0.1 mm，水分在这些孔隙中会由于毛细管作用而被吸持，不易流出。所以持水孔隙也称毛管孔隙，这部分孔隙的主要作用是贮水，所贮存的水分也称为毛管水。根据这一特性，我们通常可用以下的方法计算出基质的通气孔隙和持水孔隙。

通气孔隙与持水孔隙可按下列步骤进行计算：取一已知体积 V 的容器，按前述方法测定总孔隙度后，将容器口用一已知质量 W_3 的湿润纱布包住，把容器倒置，使水分流出，直至没有水分渗出，再称量 W_4。用下列公式计算：

$$通气孔隙=(W_2+W_3-W_4)/V\times100\%$$

$$持水孔隙=(W_4-W_1-W_3)/V\times100\%$$

式中，质量单位为 g，体积单位为 cm^3。

气水比能够反映出基质中的水、气之间的状况，与总孔隙度一起更能全面地说明基质的水、气关系。一般地，气水比越小，基质持水力越强，越不易干燥，但通气性较差；气水比越大，则基质的气容量越大，通气性越好，但基质的持水性较差，容易干燥。一般认为气水比在 1∶(1.5～4) 为宜，作物生长良好，管理方便。

4. 粒径 粒径是指基质颗粒的大小和粗细，用颗粒直径表示，单位为 mm。

同一种基质，粒径越大，容重越大，总孔隙度越小，气水比越大；反之，粒径越小，容重越小，总孔隙度越大，气水比越小。按照基质粒径的大小可分为 0.5～1.0 mm、1～5 mm、5～10 mm、10～20 mm、20～50 mm。可以根据栽培作物种类、根系生长特点、当地资源状况加以选择。

（二）固体基质的化学性质

固体基质的化学性质主要包括酸碱度、电导率、盐基交换量、缓冲能力和其他化学成分。

1. 酸碱度（pH） 酸碱度表示基质的酸碱程度，过酸或过碱都不利于作物根的生长发育。一般在使用之前应对基质的酸碱度进行测定，以便制订管理方案。对于无机基质来说，其化学稳定性较强，在栽培过程中其酸碱度变化较小；对于有机基质来说，随着栽培过程的进行，其内部成分也会发生相应的变化，从而导致其酸碱度发生改变，结构也随之发生变化，如通透性下降、紧实等。

无论是无机基质还是有机基质，在作物栽培过程中，由于作物对某些元素的嗜好导致片面吸收、作物的分泌物等因素，都会引起基质的酸碱度的变化，应及时进行检查和调整。生产上比较简便的测定方法是：取 1 份基质按体积比加 5 份蒸馏水混合，充分搅拌后测定其氢离子浓度（pH）。基质的酸碱度应当呈稳定状态，pH 为 6～7 最好。

2. 电导率（EC） 电导率是指营养液传导电流的能力。因营养液的电导率与营养液中离子的浓度呈正相关，因此，可用电导率的大小来表示基质或营养液中已经电离盐类的溶液浓度，一般用 mS/cm 表示。各种作物耐盐性不同，耐盐性强（EC 值为 10 mS/cm）的如甜菜、菠菜、甘蓝类，耐盐性中等（EC 值为 4 mS/cm）的如黄瓜、菜豆、甜椒等，应根据作物的耐盐特性合理加以调节，避免作物受到盐害。

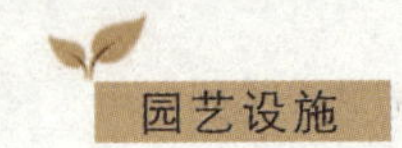

各种基质在使用前有必要进行盐分含量的测定，特别是对于一种新的基质或配制的复合基质更应如此，以便确定该基质所含的盐分量及种类，同时确认是否含有有害物质，是否会产生肥害，为今后管理、施肥提供依据。基质的盐分含量可用电导率仪来测定。方法是取风干的基质 10 g，加入饱和的硫酸钙溶液 25 mL，振荡浸提 10 min，过滤，取滤液测定电导率。

3. 盐基交换量 盐基交换量也称阳离子代换量，是指在 pH 为 7 时，基质含有可代换性阳离子的数量。阳离子代换量的大小反映了基质对养分的吸附能力。基质阳离子代换量（CEC）以 100 g 基质代换吸收阳离子的毫摩尔数（mmol）来表示。例如，一般有机基质如树皮、蔗渣、锯末、草炭等可代换的阳离子多，盐基交换量大；无机基质中除蛭石的阳盐基交换量比较大以外，其他都是惰性基质盐基，交换量很少。盐基代换量在一定的酸碱度下，基质的阳离子代换量大，有不利的一面，即影响作物对营养液的吸收，也有有利的一面，即保存养分，减少损失和对营养液的酸碱度反应有缓冲作用。一般阳离子代换量大的，其缓冲能力大。

4. 缓冲能力 基质的缓冲能力是指基质在加入酸碱物质后，基质本身所具有的缓和酸碱性（pH）变化的能力。缓冲能力的大小主要由阳离子代换量以及存在基质中弱酸及盐类的多少而定。一般基质的盐基交换量越大，缓冲能力也越大。依基质缓冲能力的大小排序，则为有机基质＞无机基质＞惰性基质＞营养液。例如，基质含有较多的有机酸，则对碱的缓冲能力较强，对酸性没有缓冲能力。如果基质含有较多的钙盐和镁盐，则对酸的缓冲能力较强，但对碱没有缓冲能力。

另外，还应知道基质中氮、磷、钾、钙、镁的含量，重金属的含量应低于致使植物发生毒害的标准。我国常用基质的营养元素含量见表 8－8。

表 8－8 我国常用基质的营养元素含量

基质	元素含量					
	全氮/%	全磷/%	速效磷/(mg/kg)	速效钾/(mg/kg)	代换钙/(mg/kg)	代换镁/(mg/kg)
煤渣	0.183	0.033	23.0	203.9	9 247.50	200.0
蛭石	0.011	0.063	3.0	501.6	2 560.50	474.0
珍珠岩	0.005	0.082	2.5	162.2	6 940.50	65.0
岩棉	0.084	0.228		1.338（全）		
棉籽壳	2.20	2.26		0.17（全）		
炭化稻壳	0.54	0.049	66.0	6 625.5	884.5	175.0

（三）生产上常用的基质

无土栽培中基质的选择和使用是非常重要的环节。无土栽培基质的种类很多，生产中应根据当地的资源、栽培类型、基质的价格及基质的理化性质等因素，因地制宜地进行选择。

1. 无机基质

（1）岩棉。目前，在发达国家无土栽培中，岩棉被广泛应用，我国 20 世纪 80 年代开始应用，由于成本高，发展缓慢。岩棉是由辉绿岩、石灰岩和焦炭 3 种物质按一定比例（3∶1∶1），在 1 600 ℃左右的高温炉里熔化，将熔融物喷成 ϕ 0.005 mm 的细丝，再将其压成容重为 80～100 kg/m^3 的片，然后在冷却至 200 ℃左右时，加入一种酚醛树脂以减小表面张力而成。其优点是经过高热完全消毒，有一定形状，栽培过程中不变形，具有较高的持水量和较低的水分张力，栽培初期 pH 微碱性；缺点是岩棉本身的缓冲性能低，对灌溉水要求较高，如果灌溉水中含有毒物质或过量元素，都会对作物造成伤害，在自然界中岩棉不能降解，易造成环境污染。

（2）石砾。一般选用的石砾以非石灰性的为好，如花岗岩。如选用石灰质石砾，应用磷酸钙溶液浸泡处理，降低其碱性危害。石砾的粒径应选用 1.6～20 mm 的为好，其中总体积的一半的石砾直径为 13 mm 左右。石砾坚硬，不易破碎。其保水、保肥能力较沙低，通透性优于沙。最好选用棱角不太锋利的石砾。

（3）蛭石。蛭石为云母类硅质矿物。经高温（800～1 000 ℃）膨胀后的蛭石其体积是原来的 16 倍，容重很小，孔隙度较大，可用于无土栽培。一般为中性至微酸性。无土栽培用的蛭石的粒径应在 3 mm 以上。蛭石一般使用 1～2 次，其结构变差，需重新更换。蛭石在工厂化育苗及栽培中是常见的基质，其优点是质量小，具有较高的阳离子交换量，保水、保肥力较强，使用时不必消毒；缺点是长期使用，易破碎，空隙变小，通透性降低。

（4）沙。沙是沙培的基质。在美国的亚利桑那州、中东地区以及沙漠地带，都用沙作无土栽培基质。沙一般含二氧化硅 50%以上，容重为 1 500～1 800 kg/m^3，沙粒直径为 0.5～3.0 mm。其优点是排水良好，通透性强，便宜，来源广泛；缺点是几乎没有离子代换量，不易保持水分、养分，密度大，更换基质较费工。我国沙的来源较广泛，如河沙、江沙、石沙、海沙等，各种沙的成分和性质略有差异，使用前应加以了解和测定。例如，在生产中一般禁止采用石灰岩质的沙粒，它会影响营养液的 pH；海沙则含有较多的氯化钠，使用前应用清水冲洗等。

（5）珍珠岩。珍珠岩是由一种硅质火山岩加热至 1 000 ℃时，岩石颗粒膨胀而成。容重小，孔隙度大，易排水，通透性好；每 100 g 基质阳离子代换量低于 1.5 mmol，物理化学性质稳定，pH 为 7～7.5，主要成分为二氧化硅、三氧化二铝、三氧化二铁、氧化钙、氧化锰、氧化钠、氧化钾。珍珠岩中的养分不能被植物吸收利用。珍珠岩是一种较易破碎的基质，在育苗和栽培中很少单独作基质使用，常与草炭、蛭石等混合使用。使用前应特别注意其氧化钠的含量，如超过 5%时，不宜作园艺基质。

（6）炉渣。炉渣是煤燃烧后的残渣，来源广泛，容重为 700 kg/m^3 左右，通透性好，多偏碱性。炉渣不宜单独用作基质，应与珍珠岩、草炭等混合制作成混合基质，并且在基质中比例一般不超过 60%。使用前要进行过筛，选择适宜的粒径。

（7）陶粒。陶粒是一种陶瓷质地的人造颗粒，呈大小均匀的团粒状，内部为蜂窝状的空隙构造，堆积密度为 300～900 kg/m^3，透气性好。陶粒在蔬菜无土栽培中使用较少，在无土栽培花卉、盆栽花卉中用得较多。现在全国各地有许多生产厂家，容易采购。

（8）聚苯乙烯珠粒。即塑料包装材料下脚料，容重小，不吸水，抗压强度大，是优良的无土栽培下部排水层材料，多用于屋顶绿化以及作物生产底层排水材料。

2. 有机基质

（1）草炭。草炭也称作泥炭，被世界各国公认为是最好的园艺基质。它是由沼泽植物残体构成的疏松堆积物或经矿化而成的腐殖物，含有大量的有机质。根据泥炭形成的地理条件、植物种类和分解程度可分为低位泥炭、高位泥炭和过渡泥炭三大类。低位泥炭是在积水低洼地和富有矿物质的地下水源条件下形成的物质，以苔草、芦苇等植物为主。其特点是含氮素养分和矿质元素高，酸度低，呈微酸性至中性反应，分解程度高。高位泥炭分布在低位泥炭形成的地形的高处，由荷草、藓类等植物对营养条件要求较低的沼泽植物残体所组成。其特点是含氮素养分和矿质元素中等，而酸度高，呈酸性或强酸反应，分解程度差。过渡泥炭介于高位和低位之间，也可用于无土栽培。泥炭在生产上常与沙、煤渣、蛭石等基质混合，以增加容重，改善结构。

（2）锯末。锯末在加拿大无土栽培中广泛应用，使用效果良好，锯末为木材加工的副产品。一般锯木屑的化学成分以炭、纤维和木质素为主，其次是戊聚糖、树脂，此外还有少量的灰分、氮等。其 pH 为 4.2～6.0，特点是碳氮比高，保水通透性较好，可连续使用 2～6 茬。锯木屑使用前要进行堆沤，堆沤时可加入较多的氮素，堆沤时间至少 1 个月以上，以降低有害物质的危害。用作无土栽培基质的锯木屑不应太细，粒径为 3.0～7.0 mm，小于 3 mm的锯木屑所占比例不应超过 10%，以免降低基质的通透性。每茬使用前应进行消毒。多与其他基质混合使用。

（3）刨花。刨花与锯末在组成成分上类似，体积较锯末大，通气性良好，碳氮比高，但持水量和阳离子交换量较低。可与其他基质混合使用，一般比例为 50%。

（4）树皮。近年来，随着木材工业的发展，树皮的开发应用已在世界各国引起重视，利用树皮作无土栽培基质已被许多国家采用。树皮的容重接近草炭，与草炭相比，阳离子交换量和持水量比较低，但碳氮比较高（阔叶树皮较针叶树皮碳氮比高），是一种很好的园艺基质；缺点是新鲜树皮的分解速度快。在使用前应对树皮成分进行分析，要求树皮中氯化物含量不应超过 0.25%，锰的含量不得高于 0.02%。

（5）秸秆。农作物的秸秆均是较好的基质材料，如玉米秸秆、葵花秆、小麦秆等粉碎腐熟后与其他基质混合使用。其特点是取材广泛，价格低廉，可对大量废弃秸秆进行再利用。

（6）菇渣。菇渣是种植草菇、平菇等食用菌后废弃的培养基质，其容重约为 0.41 g/cm^3，持水量为 60.8%，含有氮、磷、钾等多种矿质元素，有利于作物的生长。菇渣用于无土栽培，需将其加水至含水率 70%左右，堆成一堆，盖上塑料薄膜，堆沤 3～4 个月，取出风干，然后打碎，过 5 mm 筛。

（7）碳化稻壳。碳化稻壳是指稻壳经过加热至着火点温度以下，使其不充分燃烧而形成的木炭化物质。其的容重为 0.15～0.24 g/cm^3，总孔隙度为 82.5%，质量小，通透性强，持水能力略差。因经高温碳化，不带病菌，同时含丰富的氮、磷、钾营养元素。碳化稻壳呈弱碱性，使用前应经过水洗或加酸调节其酸碱度。

（四）基质的配制与消毒

1. 基质的配比 基质的种类很多，有些可以单独使用，有些则需要与其他基质按一定的配比混合使用。混合基质往往由结构性质不同的原料混配而成，可扬长避短，在水、气、肥协调方面优于无机或有机基质。在作物育苗或栽培中，理想基质的要求是：质量小，具有一定的保水保肥能力，排水透气性好，富含一定的营养元素，适用于多种作物栽培。基质的混合使用，以 2～3 种混合为宜。目前针对不同的作物所开展的有针对性的基质配比研究较多，以下提供一些可作为生产时的参考。

草炭∶炉渣=4∶6；沙∶椰子壳=5∶5；草炭∶玉米秸∶炉渣=2∶6∶2；玉米秸∶葵花秆∶锯末∶炉渣=5∶2∶1∶2；油菜秸∶锯末∶炉渣=5∶3∶2；菇渣∶玉米秸∶蛭石∶粗沙=3∶5∶1∶1；玉米秸∶蛭石∶菇渣=3∶3∶4，等等。这些栽培基质适用范围较广，能适合大多数温室主要蔬菜作物和一些切花生产。用沙∶蘑菇渣=3∶7的基质种植厚皮甜瓜；锯末∶棉籽皮=1∶1混合，锯末∶棉籽皮∶炉渣=1∶1∶1混合，可作为草莓无土栽培混合基质；锯末∶碳化稻壳∶河沙=8∶1∶1配制成大棚黄瓜混合基质；煤渣∶珍珠岩∶菌渣=1∶1∶4可配制较理想的栽培基质种植莴笋；砻糠灰∶锯末屑∶有机肥料按3∶6∶1配制营养基质，可种植樱桃番茄等。

2. 基质的消毒 大部分基质在使用之前或使用一茬之后，都应该进行消毒，避免有毒物质在基质中的积累和病虫害发生。对一些连作障碍较轻的园艺植物，可在使用两茬之后再消毒。常用的消毒方法有蒸汽消毒、太阳能消毒和化学药剂消毒。

(1) 蒸汽消毒。凡在温室栽培条件下以蒸汽进行加热的，均可进行蒸汽消毒。在基质用量少且有条件的地方，可将基质装入消毒箱密闭消毒。如基质量大，可堆积成20 cm高的堆，长度根据条件而定，覆上防水防高温的布，导入蒸汽，在70～90 ℃下，消毒1 h就能杀死病菌，其效果良好，使用安全，但成本高。

(2) 太阳能消毒。太阳能消毒是目前我国日光温室采用的一种安全、廉价的消毒方法，同样也适用于无土栽培的基质消毒。方法是：在夏季温室或大棚休闲季节，将基质堆成20～25 cm高，长度视情况而定。在堆放基质的同时，用水将基质喷湿，使含水率超过80%，然后用塑料薄膜覆盖起来。密闭温室或大棚，暴晒10～15 d，消毒效果良好。

(3) 化学药剂消毒。所用的化学药品主要有甲醛、威百亩、漂白剂等。

① 40%甲醛。又称福尔马林，是一种良好的杀菌剂，但对害虫效果较差。使用时一般用水稀释成40～50倍的溶液，然后用喷壶喷洒到基质上，将基质均匀喷湿，喷洒完毕后用塑料薄膜覆盖24 h以上。使用前揭去薄膜让基质风干两周左右，以消除残留药物危害。

② 氯化苦。氯化苦能有效地防治线虫、昆虫、一些杂草种子和真菌等。具体使用方法是：先将基质整齐堆放30 cm厚，然后每隔20～30 cm向基质内打1个深10～15 cm的孔，注入氯化苦药液3～5 mL，并立即将基质的孔堵塞。用同样方法处理基质2～3层后用塑料薄膜覆盖，使基质在15～20 ℃下熏蒸7～10 d，去掉塑料薄膜，晾7～8 d后可使用。氯化苦对人体有毒，使用时要注意安全。

③ 威百亩。威百亩是一种水溶性熏剂，对线虫、杂草和某些真菌有杀害作用。使用时用水将威百亩稀释10～15倍，10 m^2 基质表面用药10～15 L，施药后将基质密封，半月后可以使用。

基质除了需要做好消毒处理外，如果基质中含有大量的盐分，还应该用水冲洗或浸泡，以消除积盐。

八、固体基质培的类型与设备

（一）岩棉培

岩棉培（RF培）是用岩棉作基质的无土栽培，1968年丹麦的Grodan公司最早开发出岩棉培，1970年荷兰利用岩棉作基质种植作物获得试验成功。目前，许多国家都在试验与应用，其中以荷兰的应用面积最大。我国的岩棉原料资源极其丰富，国内岩棉的生产线几乎遍及全国。随着岩棉生产技术的不断更新和完善，岩棉的生产成本可进一步下降。因此，试验与推广应用岩棉培技术，对发展我国的无土栽培有着积极意义。

岩棉培分为开放式和循环式两种。开放式岩棉培的特点是供给作物的营养液不循环使用。它的优点是设施简单，只需加液设备，造价低；不会因营养液循环使用而增加病害传播的危险。其缺点是肥料和营养液消耗较多，且排出的营养液会造成环境污染。循环式岩棉培的优点是营养液循环使用，不会造成环境污染；约30%的水和50%的肥料可被再利用，减少了营养液的消耗。其缺点是设施较复杂，不仅有加液设备，还需回液、贮液设备；肥料和水的循环利用有可能导致病害的传播与扩散。为防止营养液循环导致的病害传播，目前的循环式岩棉培都安装了营养液过滤和消毒装置。

1. 岩棉培的装置 岩棉培的装置包括栽培床、供液装置和排液装置，如图8-7所示。

栽培床是用厚7.5 cm、宽20～30 cm、长100 cm的岩棉毡连接而成，外面用一层厚度为0.05 mm的黑色或黑白双面聚乙烯塑料薄膜包裹。每条栽培床的长度，以不超过15 m为宜。一般采用滴灌装置供应营养液，利用水泵将供液池中的营养液通过主管、支管和毛管滴入岩棉床中。营养液有循环和不循环两种。为防止病害的传播，可采用岩棉袋培的方式，栽培床用聚乙烯塑料薄膜袋，装入适量的粒状棉或一定大小的岩棉毡连接而成。每个袋上分别打孔定植作物。

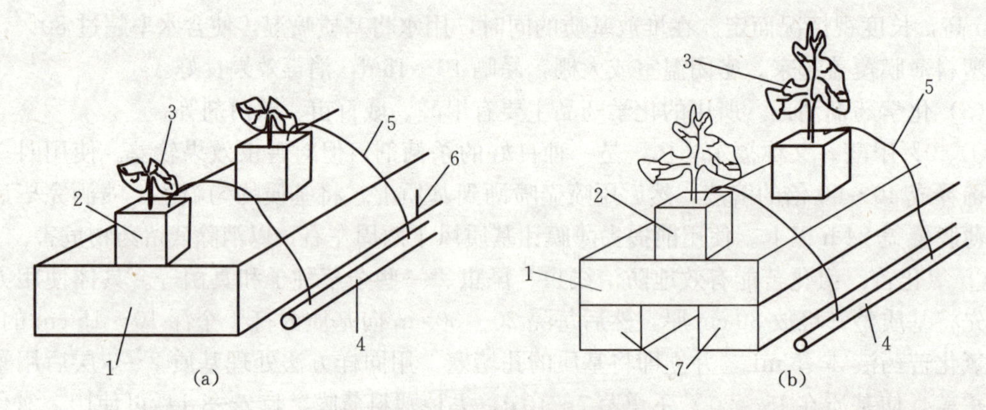

图8-7 岩棉培结构示意

(a) 开放式 (b) 封闭式

1. 育苗钵 2. 栽植穴 3. 排水刻痕 4. 滴灌装置（主管） 5. 滴灌装置（细管） 6. 排液口 7. 岩棉垫

2. 栽培管理技术

(1) 播前准备工作。用于岩棉培的温室地面需平坦，或沿着排液的方向有2%的倾斜度。播种前将温室的整个地面覆盖白色聚乙烯膜。播前还需选择一套质量可靠的滴灌系统，出水量不小于1.0～1.5 L/(m^2·h)，以满足作物生长的需要。如果是循环式岩棉培，还需要回液、过滤等设施。

(2) 播种及定植方法。用于果菜类的一般是边长7.5～10 cm的方形岩棉块。播前岩棉块用水浸透，将种子播在岩棉块里即可。用于定植的岩棉称为岩棉毡，温室中岩棉毡头尾相接连成行，行与行之间以走道相隔。以蔬菜果菜类为例，定植密度为1.3～1.5株/m^2，一块尺寸为100 cm×20 cm×7.5 cm的岩棉毡上定植3株，岩棉行之间走道宽2 m。滴灌管平行于岩棉行摆放，滴头放在定植部位。定植前最重要的步骤是将岩棉毡用营养液浸透，浸透的岩棉毡在温室放置 24～48 h，定植时将幼苗连同育苗块一起摆放在岩棉毡的定植口上。

(3) 营养液配方及管理。营养液配方需建立在对当地水质进行分析的基础上。在荷兰常用雨水作为岩棉培营养液配制的水源。营养液配方因作物的不同而异，在不同生育阶段，NO_3^-、K^+、SO_4^{2-} 的浓度有所变动。

营养液管理主要指对酸碱度（pH）和电导率（EC 值）的管理。pH 可通过调节加酸量和氨肥的适当使用来维持最适水平。岩棉制品本身一般偏碱性，pH≥7.0，在栽培过程中，pH 的变化也很大。因此，要注意观察和调整。岩棉培的营养液 pH 为 5.0～6.0，加入岩棉中后，即可稳定在 pH 6.5 左右。岩棉培中酸度的调整，最好用硝酸，因为这些强酸会使岩棉纤维自身溶解。但因磷酸昂贵，加入量不当又会引起铁的沉淀，所以在实际生产中，仍然习惯于使用硫酸。一般都将硫酸直接加入供液池，故对岩棉纤维的直接腐蚀性小，可不必担心。

果菜类幼苗期营养液 EC 值在 1.2 mS/cm 左右，定植前 1 周升至 2.0 mS/cm。在光照条件差的情况下，较高的 EC 值更适宜。在夏季温度较高的情况下，EC 值需降低。冬季低温弱光，EC 值可适当提高。

(4) 温湿度管理。温度管理因品种、光照条件、栽培季节以及茬口安排的不同而不同。在低温季节，对于喜温作物通过在岩棉毡下铺设加热管或预先加热营养液来提高根温。

过高或过低的湿度对作物生长都不利。刚定植后和夏季应避免湿度过低，植株冠层形成后蒸腾量较大，应降低湿度，尤其要降低夜间湿度。

（二）槽培

槽培就是将基质装入一定容积的栽培槽中以种植作物。目前生产上应用较为广泛的是在温室地面上直接用红砖垒成栽培槽。为了防止渗漏并使基质与土壤隔离，通常在槽的基部铺 1～2 层塑料薄膜（图 8－8）。

（三）袋培

袋培就是用尼龙袋、塑料袋等装上基质，按一定距离在袋上打孔，栽培作物，以滴灌的形式供应营养液，如图 8－9 所示。这是美洲及西欧国家比较普通的一种形式。袋内的基质可以就地取材，如蛭石、珍珠岩、锯末、树皮、聚丙烯泡沫、泥炭等及其混合均可。

图 8－8　槽培栽培设施

图 8－9　基质袋培装置

基质袋培可分为立式和卧式两种形式。立式基质袋多呈筒状，直径为 15 cm，长 1～2 m，吊挂在温室内，上端配置供液管，下端设置排液口。卧式基质袋平铺于地面上，袋长 40～100 cm，宽 20 cm，厚 8～10 cm，每袋栽培 1 株或数株作物。

(四) 立体栽培

立体栽培主要种植一些如生菜、草莓等矮秧作物。依其所用材料是硬质的还是软质的，又分为柱状栽培、长袋栽培等。

1. 立体栽培类型

(1) 柱状栽培。采用石棉水泥管或硬质塑料管，在管四周按螺旋位置开孔，植株种植在孔中的基质上。也可采用专用的无土栽培柱，栽培柱由若干短的模型管构成。每一个模型管上有几个突出的杯状物，用以种植作物。

(2) 长袋栽培。长袋栽培是柱状栽培的简化。这种装置除了用聚乙烯代替硬质管外，其他都是一样的。栽培袋用 ϕ15 cm、厚 0.15 mm 的聚乙烯筒膜，长度一般为 2 m，内装栽培基质，底端结紧以防基质落下，从上端装入基质，呈香肠状，上端结扎，然后悬挂在温室中，袋子的周围开一些 ϕ2.5～5 cm 的孔，用以种植作物。

无论是柱状栽培还是长袋栽培，栽培柱或栽培袋均是挂在温室的上部结构上，在行内彼此间的距离约为 80 cm，行间的距离为 1.2 m。水和养分的供应，是用安装在每一个柱或袋顶部的滴灌系统进行的，营养液从顶部灌入，通过整个栽培袋向下渗透。营养液不循环利用，从顶端渗透到袋的底部，即从排水孔排出。每月要用清水洗盐 1 次，以清除可能集结的盐分。

(3) 立柱式盆钵无土栽培。将一个个定型的塑料盆填装基质后上下叠放，栽植孔呈交错排列，保证作物均受光。供液管道由顶部自上而下供液。本装置由中国科学院上海植物生理研究所开发成功。

2. 立体栽培设施结构 立体式无土栽培设施由营养液池、平面 DFT 系统、栽培立柱（图8-10）、立柱栽培钵和立柱栽培的加液回液系统等几部分组成。

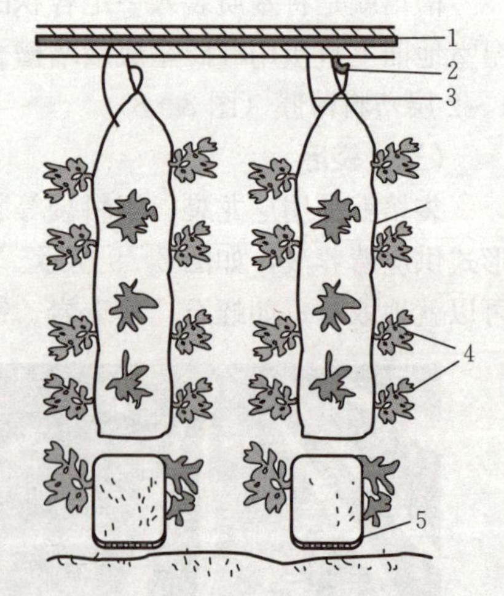

图 8-10 立体栽培
1. 供液管 2. 挂钩 3. 滴灌管
4. 作物 5. 排水孔

栽培时先采用基质无土育苗培育壮苗，再适时定植到立体栽培钵内，地面平面 DFT 系统同样种植秧苗，栽培过程中要注重环境条件、营养液及 pH 的管理。

(五) 有机生态型无土栽培

1. 有机生态型无土栽培的特点 有机生态型无土栽培是指采用基质代替天然土壤，采用有机固态肥料和直接清水灌溉取代传统营养液灌溉作物的一种无土栽培技术。由中国农业科学院蔬菜花卉研究所开发研制的，作为无土栽培及设施园艺栽培领域的新技术，在全国推广面积已超 150 hm^2。有机生态型无土栽培除具有一般无土栽培的特点外，还具有以下特点：①克服了设施栽培中的连作障碍，最实用、最有效；②操作管理简单；③一次性运转成本低；④基质及肥料以有机物质为主，不会出现有害的无机盐类，特别是避免了硝酸盐的积累；⑤植株生长健壮，病虫害发生少，减少了化学农药的污染，产品洁净卫生、品质好。

2. 设施装置 有机生态型无土栽培简易设施如图8-11所示。

有机生态型无土栽培一般采用槽式栽培。栽培槽可用砖、水泥、混凝土、泡沫板、硬质塑料板、竹竿或木板条等材料制作。建槽的基本要求为槽与土壤隔绝，在作物栽培过程中能把基质拦在栽培槽内。槽可用永久性的水泥槽，还可制成移动式的泡沫板槽等。为了降低成本，各地可就地取材，制作成各种形式的栽培槽。为了防止渗漏并使基质与土壤隔离，应在槽的底部铺1～2层塑料薄膜。槽的大小和形状因作物而异，甜瓜、迷你番茄、迷你西瓜、西洋南瓜、普通番茄、黄瓜等大株型作物，槽宽一般为40 cm，每槽种植2行，槽深15 cm；奶油生菜、西洋芹等矮生或小株型作物可设置较宽的栽培槽，以栽培管理及采收方便为度，一般为70～95 cm，进行多行种植，槽深12～15 cm。小株型作物也可进行立体式栽培，提高土地利用率，便于田间管理。槽的长度可视灌溉条件、设施结构及所需走道等因素来决定。槽坡降应不小于1∶250，还可在槽的底部铺设粗炉渣等基质或一根多孔的排水管，有利于排水，增加通气性。

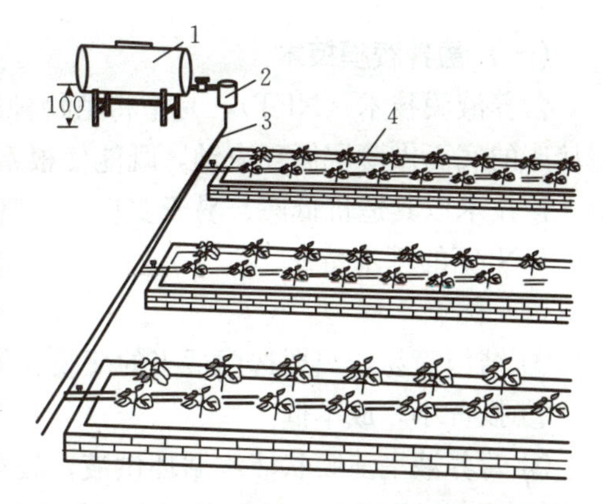

图8-11 有机生态型无土栽培简易设施
1. 贮液罐 2. 过滤器 3. 供液管 4. 滴灌带

有机生态型无土栽培系统的灌溉一般采用膜下滴灌装置，在设施内设置贮液（水）池或贮液（水）罐。贮液池为地下式，通过水泵向植株供液或供水；贮液罐为地上式，距地面约1 m，靠重力作用向植株供液或供水。滴灌一般采用多孔的软壁管，40 cm宽的槽铺设1根，70～95 cm宽的栽培槽铺设2根。滴灌带上盖一层薄膜，既可防止水分喷射到槽外，又可使基质保湿、保温，也可以降低设施内空气湿度。滴灌系统的水或营养液，要经过一个装有100目纱网的过滤器过滤，以防杂质堵塞滴头。

3. 基质与肥料的选择与配比 有机生态型无土栽培基质一般选用草炭∶炉渣（4∶6）、沙∶椰子壳（5∶5）、草炭∶珍珠岩（7∶3）等基质配比。

用于有机基质培的固态有机肥种类很多，有厩肥、人粪尿、堆肥、绿肥、饼肥、杂肥等。有机肥富含植物生育所必需的各种营养元素，肥料成分齐全，易分解被植物吸收利用，有机质含量丰富，阳离子代换量高，有效成分不易流失，为基质栽培提供了良好的营养条件。作为有机基质培使用的优质有机肥，如饼肥、作物秸秆和动物粪便等，都必须经过堆沤、发酵、腐熟。常用的膨化鸡粪是鸡粪经过高温发酵杀灭病菌虫卵，然后脱水烘干，保持较高的肥效和丰富的营养成分，可作为有机基质培的优质固态有机肥使用。有机栽培基质的营养水平，每立方米基质应含全氮（N）1.520 kg、全磷（P_2O_5）0.508 kg、全钾（K_2O）0.824 kg，可满足一般蔬菜作物对各种营养的需求。为确保整个生育期均处于最佳的养分供应状态，固态有机肥等肥料可分为基肥和追肥施用，比例为3∶2。定植前向槽内基质施入基础肥料做基肥，定植后20 d，每隔10～15 d将有机肥均匀撒布在距根颈5 cm处的周围做追肥。如栽培番茄：每立方米基质可施入消毒膨化鸡粪10 kg，磷酸二铵1 kg，硫酸铵1.5 kg，硫酸钾1.5 kg等作基肥，在定植后20 d可仅灌水，不施肥，20 d后，每隔10～15 d追肥一次。基肥与追肥比例可为3∶2。基质含水率保持在60%～85%。

九、水培技术

（一）营养液膜技术

营养液膜技术（NFT），是指将植物种植在浅层流动的营养液中的水培方法。营养液在栽培床的底面做薄层循环流动，既能使根系不断地吸收养分和水分，又保证有充足的氧气供应。该技术以其造价低廉、易于实现生产管理的自动化等特点，在世界各地推广。

1. NFT 的基本特征

（1）优点。

① 结构简易，只要选用适当的薄膜和供液装置，即可自行设计安装。

② 投资小，成本低。

③ 营养液呈薄膜状液流循环供液，较好地解决了根系的供氧问题，使根系的养分、水分和氧气供应得到协调，有利于作物的生长发育。

④ 营养液的供应量小，且容易更换。

⑤ 设备的清理与消毒较方便。

（2）缺点。

① 栽培床的坡降要求严格，如果栽培床面不平，营养液形成乱流，供液不匀。

② 由于营养液的流量小，其营养成分、浓度及 pH 易发生变化。

③ 因无基质和深水层的缓冲作用，根际的温度变化大。

④ 要循环供液，每日供液次数多，耗能大，如遇停电停水，尤其是作物生育盛期和高温季节，营养液的管理比较困难。

⑤ 因循环供液，一旦染上土传病害，有全军覆没的危险。

2. NFT 设施的结构 NFT 的设施主要由栽培床、贮液池、营养液循环流动装置、控制系统 4 部分组成，如图 8－12 所示。贮液池用于贮存和回收循环回流的营养液，一般设在地

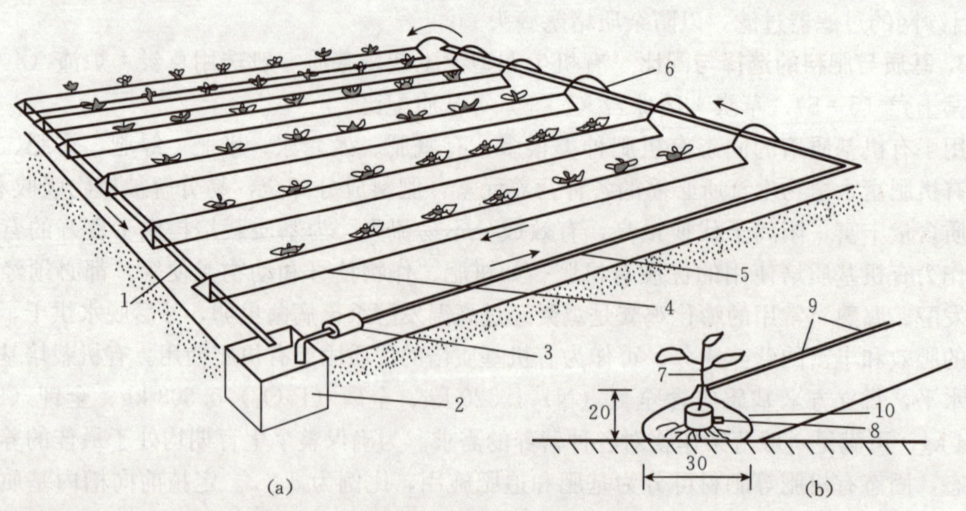

图 8－12 营养液膜水培设施组成（单位：cm）

（a）NFT 全系统 （b）种植槽

1. 回流管 2. 贮液池 3. 泵 4. 种植槽 5. 供液主管 6. 供液支管 7. 苗 8. 育苗钵 9. 木夹子 10. 黑白双面塑料薄膜

下，可用砖头、水泥砌成，里外涂以防水材料，也可用塑料制品、水缸等容器，其容积大小应根据供应的面积和株数确定。栽培床是在 1/100～1/80 坡降的平整地面，铺一层黑色或黑白双面聚乙烯薄膜，使其呈槽状，供定植与固定作物根系，使营养液在床面呈薄层循环液流。营养液循环流动装置由供液水泵和供液管道组成，将经水泵提取的营养液分流再返回贮液池中，以供再次使用。控制系统主要控制营养液的供应时间、流量、电导率、pH 和液温等。

（1）大株型作物的栽培床。栽培床用宽 70 cm、长 12～15 m、厚 0.1～0.2 mm 的黑色或黑白双面聚乙烯塑料薄膜做成，先在具 1/100 坡降的平整地面挖一深 5 cm、宽 15～20 cm 的浅平沟，整平压实后铺上薄膜使其呈槽状，上接进液管，下通供液池，即成栽培床。有条件的可在床底里面放一层宽 15～20 cm 的无纺布，以蓄集少量营养液，利于根系的生长。定植时将带岩棉方块或塑料钵的幼苗放在其中，然后用木夹或书钉将薄膜封紧，植株用塑料绳固定。供液装置为大面积的可砌水泥供液池，用水泵及塑料管供液。小面积的可利用水位差供液。

（2）小株型作物的栽培床。小株型作物的栽培床可用玻璃钢制成的波纹瓦或水泥制成的波纹瓦作槽底，适当增加种植密度，提高小株型作物的产量，如图 8－13 所示。一般把栽培槽架设在高度为 80～100 cm、坡降为 1/100～1/80 的铁架或木架上，便于操作。在板上用木条和圆钉按一定行距隔成长条槽，槽底铺一层薄膜，上面再平铺一层银灰色、乳白色或黑色薄膜作为定植床，上面打洞，定植叶菜幼苗，幼苗应带小岩棉方块或聚氨酯泡沫育苗块，以适当装置（水箱）供应营养液。

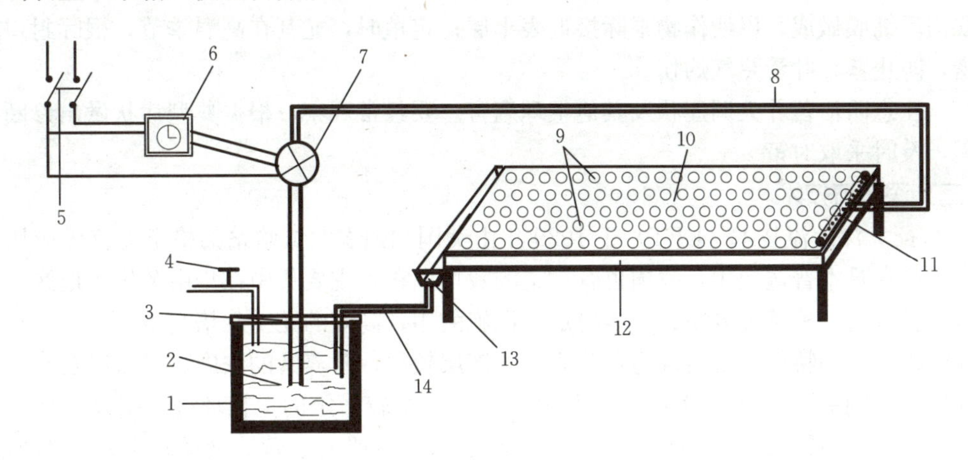

图 8－13 叶菜架式 NFT 装置

1. 贮液池 2. 营养液 3. 贮液池盖板 4. 自来水阀 5. 电源闸刀
6. 定时器 7. 水泵 8. 供液管 9. 定植穴 10. 泡沫盖板
11. 进液管口 12. 栽培床 13. 集液槽 14. 回水管

3. NFT 栽培技术关键

（1）作物的种类与品种的选择。利用 NFT 栽培的作物很多，如番茄、黄瓜、甜瓜、草莓等果菜，以及生菜、芹菜、菠菜、葱、茼蒿、小白菜等叶菜。但在实际生产中，既要考虑栽培的难易，更应考虑经济效益，一般可以栽培经济效益高的番茄、甜瓜、黄瓜以及速生的叶菜如生菜等。品种一般应选择抗病、高产、具有增产优势的品种。番茄、黄瓜等作物，所选品种应要求其结果性好。我国北方生长期长的果菜如番茄、黄瓜等，可进行一大季栽培，能获高产，但一般以两季栽培为好。

（2）带钵育苗，以利定植。无土栽培的作物，尤其是 NFT 培，一定要进行无土育苗，以防土传病害的发生。可用蛭石、稻壳熏炭、岩棉或聚氨酯泡沫育苗块育苗。定植的幼苗一定要带岩棉块，或装有适当大粒径基质的塑料钵，以利固定根系，便于定植和管理。

（3）要确保栽培床的适宜坡降。为使栽培床内的营养液能循环流动供液，必须使栽培床保持适宜的坡降。坡降的大小，以栽培作物后水流不发生障碍为度，一般认为 1/100～1/80 为好，即 10 m 长的栽培床，两头高差 10 cm 左右。但应注意，栽培床不能太长，床底应平整呈缓坡状，防止营养液在床内弯曲流动。

（4）营养液的供应要及时。NFT 培营养液的供应量少，根系又无基质的缓冲作用。因此，要做到及时、经常补充营养液，使其维持在规定的浓度范围。最好定期用电导仪测定 EC 值，根据 EC 值来补充母液。生产上可以根据供液池营养液的减少量，按标准浓度加以调整补充。作物生长旺盛期、高温季节以及白天中午更应注意及时供液。采用间歇供液能有利增产。浓度可视不同作物和不同的生育期而有所改变。

（5）注意 pH 的调整。在作物生长过程中，营养液的 pH 经常发生变化，从而破坏营养液的养分平衡和可溶性，影响根系的吸收，引起作物的营养失调，应及时检测并予以调整。

（6）注意根际温度的稳定。NFT 培作物的根际温度受外界的影响大，尤其在高温季节和低温季节应引起重视。供液池可设在地下并加盖保护；栽培床可安装成半地下式，即在地面挖浅沟后铺膜做成，以使作物根际接近表土层；定植时，尤其在高温季节，根际封口应注意严密，防止茎、叶受热气灼伤。

（7）注意防治营养失调症状及其他生理病害。要经常观察，根据典型症状做出诊断，查明原因，及时采取对策。

（二）深液流技术

1. 特征 深液流技术（DFT）于 1929 年由美国加州农业试验站的格里克首先应用于商业生产，后在日本普遍使用，我国也有一定的栽培面积，主要集中在华南及华东地区。深液流技术现已成为一种管理方便、性能稳定、设施耐用、高效的无土栽培类型。

深液流技术的特征主要表现为：营养液的液层较深，营养液的浓度、温度以及水分存量都不易发生急剧变化，pH 较稳定，为根系提供了一个较稳定的生长环境。植株悬挂于营养液的水平面上，使植株的根颈离开液面，有利于氧气的吸收。营养液循环流动，增加溶氧量，消除根系有害代谢产物的积累，提高营养利用率。

2. 设施的结构 深液流水培栽培装置有贮液槽、栽培槽、水泵、营养液自动循环系统及控制系统等（图 8－14）。该系统能较好地解决 NFT 装置在停电和水泵出现故障时而造成的被动困难局面，营养液层较深，可维持无土栽培正常进行。

在定植前栽培槽内灌注营养液，在泡沫盖板上按 20 cm×20 cm（种植叶菜类）或 30 cm×40 cm（种植搭架果菜类）的行株距开圆孔，孔径大小应与生菜育苗钵径粗一致，然后将多孔性育苗钵（块）栽插到开好的圆孔中去，使根系接触培养槽中的营养液，当根系发出后可逐渐降低营养液层深度，增加透气性和氧气供给量。一般在秧苗刚定植时，种植槽内营养液的深度保持距盖板底面 1～2 cm，定植杯的下半部浸入营养液内，以后随着植株生

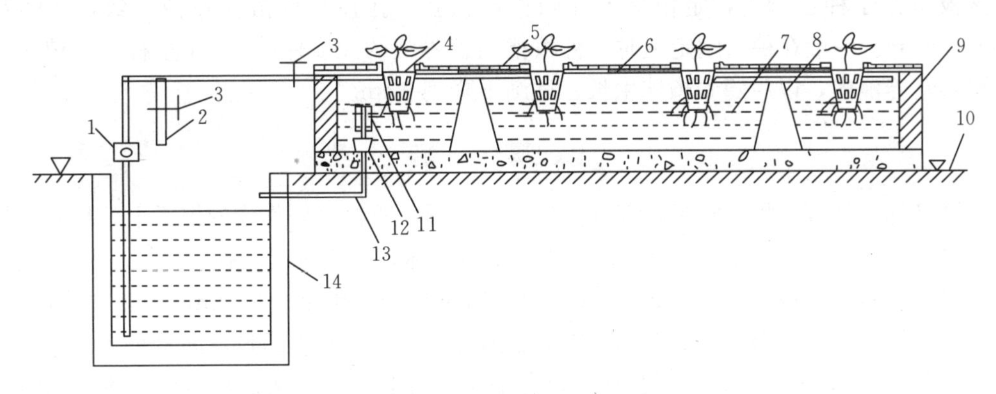

图 8－14　深液流水培设施

1. 水泵　2. 增氧管　3. 流量调节阀　4. 定植杯　5. 定植板
6. 供液管　7. 营养液　8. 支撑墩　9. 种植槽　10. 地面
11. 液层控制管　12. 橡皮管　13. 回流管　14. 贮液池

长，逐渐降低水位，距盖板 5～6 cm。

（三）浮板毛管水培法

浮板毛管水培（FCH）是浙江省农业科学院东南沿海地区蔬菜无土栽培研究中心与南京农业大学吸收日本 NFT 设施的优点，结合我国的国情及南方气候的特点设计的。它克服了 NFT 水耕装置的缺点，减少了液温变化，增加了供氧量，使根系生长发育环境得到改善，避免了停电、停泵对根系造成的不良影响，在番茄、辣椒、芹菜等多种蔬菜栽培上的应用取得良好效果。

该装置主要由贮液池、种植槽、循环系统和供液系统 4 部分组成（图 8－15）。

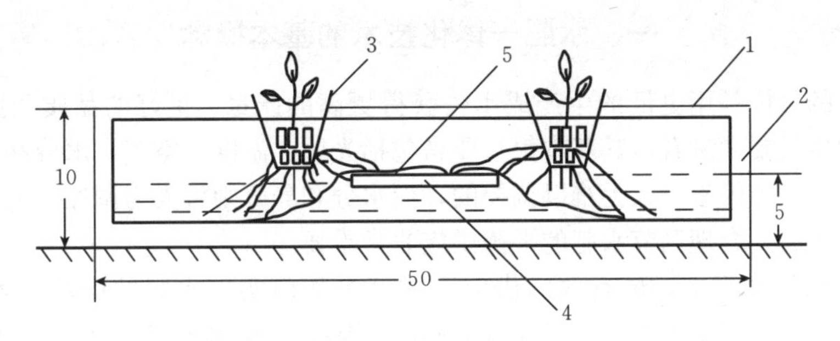

图 8－15　浮板毛管栽培种植槽横切面（单位：cm）

1. 定植板　2. 种植槽　3. 定植杯　4. 浮板　5. 无纺布

除种植槽以外，其他 3 部分设施基本与 DFT 相同，种植槽由聚苯乙烯板做成长 1 m、宽 40～50 cm、高 10 cm 的凹形槽，然后连接成长 15～20 m 的长槽，槽内铺 0.3～0.8 mm 厚的无破损的聚乙烯薄膜，营养液深度为 3～6 cm，液面漂浮 1.25 cm 厚、10～20 cm 宽的聚苯乙烯泡沫板，板上覆盖一层亲水性无纺布，两侧延伸伸入营养液内，通过毛细管作用，使浮板始终保持湿润。秧苗栽入定植杯内，然后悬挂在定植板的定植孔中，正好把槽内的浮板夹在中间，根系从定植杯的孔中伸出后，一部分根爬伸生长到浮板上，产生根毛吸收氧气，一部分根伸到营养液内吸收水分和营养。定植板用 2.5 cm 厚、40～50 cm 宽的聚苯乙

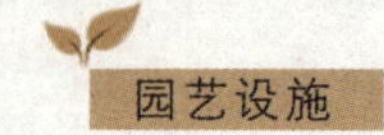

烯泡沫板覆盖于种植槽上，定植板上开两排定植孔，孔径与育苗杯外径一致，孔间距为40 cm×20 cm。一般在秧苗刚定植时，种植槽内营养液的深度保持6 cm左右，定植杯的下半部浸入营养液内，以后随着植株生长，逐渐下降到3 cm。

十、雾　　培

雾培又称为气雾栽培。它是将营养液压缩成气雾状直接喷到作物的根系上，根系悬挂于容器的空间内部。通常是用长2.4 m、宽1.2 m的聚苯乙烯发泡板，按“人”字形斜立搭设成封闭状，在斜立的板上按20 cm×20 cm的行株距打孔，孔径2～3 cm，于孔中栽培作物。两块泡沫板斜搭成三角形，形成空间，供液管道在三角形空间内通过，向悬垂下来的根系上喷雾。一般每间隔2～3 min喷雾几秒，营养液可循环利用，在保证营养液供应的同时保证作物根系有充足的氧气。但此方法设备费用太高，需要消耗大量电能，且不能停电，没有缓冲的余地，目前还只限于科学研究应用，未进行大面积生产。

任务三　水肥一体化技术的应用

【教学要求】 本任务主要学习水肥一体化技术的基本概念，学习喷灌系统、微灌系统的组成和应用，以及水肥一体化常用的肥料及性质。

【教学目的】 要求学生了解水肥一体化技术的优点，掌握喷灌和微灌系统的组成、类型，以及水肥一体化技术中肥料的选用与设备的操作。

【教学材料】 园艺生产设施、喷灌和微灌系统的设施设备。

【教学方法】 多媒体教学、现场教学。

一、水肥一体化技术的基本概念

作物生产的目标是用更低的生产成本去获得更高的产量、更好的品质和更高的经济效益。从作物的生长要素来看，其基本生长要素包括光照、温度、空气、水分和养分。在自然生长条件下，前3个因素是人为难以调控的，而水分和养分则可人为调控。因此，要挖掘作物的最大生产潜力，合理调节水肥的平衡供应非常重要。

在水肥的供给过程中，最有效的供应方式就是如何实现水肥的同步供给，充分发挥两者的相互作用，在给作物提供水分的同时最大限度地发挥肥料的作用，实现水肥的同步供应，即水肥一体化技术。水肥一体化技术，狭义地讲，就是把肥料溶解在灌溉水中，由灌溉管道输送给田间每一株作物，以满足作物生长发育的需要。如通过喷灌及滴灌管道施肥。广义地讲，就是水肥同时供应以满足作物生长发育需要，根系在吸收水分的同时吸收养分。除通过灌溉管道施肥外，如淋水肥、冲施肥等都属于水肥一体化的简单形式。

水肥一体化技术是现代种植业生产的一项综合水肥管理措施，具有显著的节水、节肥、省工、优质、高效、环保等优点。水肥一体化技术为灌溉和施肥结合的一种技术，区别于传统的施肥，主要指的是管道施肥，针对具体的灌溉形式，又可称为滴灌施肥、喷灌施肥、微喷灌施肥等。

二、喷灌系统

水肥一体化灌溉施肥技术是借助于灌溉系统实现的。要合理地控制施肥的数量和浓度，必须选择合适的灌溉设备和施肥器械。常用的灌溉设备有喷灌、微喷灌和滴灌。微喷灌和滴灌简称微灌。

喷灌是利用水泵加压或自然落差将灌溉水通过压力管道输送到田间，经喷头喷射到空中，形成细小的水滴，均匀地喷洒在土壤上，为作物正常生长提供水分的一种灌溉方法。

1. 喷灌系统组成 喷灌系统由水源、水泵机组、管道系统（干管、支管、竖管）及喷头组成。喷灌系统从获得压力的方式可分为机械加压的机压喷灌系统和利用地形自然落差的自压式喷灌系统。

2. 喷灌系统分类

一般将喷灌系统分为以下几类。

(1) 固定式。系统全部设备均固定在一个地块使用，用材多、投资大，但使用操作方便，生产效率高，经济作物区使用较多。

(2) 半固定式。干管固定，支管、喷头移动使用。移动方式有手动和机动，用材及投资均低于固定式，使用比较普遍。

(3) 移动式。系统全部设备都可移动使用，设备利用率高、造价低。20 世纪 70 年代末我国生产并开始使用生产效率高的大型自走式喷灌机组，但用量最大的是人工移动的小型喷灌机组。

喷头通过收缩管嘴或孔口将有压水喷射到空中，形成细小水滴进行灌溉的喷洒器。喷头按工作压力高低可分为高压（大于 500 kPa）、中压（200～500 kPa）和低压（小于 200 kPa）3 种。按喷洒特征及结构形式分为固定式和旋转式。固定式喷头又分为折射式、缝隙式及离心式 3 种。这类喷头无转动部件，结构简单，运行可靠，工作压力低，雾化好，但喷洒范围小，喷灌强度高，多用于温室、园艺、苗圃或装在行走喷洒的喷灌机上使用。旋转式喷头主要由旋转密封机构、流道和驱动机构组成，按驱动喷体方式又分为反作用式、摇臂式和叶轮式 3 种。这类喷头喷洒半径大，喷灌强度低，喷洒图形为圆形及扇形，是应用最广的一种喷头。

3. 喷灌技术参数

喷灌强度：单位时间内喷洒到灌溉土地上的水深（mm/h），要求不大于土壤渗吸速度，避免地表积水和产生径流。

喷灌均匀度：指喷灌面积上水量分布的均匀性，一般要求在 0.8 以上。

雾化程度：用喷洒水滴直径的大小衡量，要求控制水滴平均直径在 3 mm 以内。随着世界能源和水资源日趋紧张，喷灌技术将会进一步发展。低压喷头及低压喷灌系统将得到广泛应用。在喷灌系统中也将更多地采用恒压泵站，以保持管网恒定的工作压力，降低能耗。

三、微灌系统

微灌就是利用专门的灌水设备（滴头、微喷头、渗灌管和微管等），将有压水流变成细小的水流或水滴，湿润作物根部附近土壤的灌水方法，因其灌水器的流量小而称为微灌，主要包括滴灌、微喷灌、脉冲微喷灌、渗灌等。微灌的特点是灌水流量小，一次灌水延续时间长，周期短，需要的工作压力较低，能够较精确地控制灌水量，把水和养分直接输送到作物

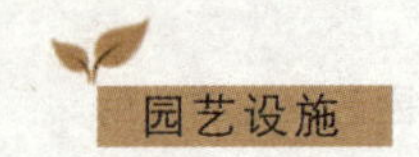

根部附近的土壤中，满足作物生长发育的需要，实现局部灌溉。

1. 微灌的类型

（1）地表滴灌。是通过末级管道（称为毛管）上的灌水器即滴头，将压力水以间断或连续的水流形式灌到作物根区附近土壤表面的灌水形式。

（2）地下滴灌。将水直接施到地表下的作物根区，其流量与地表滴灌相接近，可有效减少地表蒸发，是目前最为节水的一种灌水形式。

（3）微喷灌。是利用直接安装在毛管上，或与毛管连接的灌水器即微喷头，将压力水以喷洒状的形式喷洒在作物根区附近的土壤表面的一种灌水形式，简称微喷。微喷灌还具有提高空气湿度、调节田间小气候的作用。但在某些情况下，例如草坪微喷灌，属于全面积灌溉，严格来讲，它不完全属于局部灌溉的范畴，而是一种小流量灌溉技术。

（4）涌泉灌。是管道中的压力水通过灌水器即涌水器，以小股水流或泉水的形式施到土壤表面的一种灌水形式。

2. 微灌系统的组成 典型的微灌系统通常由水源工程、首部枢纽、输配水管网和灌水器4部分组成。

（1）水源工程。江河、渠道、湖泊、水库、井、泉等均可作为微灌水源，但其水质需符合微灌要求。

（2）首部枢纽。包括水泵、动力机、肥料和化学药品注入设备、过滤设备、控制器、控制阀、进排气阀、压力流量测仪表等。

（3）输配水管网。输配水管网的作用是将首部枢纽处理过的水按照要求输送分配到每个灌水单元和灌水器，输配水管网包括干管、支管和毛管三级管道。毛管是微灌系统的最末一级管道，其上安装或连接灌水器。

（4）灌水器。灌水器是直接施水的设备，其作用是消减压力，将水流变为水滴、细流或喷洒状施入土壤。

四、水肥一体化技术的肥料选择

（一）水肥一体化技术对肥料的基本要求

在选择化肥之前，首先应对灌溉水中的化学成分和水的pH有所了解，某些化肥可改变水的pH，如硝酸铵、硫酸铵、磷酸一铵、磷酸二氢钾、磷酸、硝酸钙等会降低水的pH，而磷酸氢二钾、磷酸二铵、氨水等则会使水的pH增加。当水源中含有碳酸根、钙镁离子时，灌溉水pH的增加可能引起碳酸钙、碳酸镁的沉淀，从而使滴头堵塞。

为了合理正确地运用灌溉施肥技术，必须了解化肥的化学物理性质。用于灌溉施肥特别是在滴灌系统中应用时，化肥应符合下列要求：①高度可溶性；②溶液的酸碱度为中性至微酸性；③没有钙、镁、碳酸氢盐或其他可能形成不可溶盐的离子；④金属微量元素应当是螯合物形式的，而不是离子形式；⑤含杂质少。

（二）用于灌溉施肥的肥料

常用的肥料有化肥、有机肥、叶面肥等。化肥中又有单元肥（如尿素、过磷酸钙等）、复合肥和混合肥（BB肥）等很多品种；形态上分固体肥和液体肥。什么样的肥料适合在灌溉系统中使用呢？适合灌溉施肥的肥料应该满足以下要求：①肥料中养分浓度较高；②在田间温度条件下溶于水；③溶解快速；④流动性好，施用方便；⑤杂质含量低，其所含调理剂物质含量最小，能与其他肥料混合；⑥与灌溉水的相互作用小；⑦不会引起灌溉水 pH 的剧烈变化；⑧对控制中心和灌溉系统的腐蚀性小。

在一体化施肥中常选择化肥施用，下面简要介绍部分化的特点。

1. 氮肥 硝态氮、铵态氮和酰胺态氮为化肥中氮的 3 种形态。硝态氮的深层渗漏较为普遍；铵态氮因土壤存在硝化作用，长期施用铵态氮肥土壤有酸化风险；酰胺态氮肥（尿素），其溶解性虽好，但不被土壤胶体吸附，易随土壤水分移动。3 种氮肥形式可以单独施用，也可以混合几种配制成母液施用。如尿素和硝酸铵配成 32%～34%的氮溶液，其中就含有硝态氮、铵态氮和酰胺态氮。在实际生产使用中，要考虑不同形态肥料中离子间的相互作用，应轮流施用多种形态氮肥，平衡施用。

2. 磷肥 正磷酸根离子（PO_4^{3-}）、焦磷酸根离子（$P_2O_7^{4-}$）和聚磷酸根离子 $[(PO_4)_n]^-$ 这 3 种形式是化肥中磷的存在形式。用于微灌施肥的磷肥必须是可完全溶于水的化合物。在生产中，由于磷的移动性差，磷肥施入易产生磷酸钙、磷酸镁等沉淀物，所以磷肥施用多采用基肥和灌溉施用相结合，最大限度地有效利用吸收磷肥。

3. 钾肥 钾在土壤中的化学行为要比磷酸盐简单很多。通过微灌系统施用的钾肥有效性高，钾的利用率可高达 90%以上。钾在土壤中的移动性好，可随灌溉水移动到根系密集区。大部分的钾肥都是可溶性的，灌溉施肥中常用的钾肥有硝酸钾、氯化钾、磷酸二氢钾等。在滴灌系统中，因红色氯化钾会造成严重堵塞，不易使用，多选择白色氯化钾。

4. 钙镁硫肥 常用的水溶性钙肥有硝酸钙、氯化钙。对于一些根茎类和果菜类蔬菜，由于自身对钙肥需求较多，施用钙肥成为一个常规施肥措施。土壤中有效镁以交换性阳离子存在土壤溶液中，其含量远低于钙离子。常用的镁肥是硫酸镁，其溶解性好，无杂质，广泛用于灌溉施肥中。在灌溉施肥中，硫作为一种伴随离子存在，如硫酸铵、硫酸镁等。大部分的干旱和半干旱的土壤中，不会出现缺硫现象，少数沙土或者基质栽培中会出现生理性缺硫症状。

5. 微量元素肥料 如果灌溉时微量元素是以离子态使用，则容易被土壤所固定，不能有效地被作物吸收利用，所以在灌溉施肥中常用螯合形态。螯合物是一种合成有机化合物，所含阳离子以复杂的形态存在，以避免阳离子与水和土壤的组分发生反应。植物根系可以吸收溶解的螯合物，从而提高养分吸收利用率。常用的螯合物有 EDTA 和 EDDHA。EDTA 螯合的微量元素在碱性条件下易分解，当灌溉水的 pH＞7.0 时，应选用 EDDHA。在灌溉施肥时不宜将微量元素肥料与碱性肥料混合施用，以防降低养分的效率。

任务四　园艺设施在休闲农业中的应用

【教学要求】 本任务主要学习休闲农业的概念、发展阶段、发展现状及园艺设施在休闲农业中的相关应用知识。

【教学目的】 要求学生重点了解休闲农业的概念、发展阶段、发展现状，重点掌握园艺设施在农业中的应用。

【教学材料】 相关教学图片。

【教学方法】 多媒体教学、现场教学法。

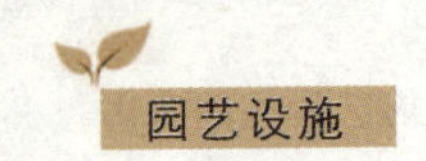

一、休闲农业

（一）休闲农业的概念

休闲农业是指在农村范围内，利用农业自然环境、田园景观、农业生产、农业经营、农业设施、农耕文化、农家生活等旅游资源，通过科学规划和开发设计，为游客提供观光、休闲、度假、体验、娱乐、健身等多项需求的旅游经营形态。从广义观点看，休闲农业还包括休闲林业、休闲渔业、休闲牧业、休闲农家乐等。也可以说，休闲农业是以农业为基础，以休闲为目的，以服务为手段，以城市游客为目标，农业和旅游业相结合，第一、第二、第三和第四产业相结合的新型农业，也是具有生产、生活、生态即“三生”一体多功能的现代农业。党的二十大报告指出“发展乡村特色产业，拓宽农民增收致富渠道。巩固拓展脱贫攻坚成果，增强脱贫地区和脱贫群众内生发展动力”，为各地利用自身的特色资源和产业，积极推进休闲农业产业的发展注入了新的动力。

（二）休闲农业的发展阶段

1. 国外休闲农业发展阶段

起步阶段：19 世纪 50 年代，具有代表性的是法国巴黎贵族返乡游，意大利成立农业与旅游全国协会。

发展阶段：第二次世界大战后，特点是观光农园。

扩张阶段：20 世纪 60 年代初，具体表现为休闲项目加入农场、庄园的规划，观光休闲农业繁荣。

成熟阶段：20 世纪 80 年代以后，度假农庄、教育农园、市民农园等兴起。

2. 我国休闲农业发展阶段 我国休闲农业兴起于改革开放以后，可以分为 3 个阶段。

早期兴起阶段（1980—1990 年）：主要是靠近城市和景区的少数农村根据当地特有的旅游资源，自发地开展了形式多样的农业观光、举办农业节庆活动等，呈现单一的农村观光特点。

初期发展阶段（1990—2000 年）：主要是靠近大、中城市郊区的一些农村和农户利用当地特有的农业资源环境和特色农产品，开办了观光为主的观光休闲农业园，开展采摘、钓鱼、种菜、野餐等多种旅游活动。体现观光与休闲相结合的休闲农业的特点。

初具规模阶段（2000 年至今）：主要是融合观光、休闲、娱乐、度假、体验、学习、保健等功能，加上各级政府逐步关注和支持，休闲农业初具规模，体现了拓展农业综合功能的特点。

3. 我国休闲农业发展现状

（1）我国休闲农业产业规模。据统计，我国休闲农业特色农户（农家乐）已发展超过 150 万家，具有一定规模的休闲农业园区发展到 12 000 多家，直接从业人员近 300 万人，年接待游客 7 亿人次，年经营收入达 900 亿元左右。目前，休闲农业产业遍布全国各地，在东部沿海城市郊区尤为多见。仅浙江绍兴市，2007 年，休闲农园达到 46 家。从投资规模看，100 万元以下的有 7 家，占总数的 15.2%，100 万～500 万元的有 23 家，占总数的 50.0%，500 万～1 000 万元的有 8 家，占总数的 17.4%，1 000 万元以上的有 8 家，占总数 17.4%。从经营面积看，23.2 hm^2 以上的有 20 家，最大的达 280 hm^2。由此可看出，我国休闲农业产业已成为农业和农村经济发展的亮点之一，彰显广阔的发展前景，必将成为中国特色农业现代化建设和农民增收的重要举措。

（2）我国休闲农业产业分布。据统计，2004—2005 年，国家旅游局在全国评选出农业旅游示范点 359 处。其中，农业观光旅游点 112 个，占 31.2%；农业科技观光旅游点 60 个，占 16.72%；农业生态观光旅游点 56 个，占 15.60%；民俗文化旅游点 20 个，占 5.57%；休闲度假村（山庄）26 个，占 7.24%；古镇新村 39 个，占 10.86%；农家乐 18 个，占 5.01%；自然景区 28 个，占 7.80%。从东、中、西三大区域分布来看，我国东部地区 195 个，占 54.32%；中部地区 68 个，占 18.94%；西部地区 96 个，占 26.74%。从省、市、区分布来看，最多的是山东，55 个，占 15.32%；其次是江苏，43 个，占 11.98%；再次是辽宁，34 个，占 9.47%；其余各省的分布为：贵州 18 个，占 5.01%，安徽、四川各 17 个，各占 4.74%，河北 15 个，浙江、广东各 14 个，山西 13 个，河南 12 个，广西 11 个，内蒙古、新疆各 10 个，黑龙江、重庆各 9 个，北京、甘肃各 7 个，湖北、云南各 6 个，江西、上海各 5 个，剩余均在 5 个以下。

（3）我国休闲农业产业发展模式。

① 连片开发模式。以政府投入为主建设基础设施，带动农民集中连片开发现代观光农业。政府投入主要用于基础设施，通过水、电、气、路、卫生等基础设施的配套和完善，引导农民根据市场需求结合当地优势开发各种农业休闲观光项目，供城市居民到农业观光园区参观、休闲与娱乐。该模式依托自然优美的乡野风景、舒适怡人的清新气候、独特的地热温泉、环保生态的绿色空间，结合周围的田园景观和民俗文化，兴建一些休闲、娱乐设施，为游客提供休憩、度假、娱乐、餐饮、健身等服务。主要类型包括休闲度假村、休闲农庄、乡村酒店。该模式在全国各地尤为常见。如上海市郊区、北京市郊区、南京市郊区基本上都采用该开发模式。

② “农家乐”模式。“农家乐”模式是指农民利用自家庭院、自己生产的农产品及周围的田园风光、自然景观，以低廉的价格吸引游客前来吃、住、玩、游、娱、购等旅游活动。主要类型有农业观光农家乐、民俗文化农家乐、民居型农家乐、休闲娱乐农家乐、食宿接待农家乐、农事参与农家乐。如成都近郊郫县友爱镇农科村就是该经营模式的典型代表。该村原有农户 310 户，总人口 650 人，总耕地面积 45 hm^2，在农业观光旅游发展鼎盛时期，村旅游接待点共 128 个，年均接待游客量达 50 万次以上，旅游年经营收入达 2 000 余万元。目前“农家乐”模式主要提供餐饮服务，在浙江绍兴市，以娱乐（如垂钓）、农家特色餐饮为主的休闲农庄，就占调查总数的 41.3%。

③ 农民与市民合作模式。在农民承包地合理流转集中后，建立休闲农园，以“认种”方式让城市居民委托农民代种或亲自种植花草、蔬菜、果树或经营家庭农艺，使消费者共同参与农业投资、生产、管理和营销等各环节，与农民结成紧密联结关系，体验和参与农业经营和农事活动。该模式最早出现在 20 世纪 90 年代的苏州未来农林大世界，当时称为“市民农园”，将土地分割为 50 m^2 一块，向城市居民招租；后来在不同地区演变成多种类型的经营方式，如市民种植纪念树、纪念林，市民租赁农舍经营农家乐等。据 2006 年最新调查，在苏州旺山休闲农庄，农户将自家住宅的一楼租给市民来经营餐饮农家乐，租金年收入能达到 5 万元。

④ 产业带动模式。休闲农园生产的特色农产品，通过休闲农业这个平台，吸引城市消费者购买来拉动当地产业的发展。这类园区，除供游客餐饮旅游外，还销售土特产品。如浙江稽东镇的山娃子农庄，除门票、餐费外，游客还购买当地土鸡及特色高山蔬菜。园区经营

者在此基础上，通过广告宣传，直销自种蔬菜、自养家禽的时鲜产品。该模式深受市民的欢迎。在浙江绍兴市的调查中，采用该模式的园区占总数的37%。

⑤ 村镇旅游模式。我国许多地区在建设新农村的过程中，将休闲农业开发与小城镇建设结合在一起，以古村、镇、宅院建筑和新农村格局为基础，开发观光旅游。主要类型有占民居和占宅院型、民族村寨型、占镇建筑型、新村风貌型。如济南市先后重点建设了13处中心镇和30个重点镇，充分利用小城镇周围的风景名胜和人文景观，大力发展休闲农业。其中历城区仲宫镇、柳埠镇等一批近郊小城镇，已成为城市居民观光、娱乐、度假的休闲农业基地；南京市金桂园农庄开发公司，在南京郊区桥林镇结合新农村建设发展休闲农业，将农村居民迁移到集中居住点，以提高农民生活品质和卫生条件，利用空出的宅基地开发休闲农庄和庭园经济，发展休闲农业。

⑥ 休闲农场或观光农园模式。近年来，随着城市化进程的加快和居民生活水平的提高，城市居民寻求回归自然、返璞归真生活方式的需求日益增加。利用节假日到郊区去体验现代农业生产、参与农业劳作和进行垂钓等休闲活动，使众多农业科技园区由单一的生产示范功能，逐渐转变为兼有休闲和观光等多项功能，主要类型有田园农业型、园林观光型、农业科技型、务农体验型。如北戴河“集发农业观光园”、北京“朝来农艺园”、上海“孙桥现代农业开发区”、珠海农业科学研究中心示范基地等，也都吸收了国外休闲农场或观光农园的很多经验和设计理念。

⑦ 科普教育模式。利用农业观光园、农业科技生态园、农业产品展览馆、农业博览园或博物馆，为游客提供了解农业历史、学习农业技术、增长农业知识的教育活动。如农业科技园区作为联结科教单位科研成果与生产实际的重要纽带，为农业科技成果的展示和产业孵化提供了实现的平台。目前国内一些农业院校或科教单位建立的农业高新技术园区，为科教单位和入园企业科技产业的“孵化”和“后熟”提供了重要的基础平台，极大促进了农业科技成果的转化和辐射推广。

⑧ 民俗风情旅游模式。民俗风情旅游模式以农村风土人情、民俗文化为特点，充分突出农耕文化、乡土文化和民俗文化特色，开发农耕展示、民间技艺、时令民俗、节庆活动、民间歌舞等休闲旅游活动，增加乡村旅游的文化内涵。其主要类型有农耕文化型、民俗文化型、乡土文化型、民族文化型。

二、园艺设施在休闲农业中的应用

园艺设施充分挖掘了设施作物的生物学特性，利用栽培技术实现作物的生物学超常规表现特征，获得生产和观赏双重功能，在休闲农业中可作为实现观赏、采摘、休闲散步，景观构建的基本要素。园艺设施将作物栽培技术与植物的观赏性、景观艺术性有效结合，演绎出新奇瑰丽、异彩纷呈的景观，满足都市居民对多样化园艺产品和观光休闲的精神需求。园艺设施作为现代农业的重要组成部分和承载体，在休闲农业中，兼顾生产栽培模式及配套工程技术发挥了重要的作用。园艺设施在休闲农业中的应用主要体现在以下几个方面。

1. 设施蔬菜立体栽培技术 设施蔬菜立体栽培是利用墙体、圆柱、多层栽培床等装置和工程技术，采用叶菜无土栽培技术，形成栽培平面，充分利用蔬菜的不同种类和颜色，在休闲农业中供游客欣赏和采摘（图8-16）。目前，多种立体栽培技术已广泛应用于观光休闲农业。

图 8-16 设施蔬菜的立体栽培

2. 设施蔬菜树式栽培技术 设施蔬菜树式栽培是利用营养液槽等装置和工程技术，采用果菜无土栽培技术，利用果菜（辣椒、茄子和番茄）无限生长的生物学特性，运用设施环境可控的优势，充分延长辣椒、茄子和番茄等的生育期，形成高大的树形体态（图 8-17），在休闲农业中供游客参观和欣赏。

图 8-17 设施蔬菜树式栽培技术

3. 设施甘薯根系功能分离栽培技术 采用无土栽培技术，使甘薯块根和营养根空间分离，在甘薯茎蔓叶柄处诱导出块根，这种栽培模式根系养分吸收力强，冠层光合作用强，光合产物运输距离短，可明显提高产量（图 8-18），在休闲农业中可供游客参观和欣赏。

4. 植物工厂栽培技术 植物工厂是通过设施内高精度环境控制实现作物周年连续生产的高效农业系统，是利用计算机对植物生育的温度、湿度、光照、二氧化碳浓度以及营养液等环境条件进行自动控制，使设施内植物生育不受或很少受自然条件制约的省力型生产。植物工厂是现代农业的重要组成部分，是现代生物技术、建筑工程、环境控制、机械传动、材料科学、设施园艺和计算机科学等多学科集成创新、知识与技术高度密集的农业生产方式（图 8-19）。可用于植物种苗、商品菜、果、花、食用菌等植物生产。

图 8-18　设施甘薯根系功能分离栽培技术

图 8-19　植物工厂化栽培技术

相关知识

我国休闲农业发展的意义、态势与前景

一、休闲农业发展的意义

休闲农业也称观光农业、旅游农业，是以农业资源、田园景观、农业生产、农耕文化、农业设施、农业科技、农业生态、农家生活和农村风情风貌为资源条件，为城市游客提供观光、休闲、体验、教育、娱乐等多种服务的农业经营活动。从农村产业层面来看，休闲农业是农业和旅游业相结合即第一产业（农业）和第三产业（旅游及服务业）相结合的新型产业，也是具有生产、生活、生态“三生”一体多功能的现代农业。

休闲农业是在城市化高度发展和人民经济收入较高的背景下发展起来的。休闲农业的发展，在国外已有较长的历史，最早始于欧洲，如德国、法国、英国、意大利、西班牙等国，后来由欧洲国家扩展到亚洲，如日本、韩国、新加坡等国家和我国台湾地区。目前，休闲农业已成为经济发达国家和地区农村具有生产、生活、生态“三生”一体功能的新型产业，显示强大的生命力和发展前景。

休闲农业的意义是有利于调整和优化农村产业结构，延长农业产业链，带动二、三产业的发展，提高农业的综合效益；有利于农村剩余劳动力转移和就业，因为休闲农业是劳动密集型产业，不仅需要生产、管理人员，而且还需要从事住宿、餐饮、交通、商业等服务人员，为农村剩余劳动力转移和增加农民收入创造了条件；休闲农业有利于城乡人员、信息、科技、观念的交流，不仅使市民了解和体验农业，而且也使农民转变观念，加强城乡互动，促进城乡协调发展；休闲农业有利于挖掘、保护和传承农业文化，保护农村资源和生态环境，实现农业的可持续发展。

二、休闲农业的功能特征

1. 观赏性　观赏性是指具有观光休闲功能的种植业、林业、牧业、渔业、副业和生态农业。观光农业的品种繁多，特别是那些千姿百态的农作物、林草和花木，对游人特别是城市居民来说是奇趣无穷的。这种观奇活动，使游人获得绿色植物形、色、味等多种美感。从农业本身看它是人工产物，如各种农作物、人工林、养殖动物等，它们既需人工培育，同时又要靠大气、光热、降水等自然条件完成其生长周期，整个环境又属于田园旷野，因此观光农业具有浓厚的大自然意趣和丰富的观赏性。

2. 休闲性　指依某些作物或养殖动物，构成多种具有观光、休闲和娱乐性产品，供人们欣赏和休闲。在不同类型观光农业区设计修建娱乐宫、游乐中心、表演场；在树林中设吊床、秋千；在海滨滩涂区踩文蛤、跳迪斯科舞；在水塘垂钓、抓鱼、套鸭子；在草原区设跑马场，开展骑马、赛马等娱乐活动。

3. 参与性　让游人参与农业生产活动，让其在农业生产实践中，学习农业生产技术，体验农业生产的乐趣，比如对其有趣的观光农业项目，让游人模仿和学习，如嫁接、割胶、挖薯、摘果、捕捞、挤奶、放牧、植稻、种菜等，还可以开展当一天农民的活动，游人可以直接参与农业生产的过程，从而了解农业生产，增长农业生产技术知识。

4. 文化性　观光休闲农业主要是为那些不了解、不熟悉农业和农村的市民服务的，因此观光农业的目标市场在城市，观光休闲农业经营者必须认识这种市场定位的特点，研究城市旅游客源市场及其对观光休闲农业功能的要求，有针对性地按季节特点开设观光休闲旅游项目。如体验种植活动在春季，采摘农业果实在秋季，森林疗养在夏季，狩猎在冬季。这样可以利用季节，定位市场，扩大游客来源。

三、休闲农业发展的态势

改革开放以来，我国城市化和国民经济迅速发展，人均国内生产总值不断增加。到2008年，全国国内生产总值达300 670亿元，人均国内生产总值达22 640元。随着人们经济收入的增加，消费观念的转变，市民到乡村观光旅游、休闲度假、参与体验的游人越来越多，有力地促进了休闲农业和乡村旅游的发展。

文化和旅游部、农业农村部对发展休闲农业和乡村旅游十分重视。2007年国家旅游局确定为“乡村旅游年”，2008年又确定为“城乡和谐旅游年”，2009年又提出“生态旅游年”。2007年国家旅游局和农业部共同发出大力推进全国乡村旅游发展的通知，提出为满足人民生活水平提高对旅游消费的需要，争取每年新增乡村旅游就业30万人以上，间接就业150万人；每年旅游从业农民人均收入增长5%；在全国建成具有乡村旅游示范意义的100

个县、1 000 个乡（镇）、10 000 个村，为社会主义新农村建设做出积极贡献。在文化和旅游部、农业农村部的推动下，全国各地都积极发展观光休闲农业和民俗文化旅游，有的省、市还成立了休闲农业机构，如北京市和浙江省先后成立了观光休闲农业协会，山西省和湖南省成立了休闲农业协会，海南省成立了休闲农业发展局，福建省成立了休闲乡村休闲发展协会。同时，一些地区还制定了观光休闲农业旅游规范标准，评选出国家级、省市区级休闲农业和乡村旅游示范点或示范村。有的地区还制定了扶持休闲农业和发展乡村旅游的政策和措施，这些都有力地推动了全国休闲农业和乡村旅游较快发展。据有关部门测算，全国有休闲农业和乡村旅游景区（点）已达 1 万多个，其中国家级农业旅游示范点 359 个，农家乐 150 万家，直接从业农民 400 多万人，年接待游客 4 亿人次，年收入达 3 000 亿元，其中农民直接获益 1 200 亿元。

我国休闲农业发展大致经过了 3 个阶段：萌芽和兴起阶段（1980—1990 年），在少数改革开放较早和经济发展较快的地区首先发展观光采摘农业；初步发展和成长阶段（1991—2000 年），在大城市郊区和经济发达的沿海地区开始发展观光农业和休闲农业；较快发展和规范经营阶段（2001 年至今），观光农业、休闲农业、休闲农庄和乡村旅游均发展起来，而且制定评定标准，走向规范化经营。

回顾我国观光休闲农业发展的过程，主要具有以下特点：①休闲农业已从初期自发发展，进入有组织的规范性发展；②休闲农业从小到大，从少到多，逐步向规模化发展；③休闲农业产品从最早的采摘、农家乐发展到现在的休闲农庄、生态农园、体验农园；④休闲农业功能从单纯观光，扩展到观光、休闲、体验、健身等多功能；⑤经营理念从单纯的生产经营，扩展到休闲与体验，增加了文化和生态内涵；⑥休闲农业发展与新农村建设相结合，与农业结构优化、调整相结合，促进农村经济发展和农民致富；⑦休闲农业在布局上呈现从东部经济比较发达地区向中、西部经济欠发达地区扩展，从城市近郊区向中郊、远郊区发展，从大城市向中、小城市发展。目前，我国已形成了京津唐地区、长三角地区、珠三角地区、成渝地区等比较集中的休闲农业区。正在形成的休闲农业区有南京区、武汉区、西安区、昆明区、沈大区、郑州区、济南区、杭州区、长沙区、福厦区、哈尔滨区、乌鲁木齐区。这些以城市为中心的休闲农业区带动了周围乡村地区休闲农业的发展，形成了点、线、面相结合的休闲农业新格局。

四、休闲农业发展的主要类型

休闲农业发展受资源环境、区位交通、市场需要、农业基础、投资实力等多方面因素的影响，呈现多元化、多层次、多类型的发展态势。

1. 按区位分类

（1）城市郊区型。一般农业基础较好，生态环境好，农业特色突出，市场需求大，交通便利，发展休闲农业条件优越。

（2）景区周边型。一般靠近旅游景区，农业产品丰富，农村环境好，农民经营意识强，有利于休闲农业发展。

（3）风情村寨型。一般具有民族民俗风情，地域特色鲜明，农村土特产品丰富，可吸引游客体验民俗文化，参与农业生产活动。

（4）基地带动型。依靠农业种养基地、特色农产品基地、农业科技园区等，可以让游客采摘、品尝农产品，参与农业活动，购买农产品。

（5）资源带动型。农业资源有森林、湖泊、草原、湿地等，可以发展森林休闲、渔业休闲、牧业休闲、生态休闲等休闲旅游业。

2. 按产业分类

（1）休闲种植业。指具有观光休闲功能的现代化种植业。它利用现代农业技术，开发具有较高观赏价值的作物品种园地，或利用现代化农业栽培手段，向游客展示最新成果。如引进优质蔬菜、绿色食品、高产瓜果、观赏花卉作物，组建多姿多趣的农业观光园、自摘水果园、农俗园、农果品尝中心。

（2）休闲林业。指具有观光休闲功能的人工林场、天然林地、林果园、绿色造型公园等。开发利用人工森林与自然森林所具有的多种旅游功能和观光价值，为游客观光、野营、探险、避暑、科考、森林浴等提供空间场所。

（3）休闲牧业。指具有观光休闲功能的牧场、养殖场、狩猎场、森林动物园等，为游人提供观光、休闲和参与牧业生活的风趣和乐趣。如奶牛观光、草原放牧、马场比赛、猎场狩猎等各项活动。

（4）休闲渔业。指利用滩涂、湖面、水库、池塘等水体，开展具有观光、休闲、参与功能的旅游项目，如参观捕鱼、驾驶渔船、水中垂钓、品尝水鲜、参与捕捞活动等，还能让游人了解养殖技术。

（5）休闲副业。包括与农业相关的具有特色的工艺品及其加工制作过程，都可作为观光副业项目进行开发。如利用竹子、麦秸、玉米叶等编织多种美术工艺品；南方利用椰子壳制作、兼有实用和纪念用途的茶具，云南利用棕榈编织的小人、脸谱及玩具等，可让游人观看艺人的精湛手艺或组织游人参加编织活动。

（6）观光休闲生态农业。建立农林牧渔综合利用土地的生态模式，强化生产过程的生态性、趣味性、艺术性，生产丰富多彩的绿色保健食品。为了给游人提供观赏和休闲的良好生产环境和场所，发展林果粮间作、农林牧结合、桑基鱼塘等农业生态景观，如广东珠江三角洲形成的桑、鱼、蔗互相结合的生态农业景观。

3. 按功能分类

（1）观光农园。利用花园、果园、茶园、药园和菜园等，为游客提供观光、采摘、拔菜、赏花、购物及参与生产等活动，享受田园乐趣。

（2）休闲农园。利用农业优美环境、田园景观、农业生产、农耕文化、农家生活等，为游客提供欣赏田园风光、休闲度假，参与体验生态及文化等活动。

（3）科技农园。以现代农业生产为主，发展设施农业、生态农业、水耕栽培、农技博物馆等项目，为游客提供观光、休闲、学习、体验等活动。

（4）生态农园。以农业生态保护为目的兼具教育功能而发展的休闲农业经营形态，如生态农园、有机农园、绿色农园等，为游客提生态休闲、生态教育、生态餐饮等活动。

（5）休闲渔园。利用水面资源发展水产养殖，为游客提供垂钓、观赏、餐饮等活动。

（6）市民农园。农民将土地分成若干小块（一般以一分地为宜），将这些小块地出租给城里市民，根据市民要求，由农业园人员负责经营管理，节假日城里人去参与农业生产活动。

（7）农业公园。利用农业环境和主导农业，营造农业景观，设立农业功能区，为游客提供观光、游览、休闲、娱乐等活动。

五、发展休闲农业效益、问题与措施

（一）发展效益

发展休闲农业的效益，主要表现在以下几个方面：①促进了农村产业结构的调整与优化，建立了一、二、三产业相结合的新型农业产业体系；②带动了运输、餐饮、旅馆、商业及相关服务业，有利于农民的转移和就业，增加了农民收入；③促进了城市和乡村的联系和交流，推动了城乡互动和城乡一体化发展；④促进农村基础设施建设，改善了农民的居住环境；⑤提高了农民的生态观念，促进了农村生态环境保护；⑥有利挖掘、保护与传承农业文化；⑦增强了农民的市场观念，提高了农村资源和农产品的价值；⑧加深了城市人对“三农”的认识，开辟了城市支援农村的新途径。如2010年湖南省具有一定规模的休闲观光农庄达到4 000多家，直接从业人员23万人，年接待游客3 500万人次，全年营业收入47亿元，人均收入增加110～120元。北京延庆县里炮村红苹果观光度假园，2006年接待观光采摘游客3万余人，民俗餐饮收入达到93万元，带动观光采摘户50余户，采摘量达到400 t，全村果品收入350万元，年人均收入15 100元，观光采摘果品生产成为里炮村的一项主要富民型绿色产业。

（二）存在问题

几年来，我国休闲农业发展虽然取得明显成绩，但由于缺乏经验，还存在一些问题：①产品雷同，特色不明显；②规划滞后，业态单一；③基础设施不配套、不健全；④经营管理粗放，服务水平不高；⑤功能单一，文化内涵和生态内涵不强；⑥法规不健全，管理不规范；⑦农民缺乏资金，发展受到限制；⑧宣传力度不够，市场客源不足。为此，建议采取积极措施，促进休闲农业健康、有序地发展。

（三）主要措施

针对存在的问题，主要有以下解决措施：①提高认识，积极引导和扶持；②做好规划，突出特色；③坚持以农业经营为主，防止城市化和商业化；④加强规范化管理，提高服务水平；⑤调整产品结构，树立品牌；⑥加强营销，扩大市场客源；⑦制定法规，完善行业标准。

六、休闲农业发展的机遇与前景

（一）发展机遇

我国发展休闲农业具有良好的时代背景和有利时机，主要表现在以下几个方面：①随着城市化发展，城市人口规模扩大，交通拥挤，空气污染，环境恶化，生活和工作压力增大，长期生活在城市的人们希望在假日里到郊区乡村观光旅游、休闲度假，以改变环境，放松自己，恢复精力和体力。②广大农村发展现代农业，需要调整农业产业结构，延伸农业产业链，发展二、三产业，扩大农民就业，增加农民收入。③随着城市经济发展，城市居民经济收入增加，生活水平不断提高，物质生活水平达到较高程度以后，就会产生精神生活的追求，外出休闲旅游就是其中之一。另外，城市在岗人员有了双休日，又有私人汽车，这也为外出旅游提供了方便。④广大农村一般远离繁华的城市，具有优良的农业自然环境，美好的田园风光，多样的农业生产活动，悠久的农耕文化，丰富的农家生活，这些都为发展休闲农业提供了有利条件。⑤从城乡发展的时机来看，我国已进入工业反哺农业、城市支援农村的新时期，城市各行各业都在支援农业、支持农村发展，而实施乡村振兴战略，也需要城市的支持和支援，发展休闲农业正是把城市人流、物流、信息流、资金流拉向农村最好的途径之一。通过发展休闲农业可以转变农民的思想观念，推动改革开放，促进农村和农业可持续发展。

（二）广阔前景

我国是一个农业大国，又是一个乡村大国，发展休闲农业具有优越条件：①我国农业自然环境优美，景观类型多样；②农业资源丰富，农业类型多样，地区特色显著；③农业历史悠久，农耕文化丰富；④农村民俗风情多彩，农家生活富有乡土特色；⑤随着城市化和经济的发展，城里人到农村观光休闲的人会越来越多，休闲旅游的市场需求大；⑥各级政府的大力支持，新农村建设的要求，广大农民的心愿。这些都是我国发展休闲农业的有利条件。因此可以说，未来中国不仅是旅游大国，而且也应是休闲农业旅游大国。展望未来，我国发展休闲农业的前景十分广阔。

［资料来源：摘自2011年中国（宁波）休闲农业与魅力乡村发展论坛论文集。作者：中国科学院地理科学与资源研究所，郭焕成］

项目小结

本项目主要介绍了工厂化育苗的工艺流程和生产所需的设施设备及辅助设备；无土栽培的类型、结构以及营养液的配制与管理；喷灌和微灌技术在园艺设施生产中的应用及水肥一体技术中肥料的选择和应用等内容。要求重点掌握相关设施设备的特性，学会在生产上能正确选择与运用，提高生产效率和生产效益。本项目还介绍了休闲农业的概念、发展现状及园艺设施在休闲农业中的应用，让学生了解休闲农业发展的现状，重点掌握目前设施园艺在休闲农业中的应用。

技能训练

技能训练一　无土栽培营养液的配制

一、实训目的

掌握无土栽培营养液的配制原理、方法和配制技术，学习用电导率仪测定营养液的EC值，用pH计测定营养液的pH，并掌握调整营养液的浓度和pH的方法。

二、材料与用具

1. 材料　KNO_3，NH_4NO_3，HNO_3，$NH_4H_2PO_4$，$(NH_4)_2HPO_4$，$(NH_4)_2SO_4$，KH_2PO_4，K_2HPO_4，H_3PO_4，K_2SO_4，KCl，$Ca(NO_3)_2 \cdot 4H_2O$，$CaCl_2 \cdot 6H_2O$，$MgSO_4 \cdot 7H_2O$，NaFe-EDTA，H_3BO_3，$MnSO_4 \cdot 4H_2O$，$MnCl_2 \cdot 4H_2O$，$ZnSO_4 \cdot 7H_2O$，$CuSO_4 \cdot 5H_2O$，$(NH_4)_6Mo_7O_{24}$。

2. 用具　千分之一天平、电导率仪、pH计、溶液罐（3个）。

三、实训内容与方法

营养液是无土栽培的核心，只有掌握了营养液配制的原理、配制技术和变化规律，才能使无土栽培获得成功。

(一)营养液的配制原则

一般是容易与其他化合物起作用而产生沉淀的盐类，在配制浓缩溶液时不能混合在一起，但经过稀释后就不会产生沉淀，稀释后可以混合在一起。

在配制营养液的许多盐类中，以硝酸钙最易和其他化合物起化合作用，如硝酸钙和硫酸盐混在一起易产生硫酸钙沉淀，硝酸钙的浓溶液与磷酸盐混在一起易产生磷酸钙沉淀。在大面积生产中，为了配制方便，以及在营养液膜法中自动调整营养液，一般都是先配制浓缩液(母液)，然后再进行稀释。所以要事先准备3个溶液罐：一个盛硝酸钙溶液；一个盛其他盐类的溶液；为了调整营养液的氢离子浓度（pH）的范围，还要有一个专门盛酸的溶液罐。

(二)营养液配方的计算

1. 计算配方中1 L营养液中钙的需要量（毫克数），求出$Ca(NO_3)_2$的用量。因为钙的需要量大，并且在多数情况下以硝酸钙为唯一钙源，所以先从钙的需要量开始计算，钙的量满足后，再计算其他元素的量。

2. 依次计算氮、磷、钾的需要量。计算出$Ca(NO_3)_2$中能同时提供的氮的浓度数；计算所需NH_4NO_3的用量；计算KNO_3的用量；计算所需KH_2PO_4、K_2HPO_4和K_2SO_4的用量。

3. 计算镁的用量，因为镁与其他元素互不影响。计算所需$MgSO_4$的用量。

4. 计算微量元素的用量，因为微量元素需要量少，在营养液中的浓度又非常低，所以每个元素均可单独计算，而无须考虑对其他元素的影响。

无土栽培营养液的配方有3种常用的计算方法：①百万分率（10^{-6}）单位配方计算法；②毫摩尔（mmol/L）计算法；③根据1 mg/L元素所需肥料用量，乘以该元素所需的mg/L数，即可求出营养液中该元素所需的肥料用量。

(三)营养液配制

目前世界上已发表了很多营养液配方，其中以美国植物营养学家霍格兰氏（Hoagland D. R.）研究的营养液配方最为有名，被世界各地广泛使用，世界各地的许多配方都是参照该配方调整演变而来的。另外，日本兴津园艺试验场研制了“园试配方”的均衡营养液，也被广泛使用。这两种配方见表8-3，可组织学生分组配制。

1. 按照营养液配方，注意所使用的化肥及药剂的纯度、盐类的分子式、结晶水含量等。

2. 药品称量要准确，需精确到±0.1 g以内。

3. 将称好的各种盐类混合均匀，放入比例适中的水中。配制时先溶解微量盐分，后溶解大量盐分。

4. 用pH计测试配好的营养液的pH，用电导率仪测试EC值，看是否与预配的值相符。

四、考核标准

1. 考核学生配制一定量浓缩液和工作液时各种肥料称取量是否准确。

2. 各种肥料的混合是否正确。

3. 肥料的溶解过程是否正确。

4. 所配制的营养液pH和EC值是否合理。

五、课后作业

1. 配制无土栽培营养液时应注意的问题有哪些?
2. 在使用 pH 计和电导率仪测试营养液的 pH 和 EC 值时，要注意哪些问题?
3. 用箭头画出配制营养液的流程图。

技能训练二　休闲农业园区的参观考察

一、实训目的

通过学习园艺设施在休闲农业中的应用，让学生通过对家乡所在地的休闲农业的类型进行参观考察，了解休闲农业园区的规划、布局及建造方法。

二、材料与用具

选取当地典型的休闲农业园作为基础，了解园区的规划布局、经营管理模式、经济效益及园区采用的先进技术和现代园艺设施。

三、实训内容与方法

1. 参观地点　选择当地具有典型意义的休闲农业园区。

2. 调查走访　近年来，随着我国城市化和国民经济的迅速发展，休闲农业在我国迅速发展，我国各省市大多建成具有一定规模和层次的休闲观光园区，这对于调整和优化农村产业结构，延长农业产业链，带动二、三产业的发展，提高农业的综合效益及对农村剩余劳动力转移和就业，都具有积极的意义，同时休闲农业有利于挖掘、保护和传承农业文化，保护农村资源和生态环境，实现农业的可持续发展。要求学生主要参观考察休闲农业园区建设的背景及依据，园区的概况、规划布局，经营管理模式、主要先进技术、功能和作用，以及园区建设所采用的园艺设施等。

四、考核标准

1. 调研总结报告撰写情况。
2. 对休闲农业园存在问题分析。
3. 对休闲观光园能否提出合理的管理建议。

五、课后作业

1. 参观结束后，要求学生根据参观的内容撰写考察报告。
2. 报告主要体现所参观休闲农业园区的概况与规划布局、经营管理模式、功能和作用，以及存在的问题和解决的对策。

复习思考

1. 蔬菜工厂化育苗采用基质育苗的工艺流程都有哪几个阶段?

2. 蔬菜工厂化育苗设施及设备有哪些？
3. 蔬菜工厂化育苗的生产设备有哪些？
4. 蔬菜工厂化育苗辅助设备都有哪些？
5. 无土栽培的优、缺点有哪些？
6. 如何测定基质的物理性质？
7. 营养液配制应注意哪些问题？
8. 如何进行营养液的日常管理？
9. 有机生态型无土栽培的技术要点有哪些？
10. NFT 栽培技术要点有哪些？
11. 什么是水肥一体化技术？它都具有哪些优点？
12. 什么是喷灌系统？它是由哪几部分组成的？
13. 什么是微灌系统？它是由哪几部分组成的？
14. 适合灌溉施肥的肥料应该符合哪些要求？
15. 什么是休闲农业？
16. 园艺设施在休闲农业中的应用有哪些？

参 考 文 献

陈国元，2009. 园艺设施 [M]. 苏州：苏州大学出版社.

陈杏禹，于红茹，2015. 设施蔬菜栽培 [M]. 北京：中国农业出版社.

崔瑞芳，俞益武，孟明浩，等，2012. 基于园艺疗法休闲农业园设计的探讨 [J]. 浙江农业科学 (4)：587-591.

樊静，李锦馨，马彬涵，等，2016. 我国休闲农庄发展现状及模式研究 [J]. 中国园艺 (12)：118-121.

伽红凯，王雨霏，皱玲，等，2016. 中国休闲农业研究综述 [J]. 天津农业科学，22 (2)：64-68.

李式军，2002. 设施园艺学 [M]. 北京：中国农业出版社.

李天来，2005. 我国日光温室产业发展现状与前景 [J]. 沈阳农业大学学报，36 (2)：131-138.

任开荣，董继刚等，2016. 休闲农业研究述评 [J]. 中国农业资源与区划，37 (3)：195-203.

王移山，2013. 园艺设施使用与维护 [M]. 北京：中国农业大学出版社.

闫杰，罗庆熙，陈碧华，2004. 园艺设施内湿度环境的调控 [J]. 长江蔬菜 (9)：36-39.

张彦平，2009. 设施园艺 [M]. 北京：中国农业出版社.

赵航，2012. 休闲农业发展的理论与实践 [D]. 福州：福建师范大学.

图书在版编目（CIP）数据

园艺设施 / 陈国元主编 .—北京：中国农业出版社，2018.12（2023.8 重印）

高等职业教育农业农村部“十三五”规划教材　江苏高校品牌专业建设工程资助项目（园艺技术专业教材）“十三五”江苏省高等学校重点教材（2017－2－137）

ISBN 978－7－109－24884－7

Ⅰ.①园…　Ⅱ.①陈…　Ⅲ.①园艺－设备－高等职业教育－教材　Ⅳ.①S6

中国版本图书馆 CIP 数据核字（2018）第 292925 号

中国农业出版社出版

（北京市朝阳区麦子店街 18 号楼）

（邮政编码 100125）

责任编辑　吴　凯

北京通州皇家印刷厂印刷　　新华书店北京发行所发行

2018 年 12 月第 1 版　　2023 年 8 月北京第 5 次印刷

开本：787mm×1092mm　1/16　　印张：15

字数：330 千字

定价：46.00 元